高等学校规划教材

# 安全系统工程

谢振华　主编

北　京
冶 金 工 业 出 版 社
2019

## 内 容 提 要

本书详细阐述了安全系统工程的基础理论及其应用。主要内容包括：系统安全工程的基本概念和发展现状，系统安全基本原理，系统安全分析，事故树分析，系统安全评价，系统安全预测，安全决策，安全系统工程应用实例。本书列举了大量实例，章末附有习题和思考题，便于读者掌握所学内容。

本书为高等学校安全工程专业的教材，也可供从事安全生产的管理人员参考。

**图书在版编目(CIP)数据**

安全系统工程／谢振华主编. —北京：冶金工业出版社，2010. 8(2019. 1 重印)
高等学校规划教材
ISBN 978-7-5024-5132-5

Ⅰ. ①安…　Ⅱ. ①谢…　Ⅲ. ①安全工程：系统工程—高等学校—教材　Ⅳ. ①X913. 4

中国版本图书馆 CIP 数据核字(2010)第 118244 号

出 版 人　谭学余
地　　址　北京市东城区嵩祝院北巷 39 号　邮编　100009　电话　(010)64027926
网　　址　www. cnmip. com. cn　电子信箱　yjcbs@ cnmip. com. cn
责任编辑　杨　敏　美术编辑　李　新　版式设计　孙跃红
责任校对　侯　瑂　责任印制　牛晓波
ISBN 978-7-5024-5132-5
冶金工业出版社出版发行；各地新华书店经销；固安县京平诚乾印刷有限公司印刷
2010 年 8 月第 1 版，2019 年 1 月第 4 次印刷
787 mm×1092 mm　1/16；12. 25 印张；321 千字；182 页
**26. 00** 元

**冶金工业出版社　投稿电话　(010)64027932　投稿信箱　tougao@cnmip. com. cn**
**冶金工业出版社营销中心　电话　(010)64044283　传真　(010)64027893**
**冶金工业出版社天猫旗舰店　yjgycbs. tmall. com**
(本书如有印装质量问题，本社营销中心负责退换)

# 前　　言

安全发展是我国社会主义现代化建设的总体战略。确保安全生产是落实科学发展观,实现科学、持续、有效和协调发展的必然要求和重要保证。安全系统工程这门学科经过几十年的发展,在消除危险、防止事故、避免损失等方面取得了很大成效,因而在国内外工业企业中得到了广泛应用。

本书为高校安全工程专业的教材,是在参考同类教材的基础上,为适应新的教学改革需要而编写的。本书共分8章,第1章绪论,阐述了安全系统工程产生、发展、基本概念和应用情况;第2章系统安全基本原理,介绍了事故的基本概念及发生原因,系统安全与能量、可靠性和信息处理的关系;第3章、第4章介绍了几种常用的系统安全分析方法,如安全检查表、预先危险性分析、故障类型和影响分析、事件树分析、因果分析图法、危险和可操作性研究、事故树分析;第5章介绍了安全评价的概念和几种定性、定量安全评价方法;第6章、第7章介绍了系统安全预测、安全决策的基本概念、安全预测和决策的常用方法;第8章介绍了安全系统工程在矿山、建筑施工、危险化学品企业、冶金企业和交通运输中的应用实例。本书结构合理,内容精练,紧密结合安全生产,适用于不同行业安全工程的教学。

本书由谢振华主编,代静、张伟、李倩参与了有关章节的编写。本书由金龙哲教授审阅,并参考了有关文献的内容,在此谨向金教授和文献作者表示谢意!

由于编者水平有限,书中不足之处,敬请读者批评指正。

编　者

2010年3月

# 目 录

# 1 绪　论

## 1.1 安全系统工程的产生

安全是人类生存和发展的基本需求之一。人们在利用自然资源进行生产劳动的过程中,不仅创造出有利于人类的物质财富,而且会遇到和必须克服在生产过程中出现的不安全因素。因此,安全问题是随着生产的产生而产生,随着生产的发展而发展的,是人类永恒探索的课题。

在石器时代,人们从狩猎和农业实践中认识到生产工具和自然现象对人类的危害,发明了一些简单的防护措施,如头盔、手套等。其后由青铜器到铁器时代,防护器械和防护技术则出现了质的飞跃。我国历史上记载有防中毒、防瓦斯、防冒顶等安全防护技术,如隋代巢方著的《诸病源候论》中,记述了防止中毒的措施。明代宋应星编著的《天工开物》一书中,较详细地介绍了处理矿内瓦斯和顶板的防护措施。防火技术是人类最早的安全技术之一。我国人民在与火灾的长期斗争中积累了丰富的经验。早在公元前700年,周朝人所著的《周易》一书中就有"水火相忌"、"水在火上既济"的记载,说明了用水灭火的道理。古希腊和罗马帝国时期,设立了以维持社会治安和救火为主要使命的禁卫军和值班团。

随着生产的发展和技术的进步,人们对安全技术的要求也越来越高。特别是18世纪工业革命以来,由于使用了蒸汽机,生产得到了发展,但是产生蒸汽的锅炉却不断发生爆炸事故,每年锅炉爆炸造成成千上万人的死亡。为了防止锅炉爆炸,人们对锅炉的结构、所用材料、工作压力和炉内除垢问题进行研究,取得了一系列成果。美国于1880年成立了机械工程师学会(ASME),并于1925年制定了受压容器标准。

19世纪末到20世纪初,工业生产规模不断扩大,但由于对安全工作的忽视,伤亡事故的严重程度也在增加,煤矿、水运、堤坝、土建、化工等工程经常出现一次伤亡数百人甚至上千人的重大事故。生产条件的恶化、工伤事故和职业病的日益严重,引起了社会的不安和人们的广泛关注。为了加强管理,各国政府纷纷制定安全法令,用法律来促使企业重视安全生产。国际劳动局(ILO)于1919年成立,负责组织国际范围内预防事故的情报交流和制定工业安全卫生法规。安全技术逐步形成为一个综合性学科。

第二次世界大战后,工业技术水平和发展规模又有了很大提高,原子能、航空航天等尖端工业的诞生,石油、化工和冶金等工业的发展,导致伤亡事故加剧,环境污染也日趋严重。这种工业技术的进步所带来的对人类的威胁和损害,引起人们对安全更为广泛的重视。为了保障劳动者的人身安全,避免财产损失,人们在长期的生产实践中,创造和总结了许多预防事故的方法。

从安全生产的发展来看,安全工作方法可分为"问题出发型"和"问题发现型"两大类。

"问题出发型"方法是在事故发生后吸取经验教训,进行事故预防的方法。例如从事故后果查找原因,采取措施防止事故重复发生。人们通常所采取的各种组织和技术措施,如制定法律法规和标准、设置安全机构、进行监督检查和宣传教育,以及防火防爆措施、安全防护设备、个人防护用品等,都属此类。这就是通常所说的传统安全工作方法。

"问题发现型"方法是从系统内部出发,研究系统各构成要素之间存在的安全上的联系,分析可能发生事故的危险性及其发生途径,通过重新设计或变更操作来减少或消除系统的危险性,把发生事故的可能性降低到最低程度。这就是采用安全系统工程控制事故的方法,即安全系统工程工作方法。

传统安全工作方法虽然为防止伤亡事故的发生做出了重大贡献,但也存在很大的缺陷。它事后处理的特点使得人们对事故难以做到防患于未然,从而导致安全工作落后于生产的发展,也就是说事故预防工作总跟不上技术的进步。传统安全工作方法的缺点主要表现在以下几个方面:

(1) 安全属性问题不明确。安全工作是依附生产而存在的,是为生产服务的。但是由于安全工作所产生的经济效益是间接的,看不见、摸不着的,所以生产中如果不发生事故,则往往不能引起人们的重视,看不到安全工作的作用和重要性,只有在发生事故产生负效益后才感觉到安全工作必不可少。这种状况造成"安全第一,预防为主"只是一句空话,难以贯彻落实到实际工作中。

(2) 分析问题不深入。传统安全工作方法凭经验和感知处理生产中出现的安全问题多,由表及里地深入分析、发现潜在的事故隐患少,难于彻底改善企业的安全面貌。而且由于工业技术的不断进步和发展,人们对技术中许多潜在性的危险因素认识不清,意识不到发生事故的严重后果。

(3) 缺乏系统性。解决安全问题时总是片段和零碎地进行,以致形成头痛医头、脚痛医脚,到处修补漏洞的被动局面。

(4) 难于定量。定性的即"安全"或"不安全"的概念多,定量的概念少。如生产的安全性有多大,事故发生的概率有多大,事故的严重程度有多大,究竟做到什么程度才算是安全、才能控制事故,对这些问题,传统安全工作方法都难以做出实质性定量的回答。

总之,传统安全工作方法是凭经验,孤立、被动的工作方法,不能适应安全生产的发展。人们特别是安全工作者希望找到一个能够预测事故发生的可能性,掌握事故发生规律,做出定性和定量评价的安全工作方法,以便在系统的设计、施工、运行、管理中对发生事故的危险性加以辨识,并且能够根据对危险性的评价结果,提出相应的安全措施,达到安全生产的目的。安全系统工程就是为了达到这一目标而产生和发展起来的。

## 1.2 安全系统工程的定义

### 1.2.1 安全

这里指生产过程中的安全(safety),即生产安全,包括人身安全和设备安全。安全泛指没有危险、不受威胁和不出事故的状态。安全可理解为不致对人的身体造成伤害、精神构成威胁或使财物导致损失的状态。安全也指人的身心免受外界因素危害的存在状态(即健康状况)及其保障条件。安全是相对于危险而言的,世界上没有绝对的安全。美国安全工程师学会(ASSE)编写的《安全专业术语词典》认为,安全就是"导致损伤的危险度是能够容许的,较为不受损害的威胁和损害概率低的通用术语"。

### 1.2.2 系统

系统(system)一词广泛应用于生产和生活的各个领域。对它有多种解释,国际标准化组织技术委员会称系统为能完成一组特定功能的,由人、机器以及各种方法构成的有机集合体。钱学森描述系统的概念时说,极其复杂的研究对象称为系统,即由相互作用和相互依赖的若干组成部分结合成的具有特定功能的有机整体,而且这个系统本身又是它所从属的更大系统的组成部分。总之,可将系统理解为由人、设备等相互作用、相互依赖的两个或两个以上要素所组成的具有一定结构和独立功能的有机整体。

一般来说，系统具有四个属性：

（1）整体性。系统由至少两个或两个以上的要素（元件或子系统）所组成。组成系统的各个元素虽然具有不同的性能，但它们是根据整体要求按照一定方式构成的一个具有特定功能的集合体，因而系统不是各要素性能的简单相加。组成系统的各个要素并不都很完善，但它们可以综合、统一成为具有良好功能的系统。反之，即使每个元素是良好的，而构成整体后并不具备某种良好的功能，也不能称之为完善的系统。

（2）相关性。系统内部要素之间是有机联系和相互制约的，而且这种依赖关系具有一定的规律性。例如，一台计算机就是由主板、电源、CPU、硬盘、键盘、显示器等硬件通过特定的关系，有机地结合在一起所形成的一个系统。

（3）目的性。任一系统，不论其大小，都具有特定的功能，没有目标的系统是不存在的。特别是人类创造的系统，总是为了实现某一目的而设计、制造出来的。

（4）环境适应性。任一系统都存在于一定的环境之中，因此它必然要与周围环境发生物质、能量和信息的交换，以适应外部环境的变化。在研究系统的时候，环境往往起着重要的作用，必须予以重视。适者生存就是这个道理。

系统的功能是接收信息、能量和物质，并根据时间序列产生信息、能量和物质。这就要求合理地管理和控制信息、能量和物质的流动，来保证系统的安全和在最优状态下工作。

系统虽然种类繁多，可大可小，但若对其结构进行仔细分析，就可以看出系统主要由三部分组成，即输入、处理和输出，如下图所示。任何系统都具有输出某产物的目的，而且一定是先有输入，再经处理，才能得到输出。处理是使输入变为输出的一种活动，通常由人和设备分别完成或联合承担。比如汽车制造厂生产汽车是由入口输入原材料，经过加工和作业，进行整体装配，这就相当于处理部分，装配好的汽车再由出口输出。这种以物质流动为主的系统称为生产系统。一项计划也可视为输入，经过执行，即处理阶段，最后得到了结果，就是输出。这种以信息流为主的系统称为管理系统。系统处理后的结果，不一定是理想的，这就需要验证和修正计划，改善执行环节来达到预期的目的。这在系统上称为反馈。

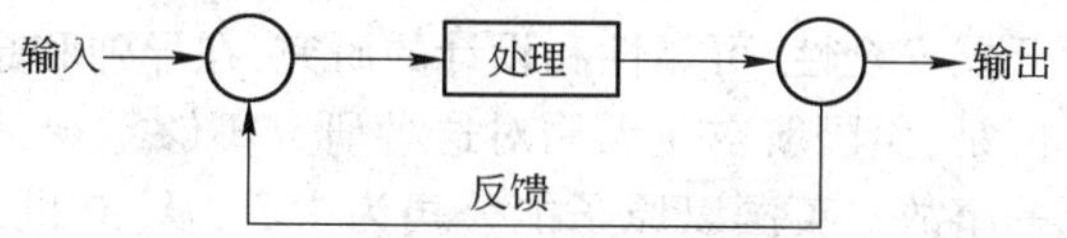


系统的功能结构示意图

### 1.2.3 工程

工程（engineering）是指服务于特定目的的各项工作的总体。例如安全工程、环境工程、土木工程等。这里所说的工程具有广泛的意义，不仅指与物质、能量等有关的工作，而且包括信息处理、人的行为、心理研究等各个方面。

### 1.2.4 系统工程

系统工程（system engineering）是指为了更好地达到系统目标，而对系统的构成要素、组织结构、信息流动和控制结构等进行分析与设计的技术。简而言之，即以系统为研究对象的工程。钱学森称系统工程为组织管理技术。

系统工程着眼于整体的状态和过程,而不拘泥于局部的、个别的部分。系统的最佳化并不要求系统的所有单元或子系统都具有最佳特性。系统工程不着眼于个别单元的性能是否优良,而是要求巧妙地利用单元间或子系统之间的相互配合和联系,来优化整个系统的性能,使其从整体上成为技术先进、经济合算、运行可靠的实际可行的系统。

### 1.2.5 安全系统工程

安全系统工程(safety system engineering)是采用系统工程的原理和方法,识别、分析和评价系统中的危险性,并根据其结果调整工艺、设备、操作、管理、生产周期和投资费用等因素,使系统所存在的危险因素能得到消除或控制,使事故的发生减少到最低程度,从而达到最佳安全状态。简单地说,安全系统工程就是用系统工程的知识、方法和手段解决生产中的安全问题。它的最终目的是消除危险,防止灾害,避免损失,保证人身财产安全。

## 1.3 安全系统工程的发展过程

安全系统工程是现代科学技术发展的产物。它的发展是与军事工程、尖端技术的迫切需要紧密相连的。

1947 年,美国航空科学院发表了一篇题为《安全工程》的论文,最早提出了系统安全的概念。1957 年,苏联发射了第一颗人造地球卫星,在全世界引起了很大反响。美国为了和苏联争夺空间优势,匆忙地进行导弹技术的开发,实行所谓研究、设计、施工齐头并进的方法。由于对系统的可靠性和安全性研究不足,在一年半的时间里,在导弹的地下贮藏库和发射基地连续发生了四次重大事故,每次都造成数百万美元的损失,最后不得不全部报废,从头做起。这一惨痛教训,使他们逐渐认识到系统安全的重要性。后来,美国空军以系统工程的方法研究导弹系统的可靠性和安全性,于 1962 年提出了"导弹火箭系统安全工程学",继而制定了《武器系统安全标准》,为后来发射多弹头火箭的成功创造了条件。1966 年美国国防部采用了空军的安全标准,制定了 MIL-S-38130。1967 年 7 月又发表了安全系统工程计划标准 MIL-STD-882。在这个标准中,首次提出了安全系统工程的概念及设计、分析、综合等基本原则。

1965 年,美国波音公司和华盛顿大学在西雅图召开安全系统工程专门学术讨论会议,以波音公司为中心对航空工业开展安全性、可靠性和设计的研究,在导弹和超音速飞机的安全性评价方面取得了很好的效果。但是,美国航空航天局对这种研究不够重视,以致造成 1967 年发生了三名阿波罗宇航员被烧死的事故。英国以原子能公司为中心,从 20 世纪 60 年代中期开始收集有关核电站故障的数据,对系统的安全性和可靠性问题采用了概率评价方法,后来进一步推动了定量评价的工作,并设立了系统可靠性服务所和可靠性数据库。

1972 年,美国三里岛核电站发生了泄漏事故,引起了公众的恐慌和指责。美国原子能委员会组织了以麻省理工学院拉斯姆逊教授为首的 14 名专家,用了两年多的时间对核电站的危险性进行了研究和评价。1974 年,美国原子能委员会发表了《拉斯姆逊报告》,称作《拉氏报告》,即 WASH-1400。报告收集了核电站各部位历年发生的故障及其概率,采用了事件树和事故树的分析方法,进行了核电站的安全性评价。该报告的发表,对世界各国影响很大,促进了安全系统工程的发展。

20 世纪 80 年代以来,安全系统工程在世界各国得到广泛重视,发展迅速,发展和完善了事故致因理论、系统安全分析方法、安全评价方法等。当前,安全系统工程在宇航、原子能、矿业、化工、建筑、冶金等各个行业得到广泛应用,为事故预防和减少事故损失,实现安全生产做出了重大贡献。

## 1.4 安全系统工程的内容

安全系统工程是一种综合性的技术方法,主要包括五个方面的内容。

### 1.4.1 系统安全原理

系统安全原理研究系统安全与能量、系统可靠性、信息处理等的关系,从人、物、环境、管理等方面研究事故的发生原因和发展过程,提出事故的致因理论。事故既具有偶然性,又具有必然性,而且具有潜在性、规律性和可预测性的特点。人的不安全行为和物的不安全状态是事故发生的主要原因。根据事故发生的规律,提出预防事故的有效措施。

### 1.4.2 系统安全分析

系统安全分析是安全系统工程的核心内容,是安全评价的基础。通过对系统进行深入、细致分析,充分了解和查明系统存在的危险性,估计事故发生的概率和可能产生伤害及损失的严重程度,为确定出哪种危险能够通过修改系统设计或改变控制系统运行程序来进行预防提供依据。所以,分析结果的正确与否,关系到整个安全工作的成败。

系统安全分析的方法有几十种,它们从各种不同的角度对系统的安全性进行分析。每一种系统安全分析方法都有其产生的历史背景和适用条件,各有优缺点。要完成一个准确的分析往往需要综合使用多种分析方法,有时还要相互比较,看哪些方法和实际情况更为吻合。因此,在使用时应首先了解、熟悉系统,并选用合适的、具有特色的分析方法。常用的系统安全分析方法主要有安全检查表、预先危险性分析、故障类型和影响分析、事件树分析、事故树分析和因果分析图法等。

### 1.4.3 系统安全评价

安全评价是对系统存在的危险性进行定性和定量分析,得出系统存在的危险点与发生危险的可能性及其程度,以得到被评价系统的安全状况。

安全评价可分为定性评价和定量评价。定性评价的结果用大概的度量信息表现,让人们能够知道系统中危险性的大致情况。但这比起用传统安全方法来,已经系统和准确多了。定量评价的结果则能用较为精确的量值表现,以较为直观的数量形式反映安全的状况。只有经过定量评价才能充分发挥安全系统工程的作用,决策者可以根据评价的结果选择技术路线,领导和监管部门可以根据评价结果督促企业改进安全状况。当安全评价的结果表明需要改进系统的安全状况时,就必须采取安全措施,减少危险因素及其发生概率,重新进行安全评价,直到达到安全要求。同时也应当评价投入资金的合理性,使安全投资发挥最大的安全效益。

常用的安全评价方法有安全检查表评价法、作业条件的危险性评价、火灾爆炸指数评价法、概率风险评价法、模糊综合评价法等。

### 1.4.4 安全措施

对一个系统进行安全分析和评价后,针对系统中的薄弱环节或潜在危险,提出调整修正的措施,以消除事故的发生或使发生的事故得到最大限度的控制。

安全措施主要包括安全技术措施、安全管理措施和安全教育措施三大类。通常采用的安全措施有法制手段、安全教育、安全防护装置、改善作业环境、改进工艺过程或修改设计、加强安全管理等。

### 1.4.5 安全预测和决策

安全预测是在分析、研究系统过去和现在安全资料的基础上,利用各种知识和科学方法,对系统未来的安全状况进行预测,预测系统的危险种类及危险程度,以便对事故进行预报和预防。常用的安全预测方法有德尔菲预测法、回归分析法预测、灰色系统预测法等。

安全决策是针对生产活动中需要解决的特定安全问题,根据安全法律法规、标准、规范等的要求,运用现代科学技术知识和安全科学的理论与方法,提出各种安全措施方案,经过分析、论证与评价,从中选择最优方案并予以实施的过程。

## 1.5 安全系统工程的优点和在我国的应用

### 1.5.1 安全系统工程的优点

安全系统工程是在传统安全工作的基础上发展起来的一门基础性和应用性都很强的技术学科,它具有很多优点:

(1) 通过分析可以了解系统的薄弱环节及危险性导致事故的条件。能从人、物、环境之间的关系中寻找出事故发生的真正原因和潜在原因,从分析的结果可以采取相应的措施,控制事故的发生。

(2) 通过评价和优化技术,可以找出最佳方法使系统的各要素之间达到最佳配合,用最少的投资获得最佳的安全效果,大幅度减少伤亡事故。

(3) 安全系统工程的方法,不仅适用于工程,也适用于安全管理,并且能用来指导产品设计、制造、使用、维修和检验等工作。

(4) 可以促进有关安全标准的制定和可靠性数据的收集。系统安全分析和安全评价需要各种标准和数据,如允许安全值、故障率以及安全设计标准、人机工程标准等。

(5) 可以迅速提高安全工作人员的水平。安全系统工程是一门实践性很强的学科,要真正搞好安全工作,必须熟悉生产,学会各种分析和评价方法,这对提高安全工作人员的素质有很大的好处。

(6) 安全系统工程方法的最大优点是预防和减少事故,这在实践中已得到了证明。

### 1.5.2 安全系统工程在我国的应用

20 世纪 80 年代以前,我国对安全工作给予了高度重视,取得了很大的成绩。但是,由于采取问题出发型的安全工作方法,虽然每年花费了大量的资金,但仍没有从根本上解决安全问题。

20 世纪 70 年代末期,钱学森教授提出了"系统工程是组织管理的科学"这一著名论断以后,我国安全研究和管理人员深感必须采用系统工程的方法对系统的危险性加以辨识、分析和评价,找出解决问题的措施,防患于未然,这样才能真正改变企业安全工作的被动局面。1982 年,我国首次组织了安全系统工程讨论会,研究了在我国发展安全系统工程的方向,并组织分工进行事故预先危险性分析、故障类型和影响分析、事件树分析和事故树分析等分析方法的研究,同时开展了安全检查表的推广应用工作。

目前,安全系统工程在煤炭、冶金、化工、交通、航空航天等部门得到了广泛应用,成立了中国安全生产协会、中国职业安全健康协会等学术机构,有多种含有安全系统工程内容的学术期刊,几十种安全系统工程的专著,有 100 多所高等院校设有安全工程专业,很多高校开设了安全系统工程课程。安全检查表、预先危险性分析、事件树分析、事故树等安全分析方法,以及安全检查表评价、作业条件的危险性评价、火灾爆炸指数评价、概率风险评价等安全评价技术得到了普遍应用。计算机也应用于安全系统工程,可用于事故统计分析、事故树分析、安全预测、安全评价、安全专家系统、安全数据库的建立和安全管理信息系统等方面。

## 习题和思考题

1-1 安全系统工程的安全工作方法和传统的安全工作方法有何不同?

1-2 什么是系统,系统有什么基本特征?

1-3 什么是安全系统工程?

1-4 安全系统工程主要包括哪些内容?

1-5 简要说明安全系统工程的优点。

# 2 系统安全基本原理

安全是和危险相对的,系统存在的危险可能会导致事故。本章先介绍了事故的基本概念和分类,系统分析了事故发生的原因;然后讨论影响系统安全的主要因素,即系统安全与系统能量、可靠性及信息处理的关系;最后提出了保障系统安全的措施。由于事故致因理论在其他书中已有详细介绍,所以本章没有介绍。

## 2.1 事故的基本概念及分类

### 2.1.1 事故的基本概念

广义地讲,事故(accident)是指个人或集体在为实现某一目的而进行活动的过程中,由于突然发生了与人们意志相反的情况,迫使原来的行动暂时或永久地停止下来的事件。例如,汽车撞伤骑车人而使交通暂时停止的事件称为交通事故。在生产过程中,事故是指造成人员死亡、伤害、职业病、财产损失或其他损失的意外事件。事故是意外事件,是人们不希望发生的。

事故是由于系统存在的危险导致的。危险(risk)是指系统中存在导致发生不期望后果的可能性超过了人们的承受程度。危险是人们对事物的具体认识,如危险环境、危险条件、危险状态、危险物质、危险场所、危险人员、危险因素等。导致事故的潜在条件什么时候形成以及能否形成都是不确定的,因此危险具有不确定性。

事故的结果可能造成人员伤害和财产损失的单独发生、同时发生或都不发生。

以人为中心考察事故的后果,可将事故分为伤亡事故和一般事故。

生产中的伤亡事故是指企业职工在生产劳动过程中发生的人身伤害和急性中毒事故,可分为:

(1) 暂时性失能伤害。指伤害或中毒者暂时不能从事原岗位工作的伤害。

(2) 永久性部分失能伤害。指伤害或中毒者的肢体或某些器官部分功能不可逆的丧失伤害。

(3) 永久性全失能伤害。指除死亡外,受伤者完全残废的伤害。

一般事故是指人身没有受到伤害,或受伤轻微停工短暂,或没有形成人的生理机能故障的事故。对于没有造成人员伤亡的事故,就人身而言称为无伤害事故,也叫做未遂事故。

### 2.1.2 事故的特征

生产安全事故具有如下几个特征:

(1) 事故的因果性。所谓因果性,指的是某一现象作为另一现象发生的根据的两种现象的关联性。必然引起别的现象的事件叫原因,而由原因所引起的别的现象就是结果。

事故和其发生的原因之间的联系就是因果性,事故是相互联系的诸原因的结果。如煤气中毒事故,事故的原因是存在高浓度的一氧化碳气体,结果是人员中毒伤亡。因果关系有继承性,即第一阶段的结果往往是第二阶段的原因,也就是它们是非单一多层次的。

(2) 事故的偶然性。从本质上讲,事故是一个随机事件,它在某一条件下既可能发生,也可能不发生。任一意外事件都有可能产生伤害,但许多其他类似的意外事件都不产生伤害。

事故的偶然性是客观存在的,是随时间过程产生某些意外情况而显现出来的一种现象,所以很难决定它所有的规律。但在一定的范畴内,用一定的科学仪器或手段,却可以找出其近似的规律。

(3) 事故的潜在性。事故的发生是不能脱离时间而存在的,人的全部活动和机械设备作业时的运动,在其所经过的时间内,安全隐患是客观存在的,如果条件成熟就会显现而导致事故,否则就暂时不显现。所以,任何活动都存在发生事故的危险,这就是事故的潜在性。

事故的潜在性也体现了在宏观范围内事故是不可消灭的这一绝对性,但这并不意味着我们不能预防事故的发生。只要我们积极地发现事故的潜在性,并且认真地去消除隐患,就可能控制和减少事故的发生。

(4) 事故的规律性。事故既存在偶然性,也存在必然的规律性。海因里希(Heinrich)根据调查统计结果,得出了重伤(包括死亡)、轻伤和无伤害事件发生的概率之比为1:29:300,如图2-1所示。这一比例表示发生于同一人的330件相似的意外事件中,300件不产生伤害,29件产生轻伤,只有一件产生重伤。实际这个比例因事故的种类不同而异,坠落、触电等事故的重伤比例较高。

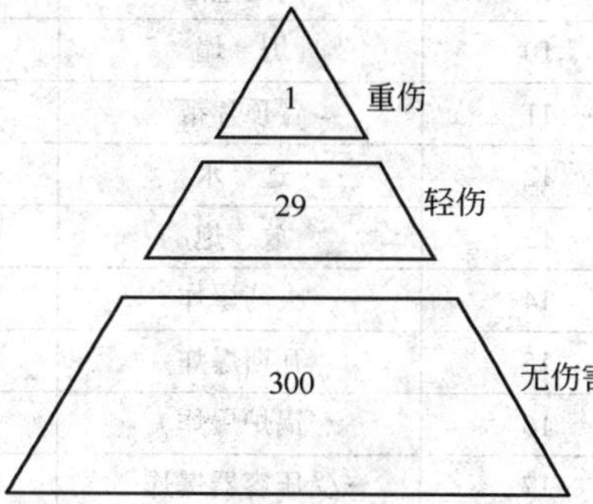


图2-1 事故发生频率示意图

海因里希的统计结果(称为事故法则)表明,事故能否造成伤害及伤害的严重程度如何具有随机性质。事故发生后造成严重伤害的比例是很少的,轻伤及无伤害的情况是大量的。在造成轻伤及无伤害的事故中包含着与产生严重伤害事故相同的原因因素。因此,有时事故发生后虽然没有造成伤害或严重伤害,却不能掉以轻心,应该认真追究原因,及时采取措施防止同类事故再度发生。例如,某矿井矿工每天下班时在所乘矿车未停稳时跳车,终于有一次头碰支架而死亡。查其医疗记录有29次碰破手脚的轻伤,虽有300次幸免于伤害,但当他第一次受伤后,从个人和企业安全管理上讲,都有共同努力防止同类不安全动作产生的机会,或者说,完全可以防止他一再违章跳车的行动。又如,某圆锯工人在锯木板时,由于违反规定没有使用推杆,结果锯掉大拇指。他完成此类工作平均每天20次,达三个月之久,用此法已经超过1500次,曾有许多轻微的割伤和数百次的擦伤,估计比例为1:40:350。

(5) 事故的预测性。事故预测是根据以往积累的经验和知识,通过研究提出预测模型。经过预测模型的计算,就可得知事故的潜在危险。显然,如果预测模型的准确性高,预测的结果就准确,否则可能偏差较大。所以,对于事故潜在性的预测关键取决于预测模型的准确性。

如果事故的潜在危险因素能被准确地预测出来的话,人们就可能有的放矢地采取措施,使潜在的因素不至于转换,这样就可避免事故的发生。

### 2.1.3 事故的分类

为了研究事故的原因、特点和有关规律,控制伤亡事故的发生,有必要对事故进行分类。事故的分类方法很多,下面只介绍其中几种。

(1) 按事故致因分类。按照《企业职工伤亡事故分类标准》(GB6441—1986),伤亡事故按致伤原因分为20类,见表2-1。

表 2-1　伤亡事故致因分类

| 序　号 | 事故类别名称 | 备　　注 |
|---|---|---|
| 01 | 物体打击 | 指落物、滚石、锤击、碎裂、崩块、碰伤，但不包括爆炸引起的物体打击 |
| 02 | 车辆伤害 | 包括挤、压、撞、颠簸等 |
| 03 | 机械伤害 | 包括铰、碾、割、戳、碰 |
| 04 | 起重伤害 | 指起重设备或操作过程所引起的伤害 |
| 05 | 触　电 | 包括雷击 |
| 06 | 淹　溺 | |
| 07 | 灼　烫 | |
| 08 | 火　灾 | |
| 09 | 高处坠落 | 包括由高处落地和由平地落入地坑 |
| 10 | 坍　塌 | 包括建筑物、堆置物倒塌和土石塌方等 |
| 11 | 冒顶片帮 | |
| 12 | 透　水 | |
| 13 | 放　炮 | |
| 14 | 火药爆炸 | 指火药在生产、运输和储藏过程中的意外爆炸 |
| 15 | 瓦斯爆炸 | 包括煤尘爆炸 |
| 16 | 锅炉爆炸 | |
| 17 | 受压容器爆炸 | |
| 18 | 其他爆炸 | 包括化学物质爆炸，炉膛、钢水爆炸等 |
| 19 | 中毒和窒息 | 包括煤气、油气、沥青、一氧化碳等中毒 |
| 20 | 其他伤害 | 如扭伤、跌伤、冻伤、野兽咬伤等 |

（2）按伤害严重程度分类。《企业职工伤亡事故分类标准》中，将伤害按受害者的伤害程度分为 3 类：1）轻伤。指损失工作日低于 105 日的失能伤害。2）重伤。指损失工作日等于或大于 105 日的失能伤害。3）死亡。因此，可以根据一次事故中造成伤害的严重程度对事故进行分类。《生产安全事故报告和调查处理条例》（国务院令 493 号）根据生产安全事故造成的人员伤亡或者直接经济损失，将事故分为以下等级：

1）特别重大事故。是指造成 30 人以上死亡，或者 100 人以上重伤（包括急性工业中毒，下同），或者 1 亿元以上直接经济损失的事故。

2）重大事故。是指造成 10 人以上 30 人以下死亡，或者 50 人以上 100 人以下重伤，或者 5000 万元以上 1 亿元以下直接经济损失的事故。

3）较大事故。是指造成 3 人以上 10 人以下死亡，或者 10 人以上 50 人以下重伤，或者 1000 万元以上 5000 万元以下直接经济损失的事故。

4）一般事故。是指造成 3 人以下死亡，或者 10 人以下重伤，或者 1000 万元以下直接经济损失的事故。一般事故又可分为：

① 死亡事故。指死亡 1~2 人的事故。

② 重伤事故。指有重伤但无死亡的事故。

③ 轻伤事故。指只有轻伤的事故。

（3）按事故危险性质分类。包括：

1）化学性伤害。如可燃易爆物、自燃性物质、禁水性物质、混合具有危险性物质等所引起的火灾或爆炸性事故,以及窒息、刺激性气体、粉尘、烟雾、致癌性物质、腐蚀性物质等引起的急性中毒等事故。

2）物理性伤害。如紫外线引起的电光性眼炎视觉伤害,α、β、γ 等放射性伤害,高温引起的中暑,灼烧伤害,低温引起的冻伤,声波引起耳聋等。

3）机械性伤害。如受压容器的破裂、喷溅伤害,起重机械重物下落、倾倒引起的伤害,高速旋转机械的破碎伤害,车辆碰撞、翻车引起的伤害,重物挤压、打击伤害,楼梯走廊或平台上滑倒、绊倒导致坠落的伤害等。

4）电气性伤害。如漏电、电弧、静电火花等引起的触电,火灾及其造成的伤害。

5）土木设施的伤害。如隧道、坑道、矿石、构筑物塌方、冒顶、片帮、倒塌、下沉等引起的伤害。

（4）其他分类方法。事故还可以按事故发生的场所、事故的责任、受伤害的部位、管理因素、事故的发生时间、受伤者的工种等进行分类。

事故分类的方法和粗细取决于对伤亡事故进行分析的目的和范围。上级监管部门需要综合掌握伤亡事故的总体情况时,事故的分类可以概括一些;一个部门或一个企业为了查找事故的原因和制定事故预防方案,常常要把事故划分得详细一些。在事故样本数一定的情况下,分类越细,数据越分散。

## 2.2 事故发生的原因

### 2.2.1 按类别划分事故原因

通过对大量事故的分析得知,事故是否发生主要取决于人、物、环境和管理因素。

2.2.1.1 人的原因

人的原因是指人的不安全行为。生产中发生的各种伤亡事故,究其原因,不管是直接的还是间接的,大都与人的失误有关。人之所以成为事故的原因是由于人与人之间存在着差异,有时这些差异还会很大。产生人的差异的主要因素有身体因素（如智力高低、反应快慢、视力强弱等）、社会因素（如道德、法律、教育、家庭等）、疲劳、疾病、饮食等因素。人的差异产生人的不正常心理状态,进而引起不安全行为。

人的不正常心理状态通常有:

（1）盲目自信。这种人通常自以为有经验,误认为自己的行为绝对可靠。

（2）根本不知道已经存在的危险。

（3）安全生产的思想意识差,不考虑是否有危险。

（4）凭经验办事,自以为工作简单。

人的不安全行为通常包括:

（1）忽视或违反安全规程,操作失误。

（2）过度疲劳地工作,有生理缺陷或带病工作。

（3）安全意识差或不负责任地进行工作。

（4）在通风、联络不良的情况下进行工作。

（5）随意进入危险区域。

（6）对运转中的机械加油、检修、清扫等。

（7）采取不安全的姿势、方法或速度进行作业。

（8）使用有缺陷的设备或工具。

(9) 不恰当地使用防护用品。

(10) 不恰当地处理危险物质。

2.2.1.2　物的原因

物的原因是指物的不安全状态，即发生事故时所涉及的物质。它除了生产过程中的原料、燃料、半成品、产品、废水、废气、废渣、机械设备、工具、附件等与生产有直接关系的物质外，还包括其他非生产性物质，如供水、供暖设备等。物之所以成为事故的原因，是由于物质的固有属性及其具有的潜在破坏能力所构成的危险因素的存在。常见的各种储存着能量的物质如炸药、一氧化碳、煤粉、氧气、焦炭、铝粉、铁水、液态炉渣等，它们分别具有化学能、热能，在一定条件下会燃烧、爆炸。又如锅炉、液化气罐、空气压缩机装置等，在使用过程中，由于压力剧烈波动，或受压容器本身的设计、制造有缺陷，或材质选择不当、发生老化、龟裂、腐蚀等，都可能引起爆炸。

物的不安全状态，是随着生产过程中物质条件的存在而存在的，并且会随着作业方式、作业时间、工艺条件等因素的变化而变化。例如，在高炉喷吹粉煤的工艺中，粉煤球磨机的出口温度以及粉煤仓、布袋除尘器、喷吹罐等设备的温度，必须控制在一定的范围内，否则就可能发生爆炸事故。

物的不安全状态可以由一种形式转变为另一种形式，也可以由一种物质传递给另一种物质。从某种意义上说，生产发展和技术进步的过程，就是人们对物质的不安全状态不断认识并逐步克服的过程。当物质的不安全状态未被人们认识的时候，在一定的条件下可以直接转化为事故；而当人们对它有了认识以后，就可以恰当地采取对策，防止事故。例如，当煤气中毒机理尚不清楚时，人们常常处于恐怖、迷信的心理状态中，而一旦揭开它的秘密后，只要防护得当，管理合理，行为安全，煤气中毒事故就完全能够避免。

一些物的不安全状态有：

(1) 设备、装置结构不良，材料强度不够，零部件磨损或老化。

(2) 物体放置无条理，过道狭窄、受阻。

(3) 存在着有毒及易燃、易爆物。

(4) 设备及人身安全防护措施不全或不良。

2.2.1.3　环境原因

人的不安全行为常常在事故分析中出现。但是，一概地指责作业者的“粗心大意”或“疏忽”是片面的，有时甚至是错误的。因为人的不安全行为往往是环境因素造成的。表面看，人的过失似乎是明显的，但造成这种过失的背景却是不易接受或难以理解的环境条件，应当指责的是这种环境条件而不是作业人员。例如，某厂区铁路转弯处的两旁建有房屋，并栽种有树木，一工人横过铁路时被机车碾死。在分析这一重大事故时，有人认为是该工人不注意，指责他不观望清楚就通过，应当自负其责；有人却认为是司机的过失，指责司机疏忽，事故责任者是司机。这些分析显然是片面的、肤浅的，因为他们忽视了“人的视线是直的”这一基本事实。实际上，建筑物及树木挡住了司机和受害者的视线这种不安全的环境，才是造成事故的真正原因。因此，虽然多数事故的直接原因是人的不安全行为，然而不安全的环境这一客观原因却是首先要考虑的。

环境通常分为以下几种类型：

(1) 社会环境。它属于基础原因，包括劳动制度、监督检查制度、教育培训制度、道德与法制、经济基础、上层建筑、分配制度、信仰等。

(2) 自然环境。包括地形、地貌、地温、地质、岩性、气温、湿度、风力、风向、气压、阴晴等。

(3) 生产环境。是指为了满足和适应生产作业的需要，人为地制造的特殊人工环境。在生产环境中，难免会或多或少地出现能量逸散现象。此外，工作车间的平面和空间，布置着各种管道、线路,安装有各种机械设备。这些机械设备有的是固定的,有的是转动或平动的。它们或者存在着局部过热、过冷现象,或者产生振动与噪声,或者泄漏毒气、粉尘。还有作业场地的色彩、照明、温度、湿度、通风条件等。在这种人工环境中,如果人们按照生活环境(社会环境及自然环境)的习惯去处理问题,则常常会发生伤害事故。因此,必须高度重视生产环境。

2.2.1.4 管理原因

人们通常认为,事故都是由人的不安全行为、物的不安全状态、环境条件不良等因素所致。但深入分析后可以发现,发生事故的根本原因多是管理上的缺陷。安全管理的内容是极其丰富的,如劳动组织、安全教育与培训、建立健全的规章制度、劳动计划、生产设计、设备制造、设备使用与维修、设备更新与报废等。例如,某钢铁厂上料工,一人在料仓漏嘴附近清扫矿料,因为身体不舒服,加上仓口周围无可靠的安全围栏,不慎坠入料仓内被热矿料烫死。该事故是由人的不安全行为(带病作业且在既无安全防护设施又无监护的情况下,一人上料仓作业)及物的不安全状态(料仓口周围没有可靠的安全围栏,且仓内装着热矿料)引起的,但事故的根本原因却是管理的缺陷。首先,将有病的人安排在这一劳动强度和危险性大的岗位上,这种生产管理和劳动组织本身就不恰当。其次,安全防护不全,也是管理缺陷所引起的。

随着科学技术的发展与生产规模的扩大,安全管理也将由传统的管理方法向现代科学管理转变。在生产中应该大力提高安全管理水平,预防事故的发生。

### 2.2.2 按性质划分事故原因

事故原因按性质划分,包括直接原因和间接原因。

2.2.2.1 直接原因

直接原因又称为一次原因,是指直接导致事故发生的原因,或者说是在时间上最接近事故发生的原因。前面所讲的人的不安全行为、物的不安全状态以及不良的环境条件,都属于直接原因。

2.2.2.2 间接原因

间接原因是指引起事故原因的原因。事故是由直接原因引起的,而直接原因又是由间接原因引起的。间接原因与人的技术水平、受教育的程度、身体健康状况、精神状况以及企业管理、社会等因素有关。间接原因主要包括:

(1) 技术原因。指由于技术上的缺陷引起事故的原因。如装置或设施的设计不合理,结构材料选择不当,设备的检修及保养技术不科学,操作标准技术水平低,设备布置和作业场所(地面、空间、照明、通风技术)有缺陷,机械工具的设计与保养技术不良,维修场所的防护及警报技术不过关,防护设施及用具的维修与使用不当等。

(2) 教育原因。主要指对上岗人员缺乏应有的安全教育。如缺乏安全知识和安全技术教育,对作业过程中的危险性及应当掌握的安全操作、运行方法不了解或安全训练不够,不安全的坏习惯未克服。

(3) 身体原因。指操作人员的健康状况。如生病(头痛、头晕、腹痛、癫痫等)、身体缺陷(色盲、近视、耳聋等)、疲劳(睡眠不足、局部器官较长时间工作等)、饮食失调(醉酒、饥饿、口渴等)之类因素。

(4) 精神原因。精神原因通常分为三种类型:一种是精神状态不良,如思想松懈、反感、不满、幻觉、错觉、冲动、忘却、紧张、烦躁、心不在焉等;二是属于性格方面的缺陷,如固执、心胸狭窄等;三是属于智力方面的缺陷,如弱智、白痴等。

(5) 管理原因。管理不善造成事故的原因是多种多样的。如领导者的安全责任心不强,安全管理机构不健全,安全教育与培训制度不完善,安全标准不明确,安全对策的实施不及时,劳动组织不合理,缺乏应急救援预案等。

(6) 社会及历史原因。造成事故的社会原因和历史原因涉及的面很广,情况也比较复杂。如学校对安全教育不重视,国家或政府部门没有制定健全的安全法律法规及政策,安全监管机构不健全,社会上对安全认识不清,生产技术水平落后等。

一般说来,事故发生的间接原因,大体上是上述诸原因中的一种或几种。在实际中,技术原因、教育原因和管理原因是较经常出现的,身体原因和精神原因也时有出现,而社会及历史原因的由来深远,牵涉面广,直接提出针对性的对策也比较困难。但这绝不是说社会及历史原因就不应当受到重视,恰恰相反,更应当深刻认识并重视社会及历史原因。

针对上述原因,可提出防止事故发生的对策。技术原因、教育原因、管理原因是构成事故最重要的原因,这些原因的相应防止对策称为技术(engineering)对策、教育(education)对策和法制(enforcement)对策,即“3E”对策。

## 2.3 系统安全与能量

### 2.3.1 事故是能量异常传递的结果

能量在生产中是不可缺少的,人们利用能量作功来生产各种产品。所以,生产过程可以看作是系统的能量转换和作功的过程。例如,机械加工过程一般是将输入系统的电能转变为机械能,然后机械能再作功加工产品。就整个系统而言,无论是能量转换还是作功,都必须遵循能量守恒定律。

在正常生产过程中,能量受到种种约束和限制,按照设计的目的流动、转换和作功,使输入到系统中的能量等于系统正常行为所作的功。但在现实系统中,总有一部分能量发生损耗。如机械能对外作功时,会由于摩擦作用而产生热能损耗;电能在输入和转换过程中,必然会发生电能的损耗。一般来说,这些损耗通常被认为是正常损耗。

如果能量由于某种原因失去了控制,超过人们设置的约束或限制而异常逸出或释放,这时将可能造成生产设备不能正常工作,甚至还会破坏生产机械。如果失去控制的异常释放的能量作用于人体,并且能量的作用超过人体的承受能力,则人员将受到伤害。可以说,所有伤害的发生实际上都是因为人体接触了超过肌体组织抵抗力的某种形式的过量能量,或人体与外界的正常能量交换受到干扰(如窒息、淹溺等)。

能量是人体伤害的直接原因,导致人员伤害的能量形式有机械能、电能、热能、化学能、声能和原子能等。机械能造成伤害的情况最为常见,其次是电能、热能和化学能。原子能发生事故较少,但一旦发生则事故较重。

机械能包括势能和动能。势能所引起的伤亡事故中,从脚手架、梯子、井筒等处的高位坠落事故居于首位。具有势能的物体崩落和飞向人体而造成的伤亡事故占第二位。生产中使用的各种运转设备,特别是各种车辆及车床,具有较大的动能。人员一旦与之接触,则将发生车辆伤害或机械伤害。机械能异常传递引起的伤害事故类型有卷入、夹入、相互碰撞、碰撞、被碰撞、滑倒、摩擦、接触等。

电能广泛使用于生产和生活中。当人体异常接触或接近带电体时,可能发生触电事故而受到伤害。

热能发生事故的危险性也很大,尤其常使财产遭受巨大损失。明火热源可以引起可燃物和爆炸性物质燃烧或爆炸。人体误触高温热源，或者高温热液飞溅而碰到人体都会造成烧伤。热能在转变为机械能过程中，有时会瞬间高速向空间散发，造成水蒸气爆炸和锅炉破裂事故。

酸碱烧伤、有毒物质和蒸气侵入人体使人中毒以及化学能爆炸事故都是化学能引起的常见灾害。火灾产生的有毒有害气体、炸药爆炸后的炮烟等使人员中毒，是化学能引起的典型伤害事故。

噪声伤害是声能引起的常见事故。噪声能使人的听力下降、精神紧张、头晕失眠，严重的能引起耳聋，甚至死亡。

原子能引起的事故一般很严重。如前苏联切尔诺贝利核电站事故，造成大量人员伤亡和财产损失，对区域环境也造成了很大破坏，其影响达十多年之久。

### 2.3.2 时空域能量耦合原理

能量传递有其方向性，即所设计的一定途径。能量异常传递也有其方向性，即泄漏的方向或人体相阻之逆向。在安全生产工作中，不仅要注意可能出现的能量异常传递途径的方向性，也要注意正常传递途径的方向性。不论正常或异常，能量一旦触及人体，便可能造成人体伤害。

所谓时空域能量耦合原理，就是人在时空位置上与能量传递的途径耦合，并且其能量强度超过人体的抵抗能量(伤害阈值)，则必然会发生伤害事故。如人与能量的传递错开，则可避免事故。图 2-2 所示为伤害事故发生的时空关系。图中 $oP_1$ 为能量传递途径，如在时空上，人与能量同时到达 $A(P_1)$ 点，则触发伤害事故。如果能量到达 $A(P_1)$ 点时，人正处在 $P_2$ 或 $P_3$ 等任一其他位置，则伤害事故不会发生。如果 $N_{oP_1}$ 的强度等于或超过人的抵抗能力 $N_P$，则人受到伤害；小于则不会受伤害。

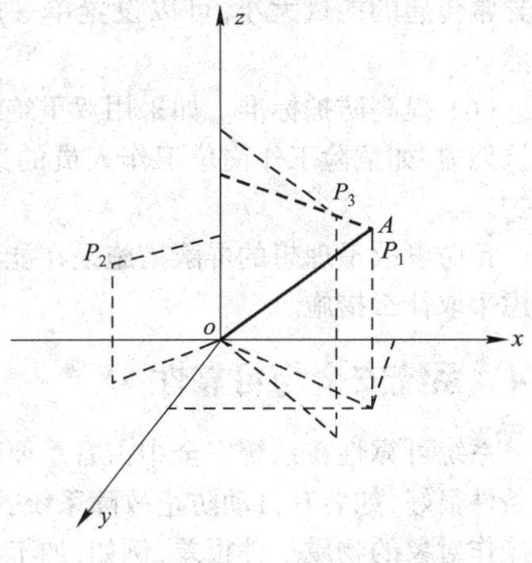

图 2-2 伤害事故发生的时空关系

在人机系统中，人与机器按照规定程序承担着各自的任务，并保持两者能量有条不紊地流动。这样，系统才能协调地工作。例如，普通车床的加工过程，从能量的观点来看，人体的能量通过搬动工件转变为机械能；输入机器的电能转变为机械能后切削工件。如果违反上述程序，人体的能量系统就会与机器的能量流动发生冲突，造成能量的异常传递。人的失误，机器设备的不可靠和缺陷，以及环境因素等，都会引起系统能量的异常传递，其结果将表现为事故。

### 2.3.3 防止能量异常传递的措施

从能量的观点看，事故是能量异常传递的结果。因此，预防安全生产事故的关键是探索出生产现场能量体系中潜在的危险，找出发生事故可能性最大的因素，并及时消除。

美国学者哈顿(Harden)认为，能量异常传递能否构成伤害以及伤害的程度取决于三方面，即人体接触能量大小、接触能量的时间长短和频率、力的集中程度。预防伤害事故就是要防止能量的异常传递，防止人体与过量的能量接触。可以利用各种屏蔽来防止意外的能量转移，从而防止事故的发生。屏蔽措施既包括硬件(如盖板、栅栏、护罩等屏蔽设施)，也包括软件(如机械的安全运行程序、操作规程等)。

防止能量异常传递的常用措施有：

(1) 用安全能源代替危险能源。例如,用水力采矿或机械采掘代替爆破采矿;用压缩空气动力代替电力,以防止发生触电事故;用二氧化碳灭火剂代替四氯化碳灭火剂等。

(2) 防止能量积蓄。能量的大量积蓄会导致能量的突然释放,因此要及时泄放能量。例如通过接地消除静电蓄积,安装安全阀防止高压容器爆炸。

(3) 限制能量。在生产中尽量采用低能量的工艺和设备。例如,限制爆破装药量以防止爆破飞石伤人;采用低电压设备防止触电;限制起重设备的提升速度以防止机械能伤害。

(4) 控制、延缓能量释放。控制能量包括在储存能源和实验、测试时,采用保护性容器(如耐压氧气瓶、盛放放射性物质的专用容器)以及生活区远离危险区等。缓慢地释放能量以降低单位时间内释放的能量,能减轻能量对人体的作用。如采用安全阀、逸出阀以及采用各种减振装置吸收冲击能量等。

(5) 设置屏蔽设施。屏蔽设施是防止人员与能量接触的物理实体。它们可以被设置在动力源上,例如安装在机械转动部分外面的防护罩;也可以被设置在人员与能源之间,例如安全围栏、安全门等。人员佩戴的个体防护用品也可以看作是设置在人员身上的屏蔽设施。在生产过程中,为防止两种或两种以上的能量相互作用引起事故,可以在两种能量间设置屏蔽。根据可能发生异常传递的能量大小,可以设置单一屏蔽或多重屏蔽,并且应该尽早设置屏蔽,做到防患于未然。

(6) 提高防护标准。如采用双重绝缘工具、低电压回路、连续监测和遥控等;增强对伤害的抵抗能力,如危险工作岗位工作人员的选拔,采用耐高温、高寒和高强度材料;采取合适的劳动保护。

预防事故最理想的屏蔽措施是在能量控制系统中优先采用自动化装置,而不需要操作者再考虑采取什么措施。

## 2.4　系统安全与可靠性

系统可靠性在系统安全中占有重要地位,是系统安全的基本条件。如果作为操作对象的物质条件很好,如装有自动防止故障系统,则即使操作者操作失误,也不会受到伤害。相反,如果作为操作对象的物质条件很差,例如,加工设备的卡盘夹紧力未达到设计指标或卡盘的材质不好,造成工件飞出,则即使操作者不发生误操作,也会导致事故的发生。因此,系统安全与系统可靠性有密切的关系,物质条件的不可靠性和不安全性是系统发生事故的潜在危险。

### 2.4.1　可靠性的基本概念

可靠性是指系统或系统元素在规定的条件下和规定的时间内完成规定功能的性能。可靠性是判断和评价系统或元素性能的一个重要指标。当系统或元素在运行过程中因为性能低下而不能实现预定的功能时,则称发生了故障。故障的发生具有随机性,需要应用概率统计的方法来研究。

可靠性的主要指标是可靠度 $R(t)$、失效率 $\lambda(t)$ 和平均失效间隔时间 $MTBF$(可用 $\theta$ 表示)。系统或元素在规定的条件下和规定的时间内完成规定功能的概率叫做可靠度。失效率表示产品工作到时刻 $t$ 后,单位时间内失效的概率。换句话说,失效率 $\lambda(t)$ 等于产品在 $t$ 时刻后的单位时间 $(t,\ t+1)$ 内的失效数与在 $t$ 时刻尚在工作的产品数之比。所以失效率也是时间的函数。如果用 $F(t)$ 表示不可靠度,则

$$R(t)+F(t)=1 \tag{2-1}$$

如果对 $F(t)$ 求微分,则得到失效发生的时间比率,称为失效密度函数 $f(t)$。

$$f(t)=\frac{\mathrm{d}F(t)}{\mathrm{d}t}=\frac{-\mathrm{d}R(t)}{\mathrm{d}t} \tag{2-2}$$

由许多零件构成的机械设备,在工作中都会发生失效或故障。其失效或故障过程如图 2-3 所示,失效过程大体分为三个阶段:

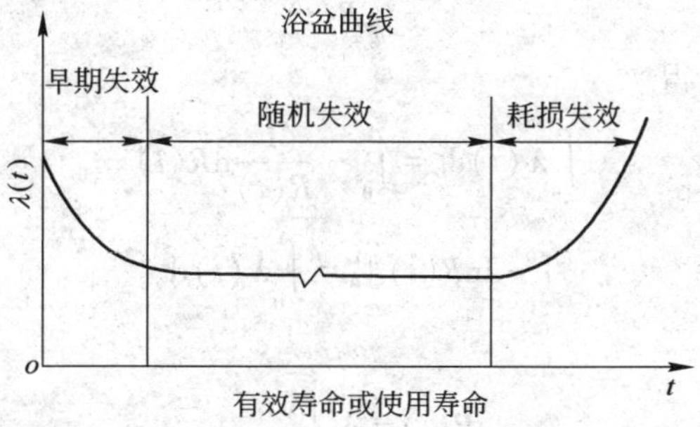


图 2-3 失效过程的三阶段

(1) 早期失效期。失效率随时间由高值迅速下降。这是由于部分元件开始工作后,很快暴露出容易发生故障的弱点,造成元件大量的损坏。后来又通过调试,基本上得到了排除。这称为可靠性筛选过程。这个时期的主要任务是找出不可靠原因,从而促使失效率迅速下降并趋于稳定。

(2) 随机失效期。失效率趋向常数。对于设备来说,最好能处在这样一种状态,即排除所有能够排除的缺陷,只余下不能控制也不能预知的缺陷,而设备正是因此缺陷而造成故障。

随机失效期描述了系统正常工作状况下的可靠性。这种失效是由于偶然的原因所引起的,既不能通过强化试验加以消除,也不能通过良好的维修措施来避免。因为设备是设计在一定条件和一定应力水平下工作的,由于偶然的一些原因使其应力水平超过额定值,就可能出现随机失效。因此,随机失效也称偶然失效。

随机失效将在什么时候发生是不能判断的,但可以通过分析确定设备在使用期内,在规定时间内产生随机失效的概率。随机失效期是系统的主要工作时期,时间较长,失效率最低而且稳定,是系统或设备的最佳状态时期。这个时期的长度称为有效寿命或使用寿命。

(3) 耗损失效期。这个时期失效率又迅速上升。这是由于长时间工作之后,大部分或主要元件老化磨损,丧失了原有的性能所致。例如传动装置中的滑动轴承,尽管在使用中维护良好,最终也会因磨损而失效。因此,如果在设备出现耗损失效之前,更换或维修将要耗损的零件,就可以使上升的失效率降下来,从而延长机器设备的有效寿命和节省设备投资。

上述失效过程曲线形似浴盆,故又称浴盆曲线。

### 2.4.2 可靠性的计算

设有 $N$ 个产品从 $t=0$ 时开始工作,到时刻 $t$ 时的失效数为 $n$,即 $t$ 时残存的产品数为 $N-n$,所以

$$R(t)\approx\frac{N-n}{N},\qquad F(t)\approx\frac{n}{N}$$

如果在 $t$ 时刻后的 $(t,\ t+\Delta t)$ 时间内,有 $\Delta n$ 个产品失效,则

$$f(t)=\frac{\mathrm{d}F(t)}{\mathrm{d}t}\approx\frac{\frac{\Delta n}{N}}{\Delta t}=\frac{\Delta n}{N\cdot\Delta t},\qquad \lambda(t)=\frac{\frac{\Delta n}{N-n}}{\Delta t}=\frac{\Delta n}{[N-n]\cdot\Delta t}$$

将 $\lambda(t)$ 表达式中的分子、分母同乘以 $N$，则可得到

$$\lambda(t)=\frac{N}{N-n}\cdot\frac{\Delta n}{N\cdot\Delta t}=\frac{f(t)}{R(t)}=-\frac{\mathrm{d}R(t)}{R(t)\cdot\mathrm{d}t}$$

$$\lambda(t)\,\mathrm{d}t=-\frac{1}{R(t)}\mathrm{d}R(t)$$

对两端同时进行积分，得

$$\int_0^t\lambda(t)\,\mathrm{d}t=\int_0^t-\frac{1}{R(t)}\mathrm{d}R(t)$$

$$[-\ln R(t)]_0^t=\int_0^t\lambda(t)\,\mathrm{d}t$$

因 $R(0)=1$，得

$$R(t)=\mathrm{e}^{-\int_0^t\lambda(t)\mathrm{d}t}\tag{2-3}$$

如果产品失效率 $\lambda(t)$ 为一常数，即 $\lambda(t)=\lambda$，则

$$R(t)=\mathrm{e}^{-\lambda t}\tag{2-4}$$

由式(2-4)可知，该产品的可靠度服从指数分布，如图2-4所示。

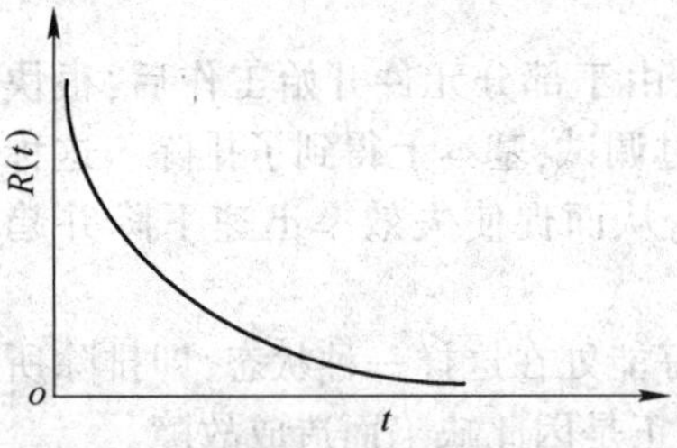

图 2-4　可靠度 $R$ 与 $t$ 的指数关系

平均失效间隔时间 $\theta$ 可由下式求得

$$\theta=\int_0^{\infty}R(t)\,\mathrm{d}t\tag{2-5}$$

当 $\lambda(t)$ 为常数，即 $\lambda(t)=\lambda$ 时，则

$$\theta=\int_0^{\infty}\mathrm{e}^{-\lambda t}\mathrm{d}t=\left[-\frac{1}{\lambda}\mathrm{e}^{-\lambda t}\right]_0^{\infty}=\frac{1}{\lambda}\tag{2-6}$$

从式(2-6)可以看出，当 $R(t)$ 为指数分布时，平均失效间隔时间 $\theta$ 等于失效率 $\lambda$ 的倒数。当 $t=\theta=\frac{1}{\lambda}$ 时，$R(t)=\mathrm{e}^{-1}=0.37$。这表明，对于失效率一定的一批产品而言，能够工作到平均失效间隔时间的仅占37%左右。换句话说，约63%的产品将在到达平均失效间隔时间之前已经失效。因此，为了保证机械设备的可靠性，消除操作对象的潜在危险，设计人员必须按照使用要求给出设备可靠运行时间长度 $t$，即需要知道可靠度 $R(t)$ 与连续运行时间 $t$ 之间的关系。由式(2-4) 和式(2-6)可知

$$R(t)=\mathrm{e}^{-t/\theta}\tag{2-7}$$

例如，某高压空气开关，如果平均500h会发生5次故障，则平均失效间隔时间为 $\theta=500/5=100$ h。如果一次连续工作100 h，则可靠度

$$R(t)=\mathrm{e}^{-t/\theta}=0.37$$

因此，要得到较高的可靠度，平均失效间隔时间 $\theta$ 必须是工作时间 $t$ 的许多倍。例如要得到 $R(t)=0.9$，则 $\theta=10t$；如果 $R(t)=0.99$，则 $\theta=100t$。并且当 $\theta$ 大于 $t$ 的一定倍数后，随着 $\theta$ 的增加，$R(t)$ 增加的幅度会变得相当缓慢。

通过以上分析可以看到，设备的可靠性是随着时间变化的。开始使用时可能是可靠的，但使用一段时间后就可能是不可靠的了；短时间运行是可靠的，而长时间连续运行就可能不可靠。另一方面，设备或者系统的可靠性在很大程度上取决于构成它的元部件的可靠性。而且组成系统的元件的构成方式不同，则系统的可靠性也不相同。

### 2.4.3 系统可靠性模型

2.4.3.1 串联系统

组成系统的所有单元中，任一单元失效就会导致整个系统失效，或者说只有当系统中所有单元都正常工作时，系统才能正常工作，这种系统称为串联系统。

串联系统也称为无贮备系统，图 2-5 所示为由 $A_1$、$A_2$、…、$A_n$ 个独立单元组成的串联系统。设各个单元的可靠度分别为 $R_1(t)$、$R_2(t)$、…、$R_n(t)$，当各单元之间相互独立时，按概率论的计算，系统的可靠度 $R_s(t)$ 为

$$R_s(t)=R_1(t)\cdot R_2(t)\cdots\cdots R_n(t)=\prod_{i=1}^{n}R_i(t) \tag{2-8}$$

由于 $R_i(t)$ 是一个小于 1 的常数，所以系统的可靠度会更小。因此，串联系统的可靠度随着串联单元数目的增多而降低。

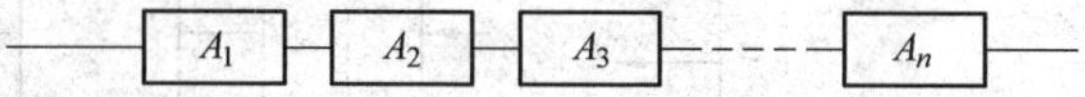


图 2-5 串联系统

假定构成串联系统的每个单元的失效都是偶然失效，也就是每个单元的可靠度均服从指数分布，其失效率为 $\lambda_i$，那么

$$R_i(t)=e^{-\lambda_i t},\qquad i=1,2,\cdots,n$$

则串联系统的可靠度为

$$R_s(t)=\prod_{i=1}^{n}R_i(t)=e^{-\sum_{i=1}^{n}\lambda_i t}=e^{-\lambda_s t} \tag{2-9}$$

式中，$\lambda_s=\sum_{i=1}^{n}\lambda_i$。

串联系统的平均失效间隔时间为

$$MTBF=\theta=\frac{1}{\lambda_s}=\frac{1}{\sum_{i=1}^{n}\lambda_i} \tag{2-10}$$

2.4.3.2 并联系统

组成系统的所有单元都失效时，系统才会失效；或系统只要有一个单元不失效，整个系统就不会失效，这种系统称为并联系统。

并联系统属于工作贮备系统。图 2-6 所示为由 $A_1$、$A_2$、…、$A_n$ 个单元组成的并联系统。当各单元相互独立时，系统的可靠度为

$$R_s(t)=1-\prod_{i=1}^{n}F_i(t)=1-\prod_{i=1}^{n}[1-R_i(t)] \tag{2-11}$$

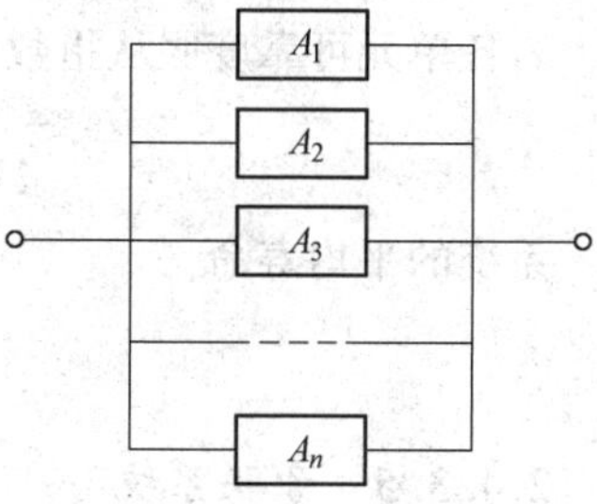


图 2-6 并联系统

从上式中可以看出，并联系统单元数越多，系统可靠度越大。

若每个单元的可靠度都服从指数分布且失效率均为常数 $\lambda$，则由 $n$ 个单元所组成的并联系统的可靠度为

$$R_s(t)=1-(1-e^{-\lambda t})^n$$

系统的平均失效间隔时间为

$$MTBF = \frac{1}{\lambda}\left(1 + \frac{1}{2} + \frac{1}{3} + \cdots + \frac{1}{n}\right) = \frac{1}{\lambda}\sum_{i=1}^{n}\frac{1}{i} \tag{2-12}$$

2.4.3.3　串并联系统、并串联系统

各单元先串联后并联的系统称为串并联系统,如图 2-7 所示。当系统由 $n \times N$ 个可靠度均为 $R$ 的单元组成时,串并联系统的可靠度为

$$R_{sp} = 1-(1-R^n)^N \tag{2-13}$$

由 $N$ 个单元首先并联,然后将 $n$ 个并联子系统串联起来,称为并串联系统,如图 2-8 所示。当每个单元的可靠度为 $R$ 时,并串联系统的可靠度为

$$R_{ps} = [1-(1-R)^N]^n \tag{2-14}$$

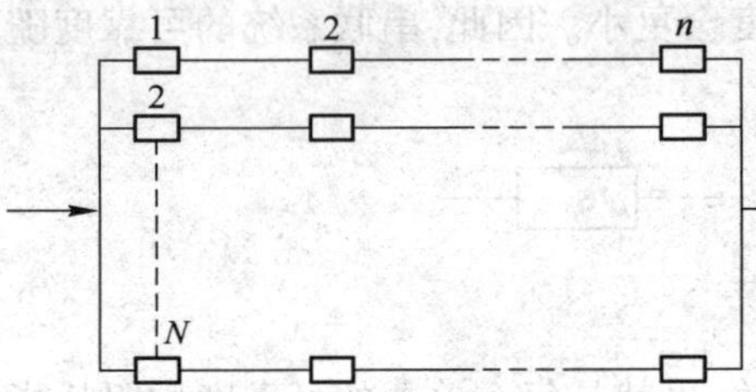


图 2-7　串并联系统

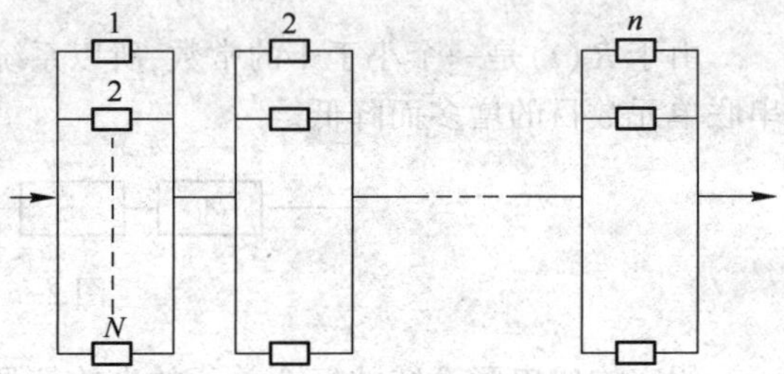


图 2-8　并串联系统

并串联系统的可靠度比串并联系统高。这是因为并串联系统中的每个并联子系统的各单元互为贮备,所以有时也称为单元贮备。当一个单元失效时并不影响该单元所在的并联子系统。而在串并联系统中,若其中一个单元失效,则会影响该串联子系统。

2.4.3.4　表决系统

表决系统指组成系统的 $n$ 个单元中,至少有 $k$ 个单元正常工作时,系统才能正常工作。也就是说,只要系统中失效单元数小于或等于 $n-k$ 时,系统就能正常工作。

设表决系统中每个单元的可靠度为 $R(t)$,则系统的可靠度为

$$R_s(t) = \sum_{i=k}^{n} C_n^i R^i(t)[1-R(t)]^{n-i} \tag{2-15}$$

若各单元可靠度服从指数分布,即 $R(t) = e^{-\lambda t}$,则有

$$R_s(t) = \sum_{i=k}^{n} C_n^i e^{-i\lambda t}(1-e^{-\lambda t})^{n-i} \tag{2-16}$$

系统的平均寿命

$$MTBF = \theta = \sum_{i=k}^{n}\frac{1}{\lambda i} \tag{2-17}$$

2.4.3.5　旁联系统

组成系统的 $n$ 个单元中只有一个单元工作,当工作单元失效时,通过失效监测装置及转换装置接到另一个单元进行工作的系统,称为旁联系统。

对于由 $n$ 个相同单元组成的旁联系统,当它们的失效监测与转换装置百分之百可靠,各单元可靠度服从指数分布且失效率一定时,系统的可靠度 $R_s(t)$ 为

$$R_s(t) = e^{\lambda t}\left[1+\lambda t+\frac{(\lambda t)^2}{2!}+\cdots+\frac{(\lambda t)^{n-1}}{(n-1)!}\right] \tag{2-18}$$

系统的平均寿命为

$$MTBF=\frac{n}{\lambda} \tag{2-19}$$

并联系统、串并联系统、并串联系统、表决系统和旁联系统均属于冗余系统。

### 2.4.4　提高系统可靠性的措施

为了预防事故的发生，应尽可能提高系统的可靠性，主要措施有：

（1）选用可靠度高的设备元部件。元部件的质量越高，设备的可靠性就越高，由它们组成的系统可靠性也越高。因此必须加强原料、材料、零件、部件以及有关仪表的质量控制，提高装置质量和设备安装质量。但是否可以无止境地提高构成机器设备的元部件的可靠性呢？回答是否定的，因为可靠性的提高不仅受到技术发展水平的限制，而且还受到经济因素的制约。从技术上讲，为了提高机器设备的可靠性，就要提高结构材料的强度或者采取冗余设计方案，但这可能使设备的功能受到损害。例如，制造一架飞机，如果无限制地提高其可靠性，可能会使飞机飞不起来。从经济角度衡量，提高机器设备的可靠性时，就制造单位而言，必然要花费一定数量的投资，增加了它们的成本。但从使用单位来看，提高可靠性可以减少使用费用和维修费用。图 2-9 定性地表示了费用与可靠性的关系。从经济上看，一般应在生产费用与使用、维修费用之和最小处选择可靠性。

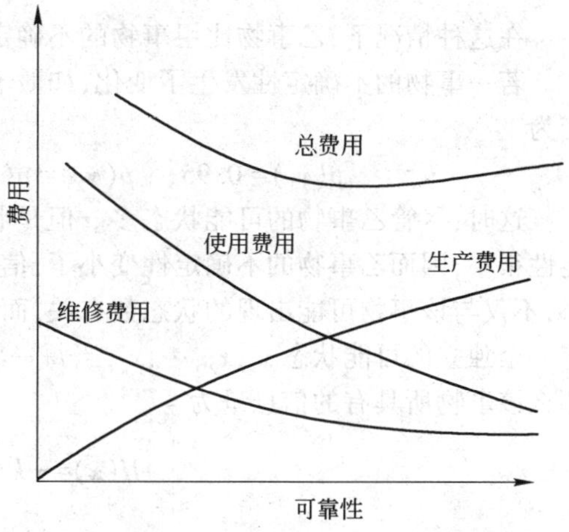


图 2-9　费用与可靠性的关系

（2）采用冗余系统。冗余系统能提高系统的可靠性，但其缺点是投资和维护工作量较大。

（3）改善系统的运行条件。控制系统运行环境中的温度、湿度，防止冲击、振动、腐蚀等，可以延长元件、系统的寿命。

（4）加强检测和预防性维修保养。及时、正确地维修保养可以延长元件的使用寿命。加强检测，在元件进入磨损故障阶段之前及时更换，可以维持系统恒定的故障率。

## 2.5　系统安全与信息处理

### 2.5.1　信息的基本概念

任何一个系统都要和周围环境中的物质、能量、信息发生关系，其中很重要的一个方面是信息。人们经常所说的管理或控制，其本质就是信息处理。在现代化系统中，信息处理往往依靠各种电子仪器、设备和电子计算机，而经常处理信息的必然是人。信息处理系统的不完善，很可能成为事故触发的媒介。

信息是事物间差异的一种抽象，是事物运动状态以及关于这种状态的认识。它是物理状态的基本量。信息可分为两类：一类是来自于自然界的自然信息，如“山雨欲来风满楼”、“瑞雪兆丰年”、“春江水暖鸭先知”等；另一类是物质信息，如量体温、测脉搏是医生用以诊断患病者的信息，爆炸性气体警报振铃、水位警报指示灯闪烁是预示危险的信息。

信息含量的多少称为信息量。信息量可用事物运动状态的不确定性来度量，是可以用数量来描述的。例如有甲、乙两事物，甲事物的不确定性表现为两种同样可能的状态，如同投掷一枚

硬币，只有正面与反面两种相同的可能性一样，所以状态 $x_1$ 与 $x_2$ 出现的概率相等，即

$$p(x_1)=p(x_2)=\frac{1}{2}$$

乙事物的不确定性表现为六种同样可能的状态，如同投掷骰子一样，所有状态 $y_1$、$y_2$、$y_3$、$y_4$、$y_5$、$y_6$ 出现的概率均为

$$p(y_1)=p(y_2)=p(y_3)=p(y_4)=p(y_5)=p(y_6)=\frac{1}{6}$$

在这种情况下，乙事物比甲事物的不确定性大，所以乙比甲具有更多的信息。

若一事物的不确定性发生了变化，如骰子的某一面发生磨损或者被涂上其他材料，发生概率变为

$$p(y_1)=0.95,\quad p(y_2)=p(y_3)=p(y_4)=p(y_5)=p(y_6)=0.01$$

这时，尽管乙事物的可能状态多。但是状态 $y_1$ 出现的可能性很大，其他五种状态出现的可能性很小，因而乙事物的不确定性变小了，信息量也减少了。因此，某一事物具有的信息量的大小，不仅与该事物可能出现的状态数有关，而且也与各状态出现的概率大小有关。如果某事物具有 $n$ 个独立的可能状态 $x_1,x_2,\cdots,x_n$，当每一状态出现的概率分别为 $p(x_1),p(x_2),\cdots,p(x_n)$ 时，那么该事物所具有的信息量为

$$H(x)=-k\sum_{i=1}^{n}p(x_i)\log p(x_i) \tag{2-20}$$

当对数的底取为 2，并且 $n=2$，$p(x_1)=p(x_2)=\frac{1}{2}$ 时，令

$$H(x)=-k\times2\times\frac{1}{2}\log_2\frac{1}{2}=1$$

作为信息量的单位，称为比特(bit)，则 $k=1$。1 bit 的信息量就是包含两个独立等概率可能状态的事物具有的信息。形象地说，朝地上投掷一枚硬币，每次所给信息就是 1 bit。在这种单位制下，信息量的定义为

$$H(x)=-\sum_{i=1}^{n}p(x_i)\log p(x_i) \tag{2-21}$$

如果某事物具有 $H(x)$ 比特的不确定性，为了消除这个不确定性，必须获得 $H(x)$ 比特的信息。因此，信息可以看作用来消除不确定性的东西，它在数值上与不确定性相等。

### 2.5.2 人体的信息处理系统

在人机系统中，人将随时随地遇到预先不知道的情况，系统也将源源不断地供给操作者各种各样的信息。那么，系统中的人如何利用这些信息来正确地进行操作呢？因此，也就存在着人体如何正确地处理这些信息的问题。例如人开动机器的情况，如果操作者随心所欲地开动机器，势必引起极大的混乱，必然会以事故而告终。人们为达到预期的目的或目标，必须在运行过程中，随时对机器进行正确的控制。所谓控制，就是把信息作为媒介物所进行的操作——信息处理。又如驾驶汽车，汽车司机随时从行驶的道路、对开的车辆、前面的车辆、行人、交通信号、道路标志等接受信息，对作为操纵对象的汽车一边控制、一边行驶。在行驶过程中，随时随地都在进行信息处理。

人体的正确信息处理，首先必须正确判断来自人机接口的信息，然后再通过人的行为准确地操纵机器，即给机器以正确的信息。因此，人体正确信息处理的本质是不产生误判断和误操作。研究人体信息处理过程的目的，是对影响信息处理的条件事先做好处理准备，减少误判断和误操

作的机会,排除触发事故的媒介,提高系统的可靠性。

2.5.2.1 人体信息处理系统模型

图 2-10 所示为人操纵机器时信息处理系统的一个简单模型。按照图中所示箭头方向循环一圈,可以认为是作了一次信息处理。人们进行一次操作时,这种信息处理循环可能需要若干圈。

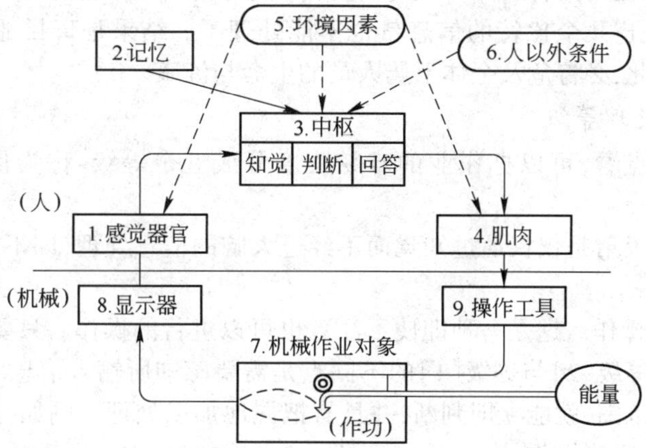


图 2-10 人体信息处理系统模型

一般来说,信息处理的核心在于判断。这是把通过知觉区别、认识或辨别的信息,一面同记忆加以比较,一面转换为反馈指令,观察操作结果如何,再进行判断。可见,判断既是利用已有知识与经验的过程,也是积累和增加新的知识与经验的过程。显然,知识与经验是判断的前提条件。

但是,仅仅有知识和经验这个前提条件,并不能说就一定能正确地进行信息处理。人体信息处理系统的信息处理能力,往往还受到人体生理和心理条件的限制和影响,存在着信息传递效率问题。所谓信息传递效率,是指人在每秒时间内可能传递的信息量。通常人的信息传递效率在 2.7~7.5 bit/s 之间,平均为 5.5 bit/s。通过教育和训练,可以适当提高人体的信息传递效率,但不可能超过 7.5 bit/s。

2.5.2.2 大脑的意识水平

人体的信息处理系统直接受大脑意识水平的支配。日本大学桥本邦卫教授从人体紧张程度引起脑电波的变化中,提出了意识水平的五个阶段,如表 2-2 所示。

**表 2-2 大脑意识水平的五个阶段**

| 阶段 | 意识水平 | 注意力 | 生理状态 | 可 靠 性 | 失误率 |
|---|---|---|---|---|---|
| 0 | 无意识失神 | 无 | 睡眠、呆滞 | 0 | 1 |
| Ⅰ | 意识模糊 | 不注意 | 疲劳、单调、瞌睡、醉酒 | 0.9 以下 | 0.1 |
| Ⅱ | 常态—松弛 | 消极地思索 | 起居、休息、正常作业 | $(1-10^{-2})\sim(1-10^{-5})$ | $10^{-2}\sim10^{-5}$ |
| Ⅲ | 常态—清醒 | 积极进取 | 积极活动 | $(1-10^{-6})\sim(1-10^{-9})$ | $10^{-6}\sim10^{-9}$ |
| Ⅳ | 超常态、过度紧张 | 集中一点 | 精神兴奋、精神恐慌 | 0.9 以下 | 0.1 |

生产实际中,一般人工作时意识水平属于阶段Ⅱ。一旦感到厌倦、瞌睡,就降为阶段Ⅰ。最佳的工作状态虽然是Ⅲ,但这种状态往往只能维持 15 min 左右。进一步增加紧张程度的Ⅳ是异

常兴奋状态,即所谓精神恐慌,这时不会有正确判断的行为。

五个阶段意识水平之间相互隔断,不能自由升降。节假日后第一天上班往往事故较多的原因是人们还停留在意识水平阶段Ⅰ的缘故。当出现紧急异常时,人们凭借良好的欲望所出现的紧张和兴奋,有可能出色地做出平常不能办到的事,这就是意识水平Ⅲ的状态。当遇到异常时,无论人体的状态是处于意识水平阶段Ⅰ还是Ⅱ,只要一意识到,就立即紧张起来,使意识水平提高到Ⅲ。但是,一旦惊慌失措,甚至产生恐惧,则会使意识水平达到阶段Ⅳ。这时则完全失去了状态的综合判断能力,连几个比特的信息量也不能处理了。结果是盲目地蛮干或者束手无策。特别是领导者一旦如此,必将危及全体下属人员的生命与健康。

#### 2.5.2.3　信息处理等级

从信息处理的观点看,可以把作业的难易程度分成五个等级,称为信息处理等级或操作等级。

等级[1]:反射。反射是仅仅通过知觉而不经过大脑的信息处理,即不必知道输入的信息是什么就能做出反应。

等级[2]:熟练性操作。这是一种即使不注意也可以进行的操作。只要熟悉它就可以处理,属于简单信息处理。等级[2]与等级[1]的不同点是需要感知所输入信息"是什么"。当输入信息属于该等级的处理范围,就能立即判断,并且有把握地加以处理。例如,操作者知道手柄或开关的位置,即使看不见也能操作。

等级[3]:常规性操作。这时的操作像"应按如下程序进行"那样,是预先知道信息处理程序的常规作业。本等级的信息处理虽然有章可循,比较容易,但却不能同时兼做其他信息处理。

等级[4]:随机性操作。这类操作事先并不知道信息处理的程序。每做一次信息处理,需要观察其结果之后,再选择下一次信息处理所必需的方法。它是非正常的信息处理,是要求动态意志决定的操作。在生产过程中,这类信息处理比较多,必须引起注意。

等级[5]:决定性操作。等级[5]与等级[4]的不同点在于等级[4]是借助已有知识(即记忆)进行信息处理的。而对等级[5]而言,输入信息是不能凭借已有知识来处理的。等级[5]的信息处理关键是要有创造力。必须把已有的知识从记忆中取出,分解成若干要素,再把所需要的要素重新组合,相当于重新编制程序表。对于那些过去根本没有经验或其经验似有若无的情况,都必须进行这一等级的信息处理。

#### 2.5.2.4　信息处理与意识水平的关系

操作等级反映了信息处理的难易程度,随时都可能发生变化。然而意识水平却不能这样简单地进行转换。因此,会出现操作等级与意识水平不协调的现象,引起信息处理的混乱。操作等级与意识水平有如下关系:

(1) 人们开始进入工作现场时,人体的意识水平一般是阶段Ⅱ。在这种水平上可以进行操作等级[2]或[3]的信息处理。但是,要进行操作等级[4]或[5]的信息处理,则意识水平必须提高到阶段Ⅲ。

(2) 意识水平阶段Ⅲ的持久性很差。在这个水平上,如果总是进行操作等级[4]或[5]的信息处理,则疲劳加快,很快就会使意识水平降低到阶段Ⅱ;如果只进行操作等级[2]或[3]的信息处理,一旦持续下来,意识水平也会自动降低到Ⅱ。新工人入厂时之所以非常疲劳,就是因为他们把一些微不足道的工作,总是按着操作等级[4]或[5]进行信息处理,使意识水平经常处于阶段Ⅲ的缘故。

(3) 操作等级[1]的反射,要求瞬间做出正确的反应。只要意识水平Ⅱ就能做到这一点。

如果意识水平处于阶段Ⅲ,则会加快反应速度,提高准确率。

(4) 单调感影响着意识水平Ⅱ的持久性。意识水平经常维持阶段Ⅱ才能进行操作等级Ⅱ或Ⅲ的作业。然而对一些不激烈运动身体的单调作业来说,例如监视、手指作业等,一旦持久,头脑里有余暇就要产生厌倦,甚至走神,最后使意识水平降低到阶段Ⅰ,出现上班打瞌睡的现象。为了把意识水平维持在阶段Ⅱ上,就要给予从事单调作业的工人以不妨碍工作的刺激。例如,小件装配车间往往允许不影响工作的谈话,工人工作一段时间后让其休息片刻等。

综上所述,由于人体的意识水平往往因疲劳或单调感自动降低,所以有可能使客观要求的信息处理等级与人的意识水平不协调。再以驾驶汽车为例,统计数据表明,行驶在拐弯多的狭窄山路上的车祸比行驶在平坦公路上的还少。这是因为司机在山路上行驶时,意识水平经常处于阶段Ⅲ的状态;而在平坦公路上则会自动降低到阶段Ⅱ,一旦提高车速或发生异常就会不相适应,产生不协调现象。

### 2.5.3 利用信息加强安全管理

利用信息加强安全管理可以采取以下几种方式:

(1) 积极搜集安全信息。在劳动生产中起安全作用的信息集合称为安全信息。信息往往不是自动出现的,珍贵的情报和有用的信息需要下一番工夫才能获得。要明确目的,有意识地思考问题。重要的信息即使飞至眼前,如果不是有意识地去研究处理它,也会坐失良机。安全管理人员应当运用全部智慧,主动搜集安全信息才能变被动为主动,利用信息为安全生产服务。

(2) 通过整理、记忆,构成信息接受和处理系统。对信息的处理不是简单的堆砌叠加,应当加工整理,去粗取精,去伪存真。为了防止忘记宜立即记录,择其要点,思前想后左右联系。此外,还必须对计划和实施进行频繁的动态反馈,然后提出预见,防患于未然。这才是搞好事故预测的基本安全观点。所以,构成信息接受和处理的系统与程序对安全管理十分重要。

(3) 合理选择信息符号。在生产现场只能用任何人均可理解的信息符号和词汇。生产中有不少用语言、词汇难于表达清楚的信息,而且语言信号变化多端,往往误事。所以,人们相互之间的安全信息传递应当选择并统一标准。例如,人们常用语言、表情、手势来传达信息,这有重要意义和作用,但是,如不统一也会发生误会。

总之,安全部门应会同现场工作人员及其他管理部门就在信息交流中可能出现的问题经常接触,沟通思想,统一认识,全盘考虑企业的安全管理问题。

### 2.5.4 信息、能量、物质等因素与事故的关系

下面,通过图 2-11 来形象地说明信息、能量、物质等因素与事故形成的关系。图中,以带有基座的球体作为系统的物质条件。在正常情况下,球体的重心通过基座与地面的接触面,处于平衡状态。然而这种状态并不可靠,随时都有可能在外力作用下翻倒。可以说这种不可靠性是一种潜在的危险。其不可靠程度取决于基座与地面接触面积的大小和球体重心通过接触面的位置。

位于基座上的球体具有一定的势能。如果在外力作用下破坏了整个球体的平衡状态而翻倒下来,则球体所具有的势能转换成动能后,会发生能量逸散导致事故,使球体破坏或伤害人体。作用于基座的外力主要是人体的不安全行为。人体的不安全行为,即人体信息处理系统的误操作,是错误地反射或误判断的后果。它将触发事故,构成事故发生的媒介。

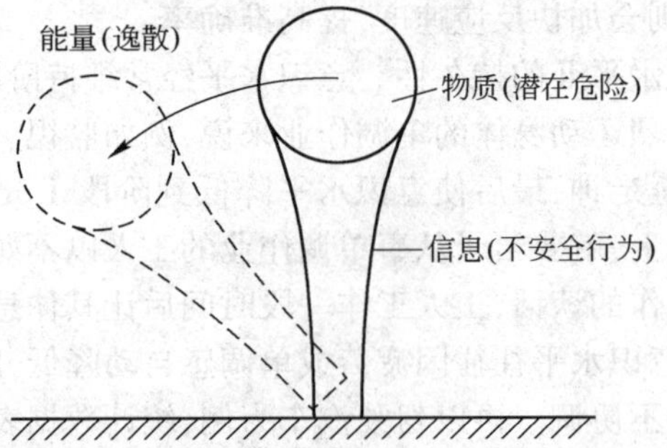


图 2-11　事故与信息、能量、物质之间的关系

## 2.6　系统安全措施

系统安全措施即事故的预防与控制,应从安全技术、安全教育、安全管理三方面入手,采取相应措施。安全技术措施着重解决物的不安全状态问题。安全教育措施和安全管理措施则主要着眼于人的不安全行为问题。安全教育措施主要使人知道,在哪里存在危险源、如何导致事故、事故的可能性和严重程度如何,对于可能的危险应该怎么做。安全管理措施则是要求必须怎么做。

### 2.6.1　安全技术措施

安全技术措施按照行业分可分为:煤矿安全技术措施、非煤矿山安全技术措施、石油化工安全技术措施、冶金安全技术措施、建筑安全技术措施、水利水电安全技术措施等;按照危险、有害因素的类别可分为:防火防爆安全技术措施、锅炉与压力容器安全技术措施、机械安全技术措施、电气安全技术措施等;按照导致事故的原因可分为:防止事故发生的安全技术措施、减少事故损失的安全技术措施。

#### 2.6.1.1　防止事故发生的安全技术措施

防止事故发生的安全技术措施的基本出发点是采取措施约束、限制能量或危险物质,防止其意外释放。常用的措施有:

(1) 消除危险源。消除系统中的危险源可以从根本上防止事故发生。但是,人们不能彻底消除系统中所有的危险源。因此,只能根据具体的技术、经济等条件,消除其中的部分危险源。可以通过选择合适的工艺、技术、设备、设施,合理的结构形式,选择无害、无毒或不能致人伤害的物料来彻底消除某种危险源。

(2) 限制能量或危险物质。受实际的技术、经济条件等方面的限制,有些危险源不能被彻底根除,这时应该设法限制它们拥有的能量或危险物质的量,防止能量蓄积,安全地释放能量等。

(3) 隔离。防止事故发生的隔离措施有分离和屏蔽两种。前者是指时间或空间上的分离,防止一旦相遇则可能产生或释放能量或危险物质的两种及两种以上的物质相遇;后者是利用物理的屏蔽措施局限、约束能量或危险物质。采取隔离技术,既可以防止事故的发生,也可以防止事故的扩大,减少事故的损失。

(4) 故障-安全设计。在系统、设备、设施的一部分发生故障或破坏的情况下,在一定时间内也能保证安全的技术措施称为故障-安全设计。通过设计,使得系统、设备、设施发生故障或事故时处于低能状态,防止能量的意外释放。

(5) 减少故障和失误。通过增加安全系数、增加可靠性或设置安全监控系统来减轻物的不安全状态,减少物的故障或事故的发生。

#### 2.6.1.2 减少事故损失的安全技术措施

其基本出发点是防止事故时意外释放的能量引起人的伤害或物的损坏,或者减轻其对人的伤害或对物的破坏。该类技术措施是在事故发生后,迅速控制局面,防止事故扩大,避免引起二次事故的发生,从而减少事故造成的损失。常用的减少事故损失的安全技术措施有隔离、设置薄弱环节、个体防护、避难与救援等。

(1) 隔离。隔离是把被保护对象与意外释放的能量或危险物质隔开。隔离措施按照被保护对象与可能致害对象的关系可分为隔开、封闭、缓冲等。

(2) 设置薄弱环节。利用事先设计好的薄弱环节,使事故能量按照人们的意图释放,防止能量作用于被保护的人或物。如锅炉上的易熔塞、电路中的熔断器等。一般地,设计的薄弱环节虽然破坏了,但是以较小的损失避免了大的损失。因此,该项技术又称为"接受微小损失"。

(3) 个体防护。佩戴个体防护用品也是一种隔离措施,它把人体与能量或危险物质隔开,是保护人身安全的最后一道防线。

(4) 避难与援救。设置避难场所,当事故发生时,人员暂时躲避,免遭伤害或赢得救援的时间。事先选择撤退路线,当事故发生时,人们按照撤退路线迅速撤离。事故发生后,组织有效的应急救援力量,实施迅速的救护,是减少事故人员伤亡和财产损失的有效措施。

此外,安全监控系统作为防止事故发生和减少事故损失的安全技术措施,是发现系统故障和异常的重要手段,以便采取有效措施防止事故的发生,减少事故损失。

### 2.6.2 安全教育措施

安全教育培训工作是贯彻"安全第一、预防为主、综合治理"安全生产方针,实现安全生产和文明生产,提高员工安全意识和安全素质,防止产生不安全行为,减少人为失误的重要途径。进行安全生产教育,首先要提高生产经营单位管理者及员工的安全生产责任感和自觉性,认真学习有关安全生产的法律、法规和安全生产基本知识;其次是普及和提高员工的安全技术知识,增强安全操作技能,强化安全意识,从而保护自己和他人的安全与健康。

《安全生产法》第20~23条、第36条和第50条对生产经营单位的主要负责人和安全生产管理人员、特种作业人员、从业人员的安全生产教育培训作出了明确规定,国家安监总局也颁发了一系列有关安全生产教育培训的文件。

生产经营单位的安全教育培训主要包括:

(1) 主要负责人的教育培训;

(2) 安全生产管理人员的教育培训;

(3) 特种作业人员的教育培训;

(4) 从业人员的教育培训,包括新从业人员的三级教育培训、日常教育培训、"四新"(实施新工艺、新技术或者使用新设备、新材料时)教育培训、调岗教育培训、复工教育培训等。

### 2.6.3 安全管理措施

安全管理是以实现生产过程安全为目的的现代化、科学化的管理。各类危险、危害存在于生产经营活动之中,只要有生产经营活动就存在事故发生的可能性。因此,安全管理对策措施对于所有生产经营单位都是企业管理的重要组成部分,是保证安全生产必不可少的措施。

生产中的安全管理措施主要包括:

(1) 建立各项安全管理制度,包括安全生产责任制、安全生产规章制度和工作规程等;

(2) 设置安全管理机构、配备安全管理人员;

（3）保证安全投入、安全设施；

（4）制定安全技术措施计划；

（5）安全生产的过程控制和管理，包括危险源、重大危险源的管理，特种设备的管理，特种作业和特种作业人员的管理；

（6）安全生产监督和检查；

（7）事故应急预案和应急救援。

## 习题和思考题

2-1　什么是事故，事故有什么特征？

2-2　伤亡事故的分类方法主要有哪几种？

2-3　按类别划分，事故的发生有哪些原因？

2-4　造成人体伤害的能量形式有哪些，防止能量异常传递的措施有哪些？

2-5　何谓系统的可靠度 $R(t)$、失效率 $\lambda(t)$ 和平均失效间隔时间 $\theta$？

2-6　如何提高系统的可靠性？

2-7　由 6 个相同元素组成的如下系统，若某时刻元素可靠度为 0.9，则系统的可靠度如何？
（1）元素两两串联后并联；（2）元素两两并联后串联。

2-8　大脑的意识水平和信息处理分哪几个等级，意识水平与信息处理等级有什么关系？

2-9　利用信息加强安全工作的措施有哪些？

2-10　举例说明事故发生过程中，采用正确的信息处理系统进行信息处理的重要性。

2-11　安全技术措施包括哪些？

2-12　生产经营单位的安全教育培训主要包括哪几个方面？

# 3 系统安全分析

## 3.1 系统安全分析概述

### 3.1.1 系统安全分析的定义

系统安全分析(system safety analysis,SSA)也称系统危害分析(system hazard analysis,SHA),是安全系统工程的重要组成部分。它的任务是查明系统中存在的危险源及其所受影响因素,通过分析找出它们之间的关系,探索消除或控制其危害的途径,拟定并优选治理方案,以便达到系统在寿命期内安全运行的目的。

### 3.1.2 系统安全分析的目的

系统安全分析的总目的是实现整个系统的安全状态。具体来说,分析目的如下:

(1) 分析系统的各种潜在危险,并把这种潜在危险降低到允许范围之内。

(2) 在应用新工艺、新技术、新材料、新产品时,把可能产生的危险降低到最低程度。

(3) 对于在系统设计中或在生产过程中不能排除的危险,要采取控制危险的措施,以达到安全生产的目的。

### 3.1.3 系统安全分析的内容

系统安全分析一般应包括下述内容:

(1) 调查和评价可能出现的初始的、诱发的和起作用的危害的相互关系。

(2) 调查和评价与系统安全有关的环境条件、设备、人员以及其他因素。

(3) 调查和评价通过利用适当的工艺、设备、材料、规程避免或根除某种特殊危害的措施。

(4) 调查和评价控制危害的有效措施和把这些措施体现到系统中的最好方法。

(5) 调查和评价一旦对危害失去控制,为防止伤害和损坏的安全防护措施。

### 3.1.4 系统安全分析方法

系统安全分析是在事故发生之前对系统的各个方面进行调查分析,预防事故发生。随着安全系统工程学科的发展,出现了很多分析方法。这些方法都有各自的特点,有相似的地方,也有不同之处。很难说哪一个方法比较好,只能是相互补充,而不是相互比较。用一种方法也许不能查明所有的危险性,而增加另一种方法却能揭示这些危险性的存在。这个特点也是安全系统工程的一个特点,并且促进了安全系统工程的迅速发展。

按照分析的数理方法,安全系统分析可分为定性分析(如安全检查表、预先危险性分析)和定量分析(如事故树分析)。从逻辑的观点出发可分为归纳方法(如事件树分析、故障类型和影响分析)和演绎方法(如事故树分析)。常用的系统安全分析方法有:安全检查表、预先危险性分析、故障类型和影响分析、事件树分析、因果分析图法(鱼刺图分析)、事故树分析、危险和可操作性研究等。

## 3.2　安全检查表

### 3.2.1　安全检查表的定义

安全检查表(safety check list,SCL)是安全检查的工具。利用安全检查表来检查安全是安全管理的一项基础性工作,是及时发现不安全状态和不安全行为的有效途径。为了系统地发现工厂、车间、工序或机器、设备、装置以及各种操作管理和组织措施中的不安全因素,事先把检查对象加以剖析,把大系统分割成小的系统,找出不安全因素所在,然后确定检查项目,以提问的方式,将检查项目按系统或子系统顺序编制成表,以便进行检查和避免漏检,这种表就叫安全检查表。

安全检查表的内容应包括所有能导致伤亡事故的不安全状态和不安全行为。若用其他系统安全分析方法找出事故最危险点,用这些问题来编制安全检查表,那么这种安全检查表就能真正查出危险因素,以便制定防范措施。

### 3.2.2　安全检查表与传统安全检查的区别

在传统安全工作中,安全检查是一种行之已久的方法。安全检查的形式很多,有工人在岗位上的自我检查,安监人员的定期检查,各级领导自上而下的检查,重大节日的定期检查等。这些检查虽然对安全生产起到一定的作用,但是由于缺乏系统的检查提纲,往往只凭几个有经验的人根据各自的经验进行检查,因此难免会出现以下几方面的缺陷:

(1) 对安全检查的范围、内容、掌握信息和信息反馈的渠道及传递时间等,缺乏明确的规定和文字记录,难以得到能充分、正确地反映实际安全状况的信息。

(2) 各级安全管理部门之间,以及管理人员之间,缺乏明确的分工,容易造成对有些问题的重复检查,而对有些问题则漏检,难以保证安全检查的系统性和全面性。

(3) 安全检查缺乏计划性、连续性,时紧时松、时有时无,常常漏掉系统中的事故隐患,更难控制事故的发生。

安全检查表克服了传统安全检查的缺点,是发现隐患、防止事故发生的有效手段,使用它能够提高检查质量,避免检查时出现上述弊端。由于安全检查表是在集中了以往工作中的经验和教训的基础上,经过事先的周密研究和考虑,再经过编制人员的详细推敲,以系统的观点,按系统的顺序编制出的安全检查提纲,因而它的使用,对于安全检查工作不仅可起到指导和备忘录的作用,而且会使安全检查工作更为系统、全面和准确。

### 3.2.3　安全检查表的种类

由于安全检查的目的和对象不同,检查的着眼点也不相同,因而需要编制出多种类型的安全检查表。安全检查表的类型主要有以下几种:

(1) 设计审查用安全检查表。如果在设计时能够设法把不安全因素除掉,则可取得事半功倍的效果。设计完成后再进行安全方面的修改,不仅浪费资金,而且收不到满意的效果。因此,在设计之前,应为设计者提供相应的安全检查表。表中应列出该遵循的有关规程、标准。这样做既可以扩大设计者的知识面,又能使他们乐于采纳这些标准所列的数据要求,避免与安全人员意见不同而发生争议。设计者事先参照安全检查表进行设计,比设计完成后再对照检查表修改设计要省事得多。

(2) 厂级(公司)安全检查表。这类检查表供全厂(公司)性安全检查时使用,也可供安全技术、消防部门和上级有关部门进行日常巡回检查时使用。主要集中在防止火灾、交通和人身伤亡等事故方面,具体内容主要包括厂区各个产品的工艺和装置的安全性、要害部位、主要安全装置与设施、危险物品的贮存与使用、消防通道与设施、操作管理及遵章守纪情况。

(3) 车间安全检查表。该表供车间进行定期安全检查或预防性检查时使用,主要集中在防止人身、设备、机械加工等事故方面。其内容包括工艺安全、设备布置、安全通道、通风照明、安全标志、尘毒及有害气体浓度、消防救护设施及操作管理等。

(4) 工段及岗位安全检查表。工段及岗位安全检查表是供工段及岗位进行自查、互查或进行安全教育时使用,主要集中在防止人身伤害及误操作引起的事故方面。其内容应根据岗位的操作工艺与设备的预防事故控制要点确定,要求检查内容具体、易行。

(5) 专业性安全检查表。该表由专业机构或职能部门编制使用,主要用于专业性的安全检查或特定设备的安全检查。如对电气、运输、提升、通风、排水等设备,爆破工作,压力容器等的专业性安全检查。

### 3.2.4 安全检查表的优点

安全检查表是安全系统工程最基础也是最初步的手段。它具有全面性、直观性和广泛性的特点,它的优点如下:

(1) 全面性、系统性。由于在编制安全检查表之前,有条件组织熟悉检查对象的人员,有充足的编制和讨论的时间,因而可以做到系统性、全面性,能够使导致事故的隐患不被遗漏,克服了盲目性,避免了走过场的安全检查,起到了提高安全检查质量的效果。

(2) 可以根据已有的规章制度、规程、标准等,检查遵守的情况,得出准确的评价,并可逐步实现安全工作的标准化、规范化。

(3) 安全检查表是以有问有答的提问方式表现出来的,给人的印象深刻。能使人们知道如何做才是正确的,因而可以起到安全教育的作用。尤其在督促各项安全规章制度的实施、制止违章指挥和违章作业的工作中能起到指导和提示的作用。

(4) 可以和生产责任制相结合。由于不同的检查对象有不同的检查表,易于分清责任,因而它可以作为安全检查人员履行职责的依据。同时,由于检查表中注有改进措施的要求,因而隔一段时间可有针对性地重新检查改进的情况。

(5) 安全检查表系定性的检查方法,是建立在原有安全工作基础之上的,简明易懂,而且还可以为进一步使用其他的系统安全分析方法和安全评价打下基础。

### 3.2.5 安全检查表的编制

安全检查表的编制,可以根据生产系统、车间、工段编写,也可以按专题编写。如重要设备,就可以编写该设备的安全检查表。为了使编制的检查表切合实际,应采取安全管理人员、生产技术人员和工人三结合的方式编写,而且在实践检验下不断修改,使之日臻完善。经过一段时间之后,这类检查表便可以标准化。

安全检查表也可以通过编制事故树查出基本原因事件,作为检查表的基本检查项目。

最简单的安全检查表只具备四个栏目,即序号、检查项目、"是""否"栏和备注栏(注明采取措施的要求或其他事项)。

为了使检查表进一步具体化,还可以增添项目,将各检查项目的标准或参考标准列出,使检查者和被检查者知道怎样做才是对的,这非常有利于提高检查的效果和检查表的质量。表中还可以列出改进措施。

对于各个项目的轻重也可以列出标记，便于检查者特别重视有严重危险的项目。检查表一定要在表末注明检查者、检查日期，以备参考。

在编制安全检查表时，应注意下列问题：

(1) 坚持三结合的方式。

(2) 根据工程经验和生产实践，列举所有的不安全状态。充分了解安全动态，搜集同类或类似事故教训、安全经验及试验研究的成果，使提出的问题切中要害。

(3) 查找有关的规程、规范和标准，做到提出问题有依据。

### 3.2.6　安全检查表应用举例

#### 3.2.6.1　专业性安全检查表

以专用工具——手持灭火器的安全检查表来说明专业性安全检查表的应用。此表依据《建筑灭火器配置设计规范》GB 50140—2005 及《建筑灭火器配置验收及检查规范》GB 50444—2008 制定。

说明：手持灭火器用于消灭开始状态的火灾，必须保证随用随有，尽可能放在易发生火灾的地点，或放在工作地点以及车间的出入口或过道旁边，以便随时取用。取用灭火器的通道在任何时候都必须畅通无阻。

每种灭火器只能用于一定范围的物质发生的火灾，《火灾分类》GB/T 4968—2008 按物质的燃烧特性将火灾划分为 A、B、C、D、E、F 六种。每种灭火器的使用范围可以从出厂标志和使用说明辨别。

根据火灾种类及作业场所(车间)的面积确定配置灭火器的数量，可根据《建筑灭火器配置标准》计算得到。

安全检查表的具体形式见表 3-1。

**表 3-1　灭火器安全检查表**

| 编　号 | 安全检查项目 | 是或否 | 备　注 |
|---|---|---|---|
| 1 | 有足够数量的手持灭火器吗？ | | |
| 2 | 灭火器的放置地点能使任何人都容易马上看到吗？（容易看到，加标记且不宜放置太高） | | |
| 3 | 通往灭火器的通道畅通无阻吗？（任何时候通道上不应有障碍物） | | |
| 4 | 每个灭火器上都有有效的检查标志吗？（规定至少每两年由专门人员检查一次） | | |
| 5 | 各灭火器对要扑灭的火灾适用吗？（湿式灭火器或泡沫灭火器对电气火灾不适用） | | |
| 6 | 操作人员都熟悉灭火器的操作吗？ | | |
| 7 | 规定的所有地点都配备了灭火器吗？ | | |
| 8 | 灭火药剂易冻的灭火器（如湿式灭火器）采取了防冻措施吗？ | | |
| 9 | 用过的或损坏的灭火器是否马上更新了？ | | |
| 10 | 每个人都知道灭火器所在地点吗？ | | |

检查人：　　　　　　　　　　　　检查日期：

#### 3.2.6.2　车间用安全检查表

表 3-2 所示为某车间安全检查表。

表 3-2 某车间安全检查表

| 序号 | 检查内容 | 标准要求 | 得分 | | 备注 |
|---|---|---|---|---|---|
| | | | 标准 | 实得 | |
| 1 | 新工人上岗前是否进行过安全教育 | 考试合格 | 5 | | |
| 2 | 班组安全是否正常(发言人占 75%) | 每周一次 | 10 | | |
| 3 | 交接班检查是否执行操作牌制度 | 严格认真 | 5 | | |
| 4 | 班组生产设备、安全罩、防护罩是否齐全 | 完好牢固 | 5 | | |
| 5 | 工具箱是否在规定地点放整齐 | 分类放齐 | 5 | | |
| 6 | 电器线路是否有乱搭挂、裸露、漏电 | 绝缘、线路完整 | 10 | | |
| 7 | 电器开关是否有乱搭物、是否完整 | 绝缘完整 | 5 | | |
| 8 | 岗位上的除尘罩、管道是否漏灰尘 | 完整无漏 | 5 | | |
| 9 | 岗位上水冲地坪、胶管是否乱拖放 | 用完盘好 | 5 | | |
| 10 | 岗位上取暖火炉烟囱是否完好 | 有外接烟囱 | 5 | | |
| 11 | 安全检查表是否每周检查填报一次 | 有记录为准 | 15 | | |
| 12 | 事故隐患、整改卡是否按规定填报 | 有记录为准 | 15 | | |
| 13 | 通道走廊是否畅通 | 安全无阻 | 5 | | |
| 14 | 水沟、矿槽盖板是否齐全、是否盖严 | 不影响行走 | 5 | | |

检查人： 检查日期：

## 3.3 预先危险性分析

### 3.3.1 预先危险性分析的定义和目的

预先危险性分析(preliminary hazard analysis,PHA),又称为初步危险分析或初步危害分析,是指在每一项工程活动之前,包括设计、施工和生产之前,首先对系统存在的危险性类别、出现条件、导致的后果作一概略的分析。

预先危险性分析的目的是尽量防止采用不安全的技术路线,避免使用危险性的物质、工艺和设备。它的特点是把分析做在行动之前,避免由于考虑不周而造成的损失。预先危险性分析的重点应放在系统的主要危险源上,并提出控制这些危险源的措施。通过预先危险性分析,可以有效地避免不必要的设计变更,比较经济地确保系统的安全性。预先危险性分析的结果,可作为系统综合评价的依据,还可作为系统安全要求、操作规程和设计说明书中的内容。同时,预先危险性分析为以后要进行的其他危险分析打下基础。

### 3.3.2 预先危险性分析的步骤

(1) 调查、确定危险源。内容包括：

1) 调查、了解和收集过去的经验和同类生产中发生过的事故情况。

2) 确定危险源。危险源的确定可通过经验判断、技术判断或安全检查表等方法进行。

(2) 识别危险转化条件。研究危险因素转变为危险状态的触发条件和危险状态转变为事故的必要条件。

(3) 进行危险分级。危险分级的目的是确定危险程度,提出应重点控制的危险源。危险等级分为以下四个级别:

Ⅰ级:可忽视的。它不会造成人员伤害和系统损坏。

Ⅱ级:临界的。它能降低系统的性能或损坏设备,但不会造成人员伤害,能采取措施消除和控制危险的发生。

Ⅲ级:危险的。它能造成人员伤害和主要系统的损坏。

Ⅳ级:灾难性的。它能造成人员死亡、重伤以及系统严重损坏。

(4) 制定危险预防措施。这些措施主要包括:

1) 限制能量或分散能量,如规定合理的贮量和周转量,使用保险丝、断路器等。

2) 防止能量逸散,如采取绝缘、封闭、隔离措施等。

3) 加装缓冲能量的装置,如加装安全闸、填充材料等。

4) 减轻损害程度的措施,如快速救助和急救治疗等。

5) 防止外力造成的危险,注意周围环境的影响。

6) 防止人的失误、加强安全教育,严格规章制度的监督检查。

### 3.3.3　预先危险性分析的格式

预先危险性分析的结果可以列成表格,表 3-3 和表 3-4 所示为一般表格形式。

**表 3-3　预先危险性分析表格形式 1**

| 第 1 列 | 第 2 列 | 第 3 列 | 第 4 列 | 第 5 列 | 第 6 列 | 第 7 列 | 第 8 列 | 第 9 列 |
|---|---|---|---|---|---|---|---|---|
| 名　称 | 运行形式 | 故障模式 | 概率估计 | 危害状况 | 影　响 | 危险等级 | 预防方法 | 确　认 |
| | | | | | | | | |
| | | | | | | | | |
| | | | | | | | | |

**表 3-4　预先危险性分析表格形式 2**

| 第 1 列 | 第 2 列 | 第 3 列 | 第 4 列 | 第 5 列 | 第 6 列 | 第 7 列 | 第 8 列 |
|---|---|---|---|---|---|---|---|
| 危险因素 | 触发事件 | 现　象 | 原因事件 | 事故情况 | 后　果 | 危险等级 | 预防措施 |
| | | | | | | | |
| | | | | | | | |
| | | | | | | | |

### 3.3.4　预先危险性分析举例

**例 3.1**　图 3-1 所示为一高压罐供气装置。高压罐的作用是储存一定量的高压气体。一般情况下,在停止供气的时候,回路的开关是断开的。当需要供给高压气时,操作人员闭合电路开关,电动机转动,气体通过放气阀流出。如果气体没有按照规定释放出去,则罐内压力增高。当压力超过极限时,传感器感知,通过感应圈的作用使电流回路断开,电动机停止转动,罐内气压就不会继续增加。另外,设备安装有压力表,操作人员通过观察压力表指示压力大小来控制线路开关。如果所有的压力控制系统都失效了,则气体可通过安全阀释放出去。表 3-5 所示为此高压罐供气装置预先危险性分析表。

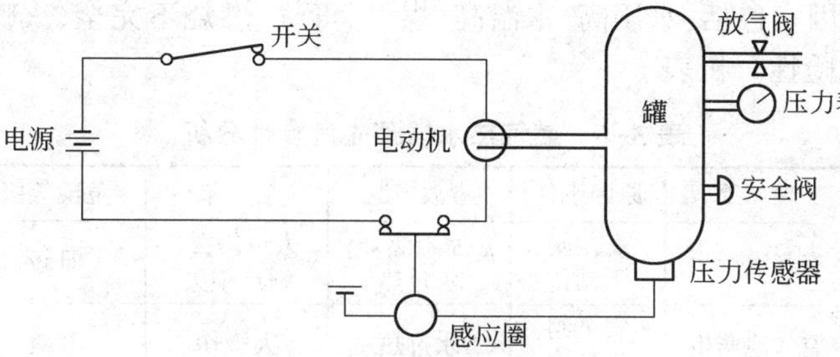


图 3-1　高压罐供气装置

**表 3-5　高压罐供气装置预先危险性分析**

危害 1
第 1 列，名称：高压罐子系统
第 2 列，运行形式：高压
第 3 列，故障模式：低于最大设计压力情况下罐体破坏
第 4 列，概率估计：很少出现
第 5 列，危害状况：罐体遭到严重破坏
第 6 列，影响：由于冲击波的作用和破碎罐体碎片的飞射使附近人员遭到伤害，设备遭到破坏
第 7 列，危险等级：Ⅲ级
第 8 列，预防方法：采用罐体隔离的方法
第 9 列，确认：如果认可上述的危险分析，可确定对罐的强度进行分析

危害 2
第 1 列，名称：高压罐子系统
第 2 列，运行形式：高压
第 3 列，故障模式：由于超压罐体破坏
第 4 列，概率估计：偶然出现
第 5 列，危害状况：罐体遭到严重破坏
第 6 列，影响：由于冲击波的作用和破碎罐体碎片的飞射使附近人员遭到伤害，设备遭到破坏
第 7 列，危险等级：Ⅲ级
第 8 列，预防方法：罐体隔离；设置安全装置
第 9 列，确认：对上述认可的危险进行分析

**例 3.2**　图 3-2 所示为燃气热水器。热水器装有温度和煤气开关联锁装置，当水温超过规定温度时，联锁装置动作将煤气关小，如果发生故障，则由泄压安全阀放出热水，防止发生事故。

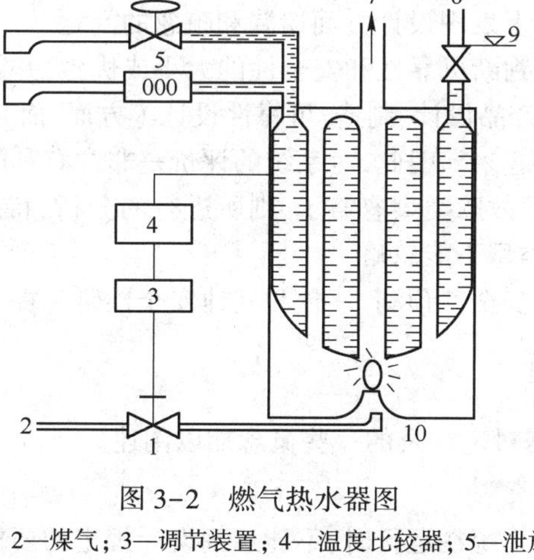


图 3-2　燃气热水器图

1—煤气阀；2—煤气；3—调节装置；4—温度比较器；5—泄放安全阀；
6—热水阀；7—废气出口；8—进水；9—逆水阀；10—空气进口

该热水器的危险因素包括:水压高、水温高、煤气、毒气、燃烧不完全、火嘴着火、排气口高温等。表 3-6 为预先危险性分析表。

**表 3-6　燃气热水器预先危险性分析**

| 危险因素 | 触发事件 | 现　象 | 原因事件 | 事故情况 | 后　果 | 危险等级 | 预防措施 |
|---|---|---|---|---|---|---|---|
| 水压高 | 煤气连续燃烧 | 有气泡产生 | 安全阀不动作 | 热水器爆炸,水过热 | 人员伤亡,财产损失 | Ⅲ级 | 装爆破板、定期检查安全阀 |
| 水温高 | 煤气连续燃烧 | 有气泡产生 | 安全阀不动作 | 水过热 | 人烫伤 | Ⅱ级 | 定期检查安全阀 |
| ⋮ | ⋮ | ⋮ | ⋮ | ⋮ | ⋮ | ⋮ | ⋮ |

## 3.4　故障类型和影响分析

### 3.4.1　故障类型和影响分析概述

故障类型和影响分析(failure modes and effects analysis,FMEA),是系统安全分析的重要方法之一。它采用系统分割的概念,根据实际需要分析的水平,把系统分割成子系统或进一步分割成元件,然后逐个分析各个子系统或元件可能发生的故障和故障呈现的状态(即故障类型),分析故障类型对子系统以及整个系统产生的影响,最后采取措施加以解决。

使用故障类型和影响分析,基本上能够查明元件发生各种故障时带来的危害性,是比较周密和完善的系统分析方法。FMEA 既可以用于定性分析,又可以用于定量分析。在系统进行初步分析后,对于其中特别严重、甚至会造成人员死亡或重大财产损失的故障类型,则可以单独拿出来进行分析。这种方法称为致命度分析(criticality analysis,CA),和 FMEA 结合使用时,称为故障类型影响和致命度分析(FMECA)。

1957 年,美国开始在飞机发动机上使用 FMEA 法。航空航天局和陆军进行工程项目招标时,都要求承包方提供 FMECA。航空航天局还把 FMECA 当做保证航天飞机可靠性的基本方法。目前,FMECA 已在核电站、动力工业、仪器、仪表、冶金工业中得到了广泛的应用。

故障类型和影响分析的特点是:

(1) 能够明确地表示出局部的故障将给系统整体的影响,确定对系统安全性给予致命影响的故障部位。因此,对组成单元或子系统可靠性的要求更加明确,并且能够提出它们的重要度。利用 FMEA 也很容易从逻辑上发现设计方面遗漏和疏忽的问题。

(2) 能用定性分析法来判断可靠性和安全性的大小或优劣,并能提出问题和评价其重要度。

(3) FMEA 法不仅用于产品设计、制造、可靠性设计等方面,而且还可以把设计和质量管理、可靠性管理等活动有机连接起来。因此,对系统的评价是非常有利的。

(4) 应用时,若把重要的故障类型忽略了,则所进行的分析,特别是所进行的预测将是徒劳无用的。所以,对重要故障类型不能忽略。

(5) 为定量地进行系统安全性预测、评价和其他安全性研究提供一定的数据资料。

### 3.4.2　FMEA 的基本原理

为了正确使用 FMEA,需对它涉及的一些概念加以阐述。

#### 3.4.2.1　故障和故障类型

故障是指元件、子系统、系统在运行时,不能达到设计规定的要求,因而不能完成规定任务或任务完成不好。并不是所有故障都会造成严重后果,而是其中有一些故障会影响系统不能完成任务或造成事故损失。

元件是构成系统、子系统的单元或组合件,它分为三种:

(1) 功能件。由一些零部件构成,具有独立的功能。

(2) 组件。由两个以上零部件构成,在子系统中保持特定的性能。

(3) 零件。不能进一步分解的单个部件,具有设计规定的性能。

故障类型是故障出现的状态,也是故障的表现形式。元件发生故障时,其呈现的类型可能不止一种。例如,一个阀门发生故障,至少可能有内部泄漏、外部泄漏、打不开和关不紧四种类型,它们都会对子系统甚至系统产生不同程度的影响。一般可从以下五个方面考虑故障类型:

(1) 运行过程中的故障;

(2) 过早地启动;

(3) 规定的时间内不能启动;

(4) 规定的时间内不能停车;

(5) 运行能力降低、超量或受阻。

造成元件发生故障的原因,大致有以下五种:

(1) 设计上的缺点。由于设计所采取的原则、技术路线等不当,带来先天性的缺陷,或者由于图纸不完善或有错误等。

(2) 制造上的缺点。加工方法不当或组装方面的失误。

(3) 质量管理方面的缺点。检验不够或失误以及工程管理不当等。

(4) 使用上的缺点。误操作或未按设计规定条件操作。

(5) 维修方面的缺点。维修操作失误或检修程序不当等。

3.4.2.2 故障等级

故障等级是衡量故障对系统任务、人员和财物安全造成影响的尺度。人们根据故障造成影响的大小而采取相应的处理措施,因此评定故障等级很有必要。评定时可以从故障影响大小、对系统造成影响的范围、故障发生的频率、防止故障的难易、是否重新设计等几个方面考虑。

评定故障等级有下述几种方法。

A 简单划分法

将故障对子系统或系统影响的严重程度分为四个等级,列于表 3-7 中,可根据实际情况进行分级。

**表 3-7 故障类型分级表**

| 故障等级 | 影响程度 | 可能造成的危害或损失 |
|---|---|---|
| Ⅰ级 | 致命性 | 可能造成死亡或系统损坏 |
| Ⅱ级 | 严重性 | 可能造成严重伤害、严重职业病或主要系统损坏 |
| Ⅲ级 | 临界性 | 可造成轻伤、轻职业病或次要系统损坏 |
| Ⅳ级 | 可忽略性 | 不会造成伤害和职业病,系统也不会损坏 |

B 评点法

在难以取得可靠性数据的情况下,可采用评点法,此法较简单划分法精确。它从几个方面来考虑故障对系统的影响程度,用一定的点数表示程度的大小,通过计算,求出故障等级。有两种方法求评点数 $C_s$,一种利用下式计算:

$$C_s = \sqrt[i]{C_1 \cdot C_2 \cdot \cdots \cdot C_i} \tag{3-1}$$

式中　$C_s$——总点数，$0<C_s<10$；

$C_i$——点数，$0<C_i<10$；

$i$——评点因素。

评点因素和点数如表 3-8 所示。

**表 3-8　因素和点数表**

| 评点因素 $i$ | 点数 $C_i$ |
|---|---|
| (1) 故障影响大小<br>(2) 对系统造成影响的范围<br>(3) 故障发生的频率<br>(4) 防止故障的难易<br>(5) 是否新设计的工艺 | $0<C_i<10$<br>$i=1,2,3,4,5$ |

点数 $C_i$ 的确定可采取专家座谈会法，即由 3~5 位有经验的专家座谈讨论，提出该给 $C_i$ 什么数值。这种方法又称 BS（brain storming）法，意思是集中智慧。另一种方法是德尔菲法（delphi technique），即函询调查法，将提出的问题和必要的背景材料用通信的方式寄给有经验的专家，然后把他们的答案进行综合，再反馈给他们。如此反复多次，直到认为满意为止。

另一种求评点数 $C_s$ 的方法为查表法。这种方法是根据评点因素表（表 3-9），求出每个项目的点数后，按下式相加，计算出总点数 $C_s$。

$$C_s=F_1+F_2+F_3+F_4+F_5 \tag{3-2}$$

**表 3-9　评点参考表**

| 评点因素 | 内容 | 点数 |
|---|---|---|
| 故障影响大小 $F_1$ | 造成生命损失<br>造成相当损失<br>功能损失 | 5.0<br>3.0<br>1.0 |
| 对系统造成的影响 $F_2$ | 对系统造成二个以上的重大影响<br>对系统造成一个以上的重大影响<br>对系统无太大影响 | 2.0<br>1.0<br>0.5 |
| 故障发生的概率 $F_3$ | 易于发生<br>能够发生<br>不太发生 | 1.5<br>1.0<br>0.7 |
| 防止故障的可能性 $F_4$ | 不　能<br>能够防止<br>易于防止 | 1.3<br>1.0<br>0.7 |
| 是否新设计的工艺 $F_5$ | 相当新的内容设计<br>类似的设计<br>同一设计 | 1.2<br>1.0<br>0.8 |

由以上两种方法求出的 $C_s$，均可按表 3-10 评定故障等级。

**表 3-10　$C_s$ 与故障等级评价**

| 故障等级 | 评点 | 内容 | 应采取措施 |
|---|---|---|---|
| Ⅰ 致命 | 7~10 | 完不成任务，人员伤亡 | 变更设计 |
| Ⅱ 重大 | 4~7 | 大部分任务完不成 | 重新讨论设计，也可变更设计 |
| Ⅲ 轻微 | 2~4 | 一部分任务完不成 | 不必变更设计 |
| Ⅳ 小 | <2 | 无影响 | 不采取其他措施 |

C　风险矩阵法

故障发生的可能性和故障发生后引起的后果,综合考虑后会得出比较准确的衡量标准,这个标准称为风险率(也称危险度)。它代表故障概率和严重度的综合评价。

(1) 严重度。是指故障类型对系统功能的影响程度,分为四个等级,见表3-11。

**表3-11　严重度的等级与内容**

| 严重度等级 | 内　容 |
|---|---|
| Ⅰ　低的 | (1) 对系统任务无影响<br>(2) 对子系统造成的影响可忽略不计<br>(3) 通过调整,故障易于消除 |
| Ⅱ　主要的 | (1) 对系统的任务虽有影响但可忽略<br>(2) 导致子系统的功能下降<br>(3) 出现故障,但能够立即修复 |
| Ⅲ　关键的 | (1) 系统的功能有所下降<br>(2) 子系统的功能严重下降<br>(3) 出现故障,不能立即通过检修予以修复 |
| Ⅳ　灾难性的 | (1) 系统的功能严重下降<br>(2) 子系统的功能全部丧失<br>(3) 出现的故障需经彻底修理才能消除 |

(2) 故障概率。是指在一特定时间内,故障类型出现的次数。时间可规定为一年或一个月,或大修间隔期,或完成一项任务的周期。

单个故障类型的概率可以使用定性和定量方法确定。

用定性方法给故障概率分类的原则是:

Ⅰ级:故障概率很低,元件操作期间出现机会可以忽略。

Ⅱ级:故障概率低,元件操作期间不易出现。

Ⅲ级:故障概率中等,元件操作期间出现机会可达50%。

Ⅳ级:故障概率高,元件操作期间易出现。

用定量方法给故障概率分类的原则为:

Ⅰ级:在元件工作期间,任何单个故障类型出现的概率少于全部故障概率的0.01。

Ⅱ级:在元件工作期间,任何单个故障类型出现的概率多于全部故障概率的0.01,而少于0.10。

Ⅲ级:在元件工作期间,任何单个故障类型出现的概率多于全部故障概率的0.10,而少于0.20。

Ⅳ级:在元件工作期间,任何单个故障类型出现的概率多于全部故障概率的0.20。

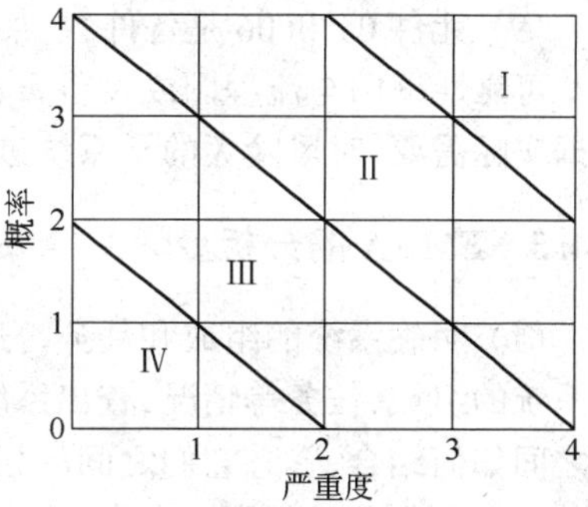

图3-3　风险矩阵图

有了严重度和故障概率的数据之后,就可以用风险率矩阵的评价法。因为这两个特性可表示出故障类型的实际影响。有的故障类型虽有高的发生概率,但造成危害的严重度很低,因而风险率也低。另一种情况,即使危害的严重度很大,但发生概率很低,所以风险率也不会高。综合这两个特性,以发生概率为纵坐标,严重度为横坐标,画出风险率矩阵,如图3-3所示。将所有故障类型按其严重度和发生概率填入矩阵图中,可以看出系统风险的密集情况。处于右上角方块中的故障类型风险率最高,依次左移逐渐降低。

3.4.2.3　可靠性框图

对于复杂的系统,为了说明子系统间功能的传输情况,可用可靠性框图表示系统状况。可靠性框图也称逻辑图,如图 3-4 所示。

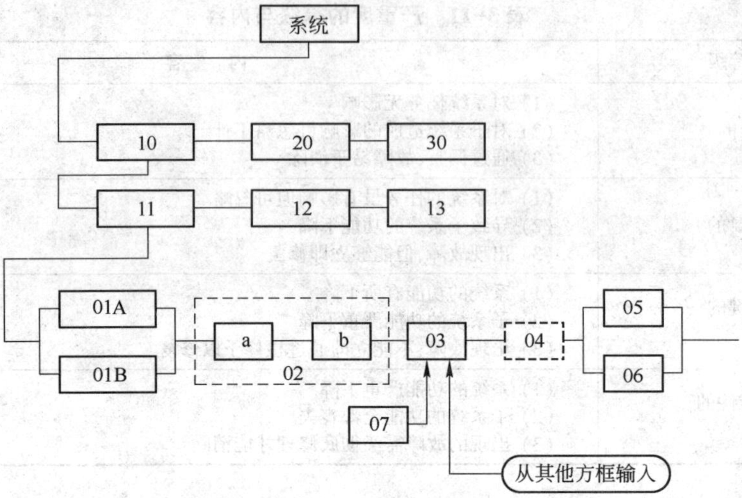


图 3-4　可靠性框图

从图中可以明确地看出系统、子系统和元件之间的层次关系,系统以及子系统间的功能输入及输出,串联和并联方式。各层次要进行编码,和将来制表的项目编码相对应。

图 3-4 说明了下列问题:

(1) 主系统分成三个子系统,即 10,20,30,当然每一个子系统发生故障,都会对主系统产生影响。

(2) 子系统 10 又包括组件 11,12,13。

(3) 组件 11 受元件 01A,01B,02,03,04,05 与 06 的影响,它们在串联的情况下进行工作。

(4) 元件 01A, 01B 是冗余系统。

(5) 元件 02 由两个零件 a 和 b 组成。

(6) 从功能上看,元件 03 同时受到 07 和来自其他系统的影响。

(7) 虚线所包含的零件 04 在特定的情况下发生作用。

(8) 正常运行时,元件 07 不工作。

(9) 元件 05 和 06 是备件,在某些特定的情况下,06 发生故障时,05 起作用。

可靠性框图与流程图或设备布置图不同,它只表示系统与子系统间功能流动情况,而且可以根据实际需要,对风险大的子系统进行深入分析,问题不大的则可放置一边。

### 3.4.3　FMEA 的分析步骤

(1) 明确系统的组成和任务。进行 FMEA,首先要熟悉有关资料,从设计说明书等资料中了解系统的组成、任务等情况,查出系统含有多少子系统,各子系统又含有多少单元或元件,了解它们之间如何结合,熟悉它们之间的相互关系、相互干扰以及输入和输出等情况。

(2) 确定分析程度和水平。FMEA 一开始便要根据所了解的系统情况,决定分析到什么水平,这是一个很重要的问题。如果分析程度太浅,就会漏掉重要的故障类型,得不到有用的数据;

如果分析程度过深,一切都分析到元件甚至零部件,则会造成手续复杂,采取措施也很难。一般来讲,经过对系统的初步了解后,就会知道哪些系统比较关键,哪些次要。对关键的子系统可以分析得深一些,不重要的分析得浅一些,甚至可以不进行分析。

对于一些功能件,像继电器、开关、阀门、贮罐、泵等,都可当做元件看待,不必进一步分析。

(3) 详细说明分析系统的情况。这包括系统说明和可靠性框图两部分。系统说明部分包括元件的数目、用途、动作方式、性能等 。可靠性框图如前所述。

(4) 列出所有故障类型并选出对系统有影响的故障类型。按照可靠性框图,根据过去经验和有关故障资料,列出所有故障类型,填入 FMEA 表格内,然后从其中选出对子系统以致系统有影响的故障类型。

(5) 对故障类型进行分析。深入分析故障的影响后果、故障等级、故障原因和应采取的措施。如果经验不足,考虑不周到,将会给分析带来麻烦。因此,这是一件技术性较强的工作,最好由安全管理人员、生产技术人员和工人三结合进行。对危险特别大的故障类型,如故障等级为Ⅰ级,则要进行致命度分析。

### 3.4.4 故障类型影响和致命度分析

把故障类型和影响分析从定性分析发展到定量分析,则形成了故障类型影响和致命度分析,包括两个方面:故障类型影响分析和危险度(或致命度)分析。如故障等级为Ⅰ级的故障类型,有可能导致人员死亡或系统损坏,可进一步进行致命度分析。

例如,起重机制动装置和钢丝绳的部分故障类型影响和致命度分析见表 3-12。

**表 3-12 起重机的故障类型影响和致命度分析**(部分)

| 项目 | 构成元素 | 故障模式 | 故障影响 | 危险程度 | 故障发生概率 | 处理方法 | 应急措施 |
|---|---|---|---|---|---|---|---|
| 制动装置 | 电气元件 | 动作失灵 | 过卷、坠落 | 大 | $10^{-2}$ | 仪表检查 | 立即检修 |
| | 机械部件 | 变形、摩擦 | 破裂 | 中 | $10^{-4}$ | 观察 | 及时检修 |
| | 制动瓦块 | 间隙过大 | 摩擦力小 | 小 | $10^{-3}$ | 检查 | 调整 |
| 钢丝绳 | 股 | 变形、磨损 | 断绳 | 中 | $10^{-4}$ | 观察 | 更换 |
| | 钢丝 | 断丝超标 | 断绳 | 大 | $10^{-1}$ | 检查 | 更换 |

注:1. 危险程度分为:大,危险;中,临界;小,安全。2. 应急措施:立即停止作业,及时检修,注意。3. 发生概率:非常容易发生,$1\times10^{-1}$;容易发生,$1\times10^{-2}$;偶尔发生,$1\times10^{-3}$;不常发生,$1\times10^{-4}$;几乎不发生,$1\times10^{-5}$;很难发生,$1\times10^{-6}$。

致命度分析的目的在于评价每种故障类型的危险程度,通常采用概率-严重度来评价故障类型的危险度。概率是指故障类型发生的概率,严重度是指故障后果的严重程度。采用该方法进行致命度分析时,通常把概率和严重度划分为若干等级。例如,美国的杜邦公司把危险程度划分为三个等级,概率划分为六个等级(见表 3-12 中注)。

当用致命度一个指标来评价时,可使用下式计算出致命度指数 $C_r$,它表示元件运行 100 万小时(次)发生的故障次数。

$$C_r = \sum_{i=1}^{n} (\alpha\beta k_1 k_2 \lambda t \times 10^6) \tag{3-3}$$

式中 $n$——导致系统重大故障或事故的故障类型数目;

$\alpha$——导致系统重大故障或事故的故障类型数目占全部故障类型数目的比例;

$\beta$——导致系统重大故障或事故的故障类型出现时,系统发生重大故障或事故的概率,其参考值见表 3-13;

$k_1$——实际运行状态的修正系数;

$k_2$——实际运行环境条件的修正系数；

$\lambda$——元素的基本故障率；

$t$——元素的运行时间，h。

**表 3-13　$\beta$ 的参考值**

| 影响程度 | 实际损失 | 可预计的损失 | 可能出现的损失 | 没有影响 |
|---|---|---|---|---|
| 发生概率($\beta$) | $\beta=1.00$ | $0.10\leq\beta<1.00$ | $0<\beta<0.10$ | $\beta=0$ |

### 3.4.5　FMEA 举例

以手电筒为例，说明 FMEA 的过程。确定了手电筒的功能和决定了分解的等级程度之后，就可画出系统可靠性框图，如图 3-5 所示。

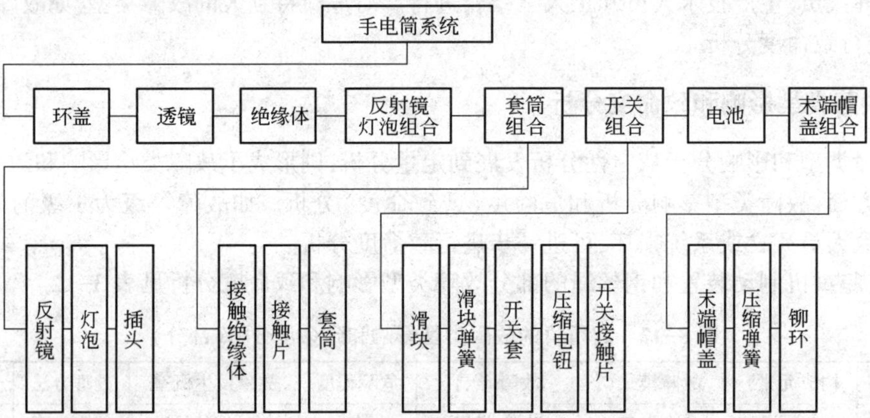


图 3-5　手电筒可靠性框图

表 3-14 所示为参考同类产品的故障类型而选定的手电筒的故障类型。完成填写故障类型表格之后，分析这些故障类型，查找出这些故障的原因(一个故障可能有多种原因)，查明每个故障可能给系统运行带来的影响，并且确定故障检测方法和故障危险等级。以上内容可以采用表 3-15 的格式填写，在备注一栏内填写前面各栏中不包括的内容。表 3-15 仅提供了手电筒部分零件、组合件 FMEA 的内容。

完成表 3-15 之后，把故障类型等级为Ⅰ类的致命的项目，即严重影响系统功能的零件、组合件另列表格，见表 3-16，可进行致命度分析。

**表 3-14　故障类型一览表**

| 零件或组合件名称 | 故障类型 |
|---|---|
| 环盖 | 1. 脱落　2. 变形而断　3. 影响透镜功能 |
| 透镜 | 4. 脱落　5. 破裂　6. 模糊 |
| 绝缘体 | 7. 折断　8. 脱落 |
| 反射镜灯泡组合 | 9. 灯丝烧毁<br>10. 灯泡松弛<br>11. 灯丝与焊口导通不良<br>12. 灯泡反射镜螺纹生锈<br>13. 反射镜与接触片导通不良<br>14. 反射镜装不进套筒 |

续表 3-14

| 零件或组合件名称 | 故障类型 |
|---|---|
| 套筒组合 | 15. 与环盖连接不良<br>16. 与末端帽盖螺纹连接不良<br>17. 与开关组件连接松弛<br>18. 套筒与开关之间的导通不良<br>19. 接触片变形<br>20. 接触片绝缘体的绝缘不良<br>21. 开关滑动不灵<br>22. 开关与套筒脱落<br>23. 接触片,电池间空隙过小 |
| 电　池 | 24. 电池放电<br>25. 电池装配不良<br>26. 电池与灯泡间的导通不良<br>27. 电池间导通不良<br>28. 电池与控制弹簧间导通不良<br>29. 电池与套筒绝缘不良<br>30. 电池与开关接触片绝缘不良<br>31. 电池阳极生锈 |
| 末端帽盖组合 | 32. 压缩弹簧功能失灵<br>33. 末端帽盖与套筒接触不良<br>34. 末端帽盖脱落<br>35. 末端帽盖断而变形<br>36. 螺纹部生锈<br>37. 末端帽盖与弹簧接触不良 |

**表 3-15　手电筒 FMEA 一览表(部分)**

| No. | 零件或组合件 | 故障类型 | 故障原因 | 故障的影响 | | 检测方法 | 危险等级 | 备　注 |
|---|---|---|---|---|---|---|---|---|
| | | | | 零件或组合件 | 系　统 | | | |
| 1 | 环盖 | 影响透镜功能 | 变形 | 功能不全 | 可能功能失灵 | 目测 | Ⅱ | |
| | | 脱　落 | 1. 螺纹磨耗<br>2. 操作不注意 | 功能不全 | 功能失灵 | 目测 | Ⅰ | |
| | | 断而变形 | 压　坏 | 功能不全 | 降低功能 | 目测 | Ⅱ | |
| 2 | 透镜 | 脱　落 | 1. 破损脱落<br>2. 操作不注意 | 功能不全 | 功能不全 | 目测 | Ⅱ | |
| | | 开　裂 | 操作不注意 | 降低功能 | 功能下降 | 目测 | Ⅲ | |
| | | 模　糊 | 保管不良 | 降低功能 | 功能下降 | 目测 | Ⅳ | |
| 3 | 绝缘体 | 折　断 | 1. 装配不良<br>2. 材质不良 | 有不闭灯的可能性 | 可能缩短使用时间 | 拆开目视 | Ⅲ | |
| | | 脱　落 | 1. 装配失灵<br>2. 由于断损 | 不闭灯 | 使用时间缩短 | 拆开目视 | Ⅱ | |
| 4 | 反射镜灯泡组合 | 灯丝烧损 | 1. 寿命问题<br>2. 冲击 | 不能开灯 | 功能失灵 | 拆开目视 | Ⅰ | |
| | | 灯泡松弛 | 1. 嵌合不良<br>2. 冲击 | 造成回路切断的可能性 | 功能失灵的可能性 | 轻微振动 | Ⅳ | |
| | | 灯泡焊口的缺陷 | 1. 磨耗<br>2. 加工不良 | 造成回路切断的可能性 | 功能失灵的可能性 | 拆开目视 | Ⅱ | |
| | | 灯丝螺纹生锈 | 1. 保管不良<br>2. 材质不良 | 造成回路切断的可能性 | 功能失灵的可能性 | 拆开目视 | Ⅱ | |

表 3-16　手电筒致命影响(等级为Ⅰ)的项目表

| 序号 | 项　目 | 故障类型 | 影　响 | 防止措施 |
|---|---|---|---|---|
| 1 | 环　盖 | 脱　落 | 功能失灵 | $\beta=0$ |
| 2 | 反射镜灯泡组合 | 灯丝烧损<br>灯泡焊锡与电池导通不良<br>反射镜与接触片之间导通不良<br>反射镜与套筒嵌合不良 | 功能失灵<br>功能失灵<br>功能失灵<br>功能失灵 | |
| 3 | 套筒组合 | 套筒与开关之间导通不良 | 功能失灵 | |
| 4 | 开关组合 | 开关滑块不能滑动<br>开关与套筒组合脱落 | 功能失灵<br>功能失灵 | |
| 5 | 电　池 | 电池放电<br>电池安装不良 | 功能失灵<br>功能失灵 | |

### 3.4.6　FMEA 的优缺点

故障类型和影响分析是从系统的末一级向上一级分析,即从小的、局部的至整个系统进行分析,其优点是书写格式简单,可用较少的人力、且无须经过特别的训练,就可以进行分析。它的缺点是缺乏逻辑性,难以分析各个元素之间的影响,若两个以上元素同时发生故障,分析比较困难。

通常情况下,FMEA 方法中的元素局限于“物”的因素,这就难以查出人的原因。当然,对某一元素而言,也可以包括人的误操作。

## 3.5　事件树分析

事件树分析(event tree analysis,ETA)是安全系统工程的重要分析方法之一,它是从某一初因事件开始,顺序分析各环节事件成功或失败的发展变化过程,并预测各种可能结果的分析方法,即时序逻辑的分析方法。其中,初因事件是指在一定条件下能造成事故后果的最初的原因事件;环节事件是指出现在初因事件后一系列造成事故后果的其他原因事件。各种可能结果在事件树分析中称为结果事件。

### 3.5.1　事件树分析的原理

事件树分析的理论基础是系统工程的决策论。决策论中的一种决策方法是用决策树进行决策的,而事件树分析则是从决策树引申而来的分析方法。

事件树分析最初用于可靠性分析,它是用元件的可靠性表示系统可靠性的系统分析方法之一。系统中的每一个元件,都存在具有或不具有某种规定功能的两种可能。元件正常,说明其具有某种规定功能;元件失效,则说明元件不具有某种规定功能。把元件正常状态称为成功,其状态值为 1;把失效状态称为失败,其状态值为 0。按照系统的构成状况,顺序分析各元件成功、失败的两种可能性,一般将成功均作为上分支,将失败均作为下分支,不断延续分析,直到最后一个元件,最终形成一个水平放置的树形图。

例如,有一泵和两个阀门串联的物料输送系统,如图 3-6 所示。物料沿箭头方向顺序经过泵 A、阀门 B 和 C。组成系统的元件 A、B、C 都有正常和失效两种状态。根据系统的构成情况,当泵 A 接到启动信号后,可能有两种状态:一种是正常启动开始运行;另一种是失效不能输送物料。将正常作为上分支,失效作为下分支。理论上,$n$ 元素两种状态的组合应有 $2^n$ 种,但事件树的结构是按照系统的具体情况作出的。因此,阀门 B 的正常与失效只接在泵的正常状态分支上。泵 A 处于失效状态系统就失效。阀门 B 和 C 对此结果没有影响,不再延续分析。同样,阀门 B 失效也能导致系统失效,不再继续分析 C 的状态,从而只分析 B 正常时 C 的两种状态。这样,得到四种系统状况的结果,见图 3-7 所示的物料输送系统的事件树。

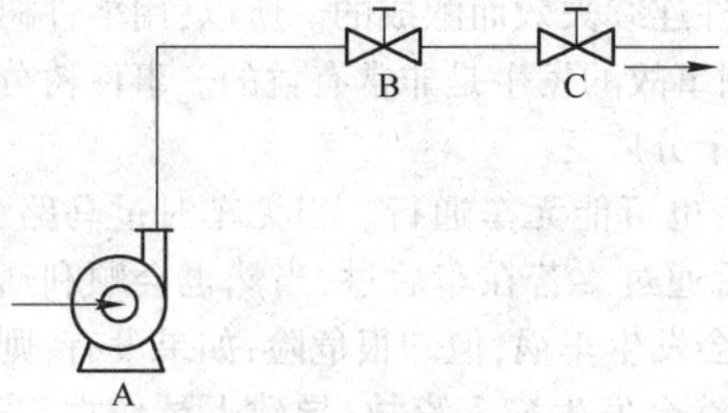


图 3-6　物料输送系统示意图

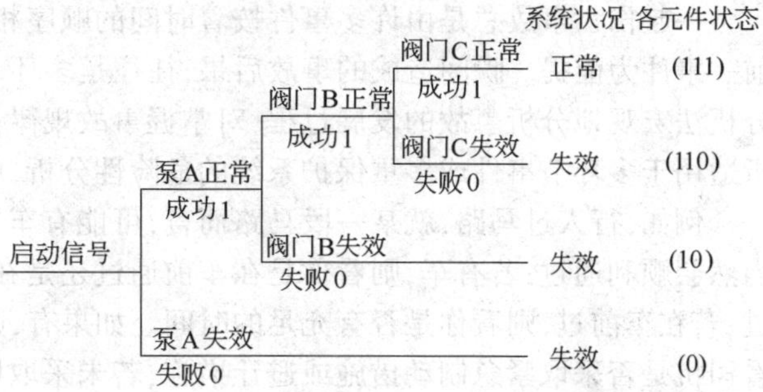


图 3-7　物料输送系统的事件树

从事件树看出,只有泵 A 和阀门 B、C 均处于正常状态(三个元件状态值均为 1)时,系统才能正常运行,而其他三种状态组合均导致系统的失败。若各元件的可靠度是已知的,可根据元件可靠度求取系统可靠度。例如,元件 A、B、C 的可靠度分别为 $R_A$、$R_B$、$R_C$,则系统可靠度 $R_S$ 为 A、B、C 均处于正常状态时的概率,即三个事件的积事件概率,即

$$R_S = R_A \cdot R_B \cdot R_C$$

用这种方法,也可以比较相同元件不同结构系统的可靠性。如改变一下图 3-6 中物料输送系统的结构,将串联阀门 B、C 改为并联,将阀门 C 作为备用阀。当阀门 B 失效时,C 开始工作。其系统流程图如图 3-8 所示,变更后系统事件树如图 3-9 所示。

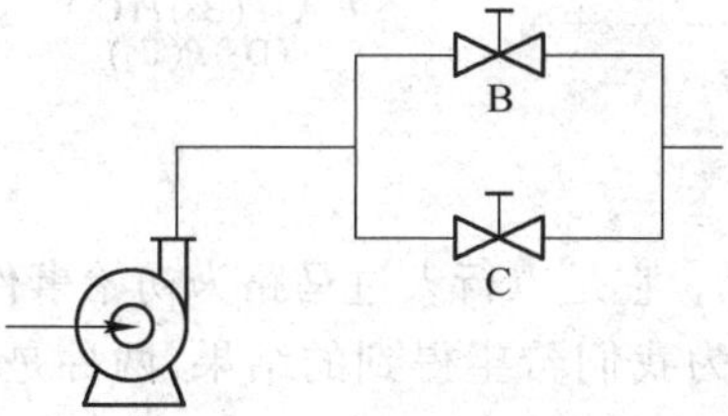


图 3-8　物料输送系统(改后)示意图

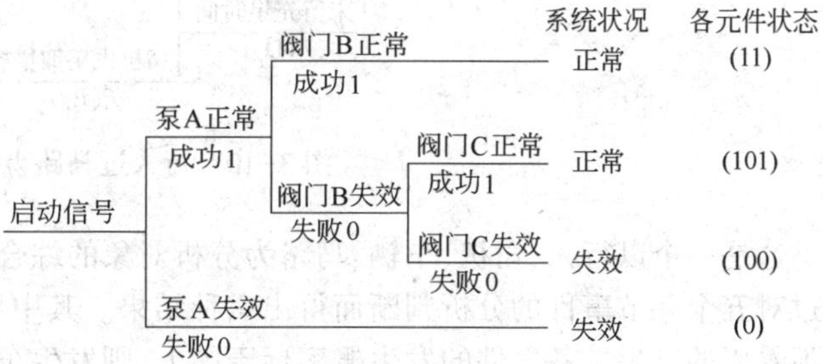


图 3-9　物料输送系统(改后)的事件树

从图 3-9 中的事件树看出,元件 A、B 正常或元件 A、C 正常、B 失效时系统处于正常状态。根据事件树作图规则,四种系统状态是相互排斥事件,则系统的可靠度为

$$R_S = R_A \cdot R_B + R_A(1 - R_B)R_C$$

显然,阀门并联的系统可靠度比阀门串联的系统大得多。这就是以低可靠度的元件构成高可靠度系统的系统论思想的体现。

对于复杂的系统,仍可根据上述原则绘制事件树。

### 3.5.2 事件树分析方法及其应用

任何事故都是一个多环节事件发展变化过程的结果，因此事件树分析也称为事故过程分析。其实质是利用逻辑思维的规律和形式，分析事故的起因、发展和结果的整个过程。利用上述分析系统可靠性的方法进行事故过程的分析，是安全管理所需要的事件树分析。所不同的是，系统可靠性分析以硬件系统为分析对象，分析元件的正常状态和失效状态；而后者则是以人、物和环境的综合系统为对象，分析各事件成功与失败的两种情况，从而预测各种可能的结果。

一起伤亡事故总是由许多事件按着时间的顺序相继发生和演变而成的，后一事件的发生以前一事件为前提。瞬间造成的事故后果，往往是多环节事件连续失效而酿成的。所以，用事件树分析法宏观地分析事故的发展过程，对掌握事故规律，控制事故的发生是非常有益的。事件树分析适用于多环节事件或多重保护系统的危险性分析，应用十分广泛。

例如，行人过马路，就某一段马路而言，可能有车来往，也可能无车通行。当无车时过马路，当然会顺利通过；若有车，则看你是在车前通过还是在车后通过。若在车后过，当然也会顺利通过；若在车前过，则看你是否有充足的时间。如果有，则不会发生车祸，但却很危险；如果没有，则看司机是否采取紧急制动措施或避让措施，若未采取则必然会发生撞人事故，导致人员伤亡；若采取措施，则取决于制动或避让是否奏效。奏效，则人幸免于难；失败，则必然造成人员伤亡。其事件树如图 3-10 所示。

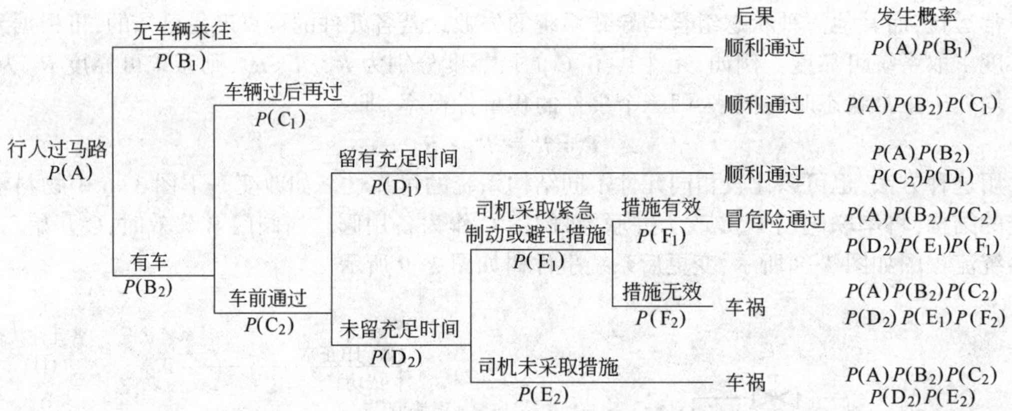


图 3-10 行人过马路事件树

这是一个以行人、司机、车辆、马路为分析对象的综合系统。它是以行人过马路为初始事件，经过对五个环节事件的分析判断而得出六种结果。其中四种为我们希望得到的结果，两种是我们不希望的结果。各事件的发生概率标于图上，则发生车祸的概率为

$$P=P(A)P(B_2)P(C_2)P(D_2)P(E_1)P(F_2)+P(A)P(B_2)P(C_2)P(D_2)P(E_2)$$

再例如，图 3-11 是用事件树分析法分析某汽车厂机械维修工人在安装汽车发动机清洗设备的升降装置时，由于钻削困难，脚手架不合适，维修工人自己对此工作又不熟练，反应迟钝，地面条件差等原因，造成从脚手架上摔下的死亡事件。从图中可以看出，1、2 为安全作业，3、4、5 不会发生死亡事件，但有潜在危险，第六种情况则发生死亡事件。

从上述事例可以看出，事件树分析能够明确重大灾害、偶然事件、失常、无伤害事件之间的关系。在信息繁多的情况下，这种分析方法能够把事故实例进行简捷的归纳，所以在事件案例分析和整理上是很方便的。

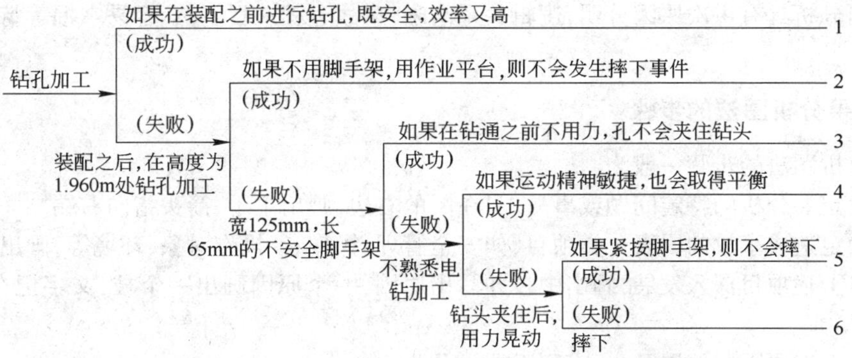


图 3-11 维修工人从清洗装置上摔下死亡的事件树

### 3.5.3 事件树分析的作用

事件树分析是一种宏观、动态、归纳的分析方法,事件树分析的作用是:

(1) 能够指出如何不发生事故,以对职工进行直观的安全教育。

(2) 能够指出消除事故的根本措施,改进系统的安全状况。

(3) 从宏观角度分析系统可能发生的事故,掌握事故发生的规律。

(4) 可以找出最严重的事故后果,为事故树分析确定顶上事件提供依据。

## 3.6 因果分析图法

### 3.6.1 因果分析图法的概念

因果分析图法是把系统中产生事故的原因和造成的结果所构成错综复杂的因果关系,采用简明文字和线条加以全面表示的方法。用于表述事故发生原因与结果关系的图形称为因果分析图,其形状像鱼刺,所以也叫鱼刺图。

鱼刺图一般从人、物、环境和管理四个方面查找影响事故的因素,每一个方面作为一个分支,然后逐次向下分析,找出直接原因、间接原因和基本原因,依次用大、中、小箭头标出。典型的鱼刺图如图 3-12 所示。

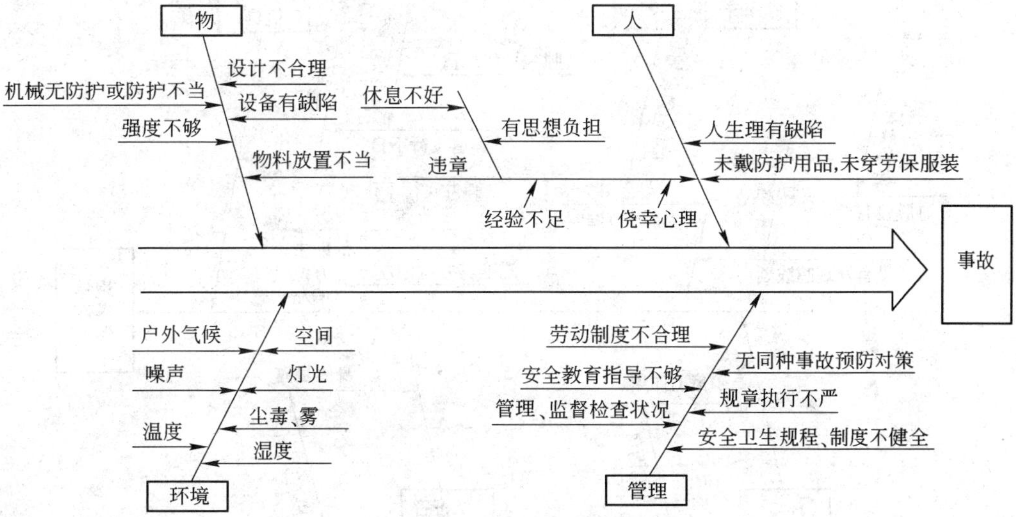


图 3-12 鱼刺图

鱼刺图分析具有主次原因分明,逻辑关系清晰,事故过程一目了然,容易掌握等特点,应用比较广泛。

### 3.6.2　因果分析图法的步骤

因果分析图法的步骤一般为:

(1) 确定要分析的特定问题或事故,写在图的右边,画出主干,箭头指向右端。

(2) 确定造成事故的因素分类项目,如安全管理、操作者、操作对象、环境等,画出大枝。

(3) 将上述项目深入发展,画出中枝并写出原因,一个原因画出一个枝,文字记在线的中枝的上下。

(4) 将上述原因层层展开,一直到不能再分为止。

(5) 确定鱼刺图中的主要原因,并标上符号,作为重点控制对象。

(6) 注明鱼刺图的名称。

### 3.6.3　应用实例

某靶场进行实弹射击试验,发生一起炮弹爆炸伤亡事故,死亡一人,轻伤三人。事故调查得出的直接原因为:弹丸飞行不正常,实际弹着点比预计落点近 950 m,横向偏左 706 m,如图 3-13 所示。炮弹正好落在观测人员附近爆炸,造成伤亡事故。据调查,炮弹质量、瞄准方法、射击情况均正常。

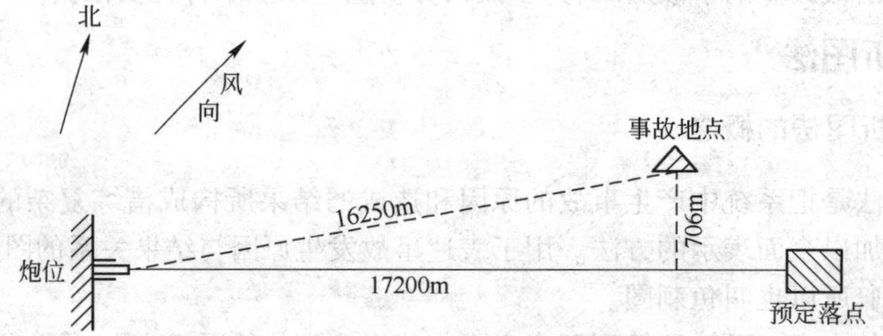


图 3-13　事故概况图

根据事故情况及事故的原因分析,绘制出因果分析图如图 3-14 所示。

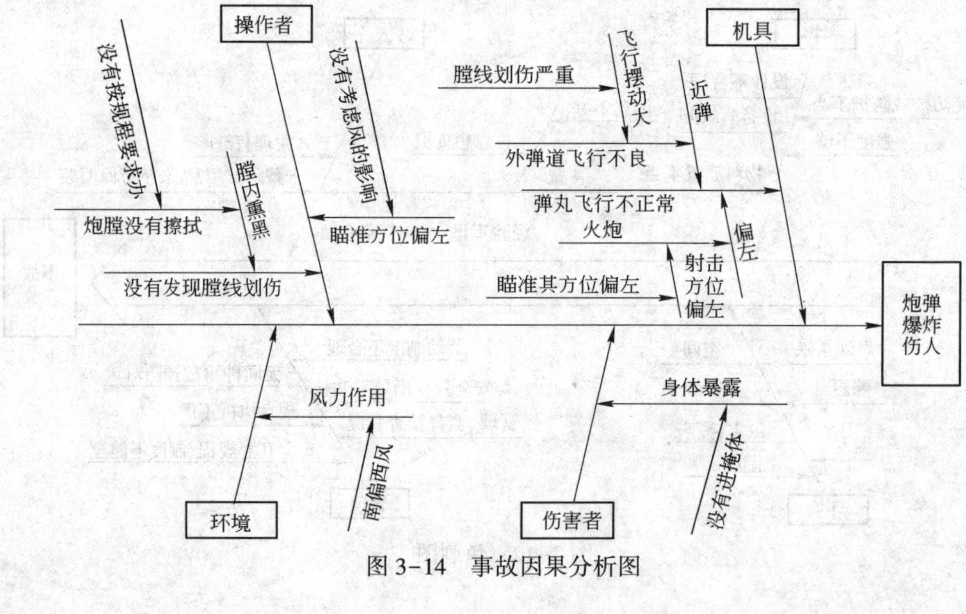


图 3-14　事故因果分析图

从图中的详细分析,可以明确看出,造成事故的根本原因主要有三条:

(1) 操作者没有按要求擦拭检查炮膛,致使仍然使用不合格的火炮进行射击试验,造成弹丸飞行不稳定。

(2) 操作者没有考虑风的影响,瞄准方位偏左,使弹丸飞行轨迹偏左。

(3) 由于高、低空风力的影响,使弹丸飞行更向左偏移,致使最后弹着点落到观测人员附近,爆炸伤人。

上述第三条原因为客观因素,所以事故的主要原因是第一、二条。观测人员没有进入掩体,则是使事故扩大,增加伤亡的因素。

进行如上分析后,找到了事故的主要原因,事故责任也就查清了。针对事故原因,可以采取相应的具体防范措施。

## 3.7 危险和可操作性研究

### 3.7.1 危险和可操作性研究的定义及发展

由于自动化、连续化、大型化工业的日益发展,生产工艺越来越复杂,其中任何一个环节发生故障都会对整个系统产生很大影响,甚至酿成事故。如果在设计过程中就注意消除系统的危险性,无疑能提高工厂生产后的安全性和可靠性。由于生产是一个系统活动,是一个运动着的整体,所以还必须考虑操作,考虑运动时的危险性。

危险和可操作性研究(hazard and operability study, HAZOP),是一种对工艺过程中的危险因素实行严格审查和控制的技术。它通过引导词(也称为关键词)和标准格式寻找工艺偏差,以辨识系统存在的危险因素,并根据其可能造成的影响大小,确定防止危险发展为事故的对策。

HAZOP 由英国帝国化学工业公司最先提出和使用,主要用于化工系统的设计和定型阶段发现潜在危险性和操作难点,以便考虑控制和防范措施。目前,该方法广泛应用于化工、机械、仓储、运输系统。从大型连续生产到小型间断反应,从设计定型阶段到操作规程的审查等领域。

### 3.7.2 危险和可操作性研究的特点

危险和可操作性研究的主要特点有:

(1) HAZOP 是从生产系统中的工艺状态参数出发来研究系统中的偏差,运用启发性引导词来研究因温度、压力、流量等状态参数的变动可能引起的各种故障的原因、存在的危险以及采取的对策。

(2) HAZOP 分析方法对新建装置和已投入运行的装置都适用。

(3) HAZOP 是故障类型和影响分析的发展,易于掌握。它研究和运行状态参数有关的因素,从中间过程出发,向前分析其原因,向后分析其结果。向前分析是事故树分析,向后分析是故障类型和影响分析。它有两种分析的特长,因为两种方法都有中间过程。因此,HAZOP 不仅直观有效,而且更易查找事故的基本原因和发展结果。

(4) 研究结果既可用于设计的评价,又可用于操作评价;既可用来编制、完善安全规程,又可作为可操作的安全教育材料。

### 3.7.3 危险和可操作性研究的关键词及分析术语

生产系统工艺流程的状态参数(如温度、压力、流量等)一旦与设计规定的条件发生偏离就会发生问题或出现危险。因此,需要从中间入手提出问题,进而追问原因及产生的结果。

HAZOP 使用引导词来确定状态参数的偏差，进行分析。

表 3-17 所示为 HAZOP 的引导词及其意义，表 3-18 所示为常用的 HAZOP 分析术语。

**表 3-17　HAZOP 的引导词及其意义**

| 引导词 | 意　义 | 备　注 |
|---|---|---|
| 没有（否或空白）(none) | 完全实现不了设计或操作规定的要求 | 未发生设计上所需要的事件，如没有物料输入（或流量为零），或温度、压力无显示等 |
| 多（过大或过量）(more) | 比设计规定的标准值数量增大或提前达到 | 如温度、压力、流量比规定值要大，或对原有活动，如“加热”和“反应”的增加 |
| 少（过小或减量）(less) | 比设计规定的标准值少或滞后达到 | 如温度、压力、流量比规定值要小，或对原有活动，如“加热”和“反应”的减少 |
| 多余（以及或伴随）(as well as) | 在完成规定功能的同时，伴有其他（多余）事件发生 | 如在物料输送过程中消失或同时对几个反应容器供料，则有一个或几个没有获得物料 |
| 部分（局部或部分）(part of) | 只能完成规定功能的一部分 | 如物料某种成分在输送过程中消失或同时对几个反应容器供料，则有一个或几个没有获得物料 |
| 相反（反向或相逆）(reverse) | 出现与设计或操作要求相反的事件或物 | 如发生反向抽送或逆反应等 |
| 其他（异常）(other than) | 出现了不相同的事或物 | 发生了异常的事或状态，完全不能达到设计或操作标准的要求 |

**表 3-18　常用 HAZOP 分析术语**

| 项　目 | 说　明 |
|---|---|
| 工艺单元或分析节点 | 具有确定边界的设备（如两容器之间的管线）单元，对单元内工艺参数的偏差进行分析；对位于 PID 图上的工艺参数进行偏差分析 |
| 操作步骤 | 间隙过程的不连续动作，或者是由 HAZOP 分析组分析的操作步骤；可能是手动、自动或计算机自动控制的操作；间隙过程每一步使用的偏差可能与连续过程不同 |
| 工艺指标 | 确定装置如何按照希望的操作而不发生偏差，即工艺过程的正常操作条件；采用一系列的表格，用文字或图表进行说明，如工艺说明、流程图、管道图等 |
| 引导词 | 用于定性或定量设计工艺指标的简单词语，引导识别工艺过程的危险 |
| 工艺参数 | 与过程有关的物理或化学特性，包括概念性的项目，如反应、混合、浓度、pH 值及具体项目，如温度、压力、相数及流量等 |
| 偏　差 | 分析组使用引导词，系统地对每个分析节点的工艺参数（如流量、压力等）进行分析发现的一系列偏离工艺指标的情况（如无流量、压力高等）；偏差的形式通常是用“引导词+工艺参数”表达 |
| 原　因 | 发生偏差的原因；一旦找到发生偏差的原因，就意味着找到了对付偏差的方法和手段，这些原因可能是设备故障，人为失误，不可预见的工艺状态（如组成改变），来自外部的破坏（如电源故障）等 |
| 后　果 | 偏差所造成的结果（如释放出有毒物质）；分析组常常假定发生偏差时，已有安全保护系统失效；不考虑那些细小的与安全无关的后果 |
| 安全保护 | 指设计的工程系统或调节控制系统，用以避免或减轻偏差发生时所造成的后果（如报警、联锁、操作规程等） |
| 措施或建议 | 修改设计、操作规程，或者进一步进行分析研究（如增加压力报警、改变操作步骤的顺序）的建议 |

### 3.7.4 危险和可操作性研究的分析步骤

HAZOP 的基本步骤如下：

(1) 成立研究组,确定分析对象。实施 HAZOP 必须首先成立一个由各方面专家组成的研究组。研究组的构成一般包括组长一人,秘书一人,组员若干。组长负责确定分析范围、选择组员、策划分析、主持 HAZOP 会议。组长不应对生产过程或操作性能负有责任,以保持其独立性。秘书负责准备 HAZOP 工作表、HAZOP 会议记录、草拟 HAZOP 报告。组员由组长选择,一般应包括负责项目、调试、工艺、机电及安全方面的工程技术或管理人员。如有必要还可吸收车间或区队领导、维修工程师、供应方代表,以及其他相关领域的专业人员加入。

(2) 收集系统资料。收集与研究系统有关的详细资料,一般包括工艺流程图、系统布置图、原料安全性能数据表、操作手册(包括设备启动及紧急停车程序)等。

(3) 分解系统。将研究对象划分为若干适当的部分。

(4) 选择研究节点。节点就是所评价系统的特定部位,也就是系统的软、硬件组成单元或子系统,如管线、容器、泵、操作说明等。

(5) 明确节点功能。对所选择的研究节点应明确其设计意图(功能)和理想的状态参数。

(6) 应用引导词。依次应用所有预先给定的引导词,分析研究节点可能出现的偏差、导致偏差的原因及偏差所能造成的后果。

(7) 提出预防措施。对通过第(6)步发现的、有重要影响而且实际存在的原因提出有效的对策措施。

(8) 编写 HAZOP 报告。

### 3.7.5 危险和可操作性研究应用实例

某厂生产异氰酸酯,光气和多胺反应生产 PAPI(多亚甲基多苯基多异氰酸酯)为一典型的间歇操作过程,光气和多胺氯苯溶液先在低温光化釜反应后,再用 $N_2$ 压至高温光化釜,高温光化釜通蒸汽加热进行高温光化反应。

生产工艺示意图如图 3-15 所示,HAZOP 分析见表 3-19。

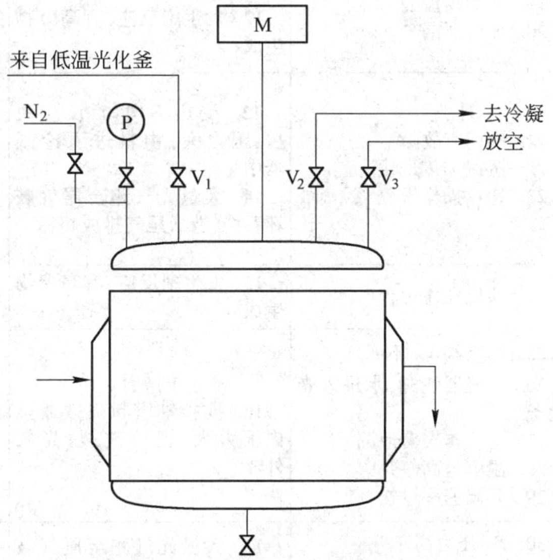


图 3-15 高温光化釜示意图

**表 3-19　HAZOP 分析表(部分)**

| 危险和<br>可操作性研究 | 车间/工段:××车间/××工段<br>系　　统:高温光化釜<br>任　　务:投料过程 | | | 日　期:<br>设计者:<br>审核者: |
|---|---|---|---|---|
| 关键词 | 偏差 | 可能原因 | 后　果 | 必要对策 |
| 空白<br>(none) | 釜内<br>无物料 | 1. 低温光化釜内无物料<br>2. $V_1$ 阀门关闭或打不开<br>3. 进料管堵塞<br>4. 输送管线破裂<br>5. 放空阀 $V_2$ 打不开或未打开<br>6. 光化釜破裂,物料泄漏<br>7. 物料压错,进入其他釜<br>8. 输送物料 $N_2$ 压力低 | 1. 反应缺原料<br>2. 釜内压力大,视镜易破裂喷出物料<br>3. 物料泄漏,易产生火灾,引起人员中毒、伤亡<br>4. 串釜,容易造成事故 | 1. 巡回检查线、阀门<br>2. 检查压力表,保证完好无损<br>3. 安装低液位报警仪<br>4. 安装两套不同型号的液位计,定期检查或更换<br>5. 取消视镜<br>6. 采取液下泵输送物料<br>7. 对物料泄漏做进一步故障分析 |
| 少<br>(less) | 温度<br>过低 | 9. 蒸汽压力不足<br>10. 冷却水夹套,釜壁结渣,传热不好<br>11. 温度指示失灵 | 5. 产品质量下降 | 8. 安装温度低限报警仪 |
| | 保温阶段保温时间不足 | 12. 人工误操作 | 6. 多胺未完全反应 | 9. 采取措施,保证工人按规程操作 |
| 多<br>(more) | 物料过多 | 13. 加料完毕后,忘记关闭阀门或阀门关闭不严,引起物料串釜 | 7. 高温光化釜易满釜,容易造成事故 | 10. 巡回检查管线、阀门,阀门应有“开”、“关”标示<br>11. 分析满釜情况的后果 |
| | 保湿阶段<br>温度高 | 14. 蒸汽压力控制不好,压力大<br>15. 温度指标失灵,蒸汽阀门泄漏 | 8. 多胺得不到充分反应<br>9. 大量光气跑至尾气破坏系统,造成尾气排放超标 | 同 8,9 |
| | 压力较高 | 16. 蒸汽加热关闭不及时<br>17. 温度指示失灵<br>18. 搅拌效果差<br>19. 冷凝器泄漏<br>20. 夹套泄漏 | 10. 同 9<br>11. 物料发泡、分解,局部温度过高,压力上升,易使视镜破裂,喷出物料<br>12. 发生副反应,有高聚物生成 | 12. 改冷凝介质为不与光气化学反应的有机介质<br>13. 每年对光化釜进行一次探伤<br>14. 安装温度超限报警仪<br>15. 取消视镜 |
| | 升温速率<br>过快 | 21. 阀门有故障<br>22. 蒸汽加热过快<br>23. 违反操作规程 | 13. 受热不均匀,反应失控,压力大,物料进入冷凝器中<br>14. 大量光气跑至尾气破坏系统,造成尾气排放超标 | 同 9,10,15<br>16. 安装温度控制仪 |
| | 高温反应<br>时间长 | 24. 违反操作规程 | 15. 发生副反应,有高聚物生成 | 同 9 |
| | 压力过高 | 25. 放空阀 $V_2$ 不畅<br>26. 冷凝器泄漏,水进入光化釜<br>27. 光化釜夹套泄漏<br>28. 温度过高<br>29. 升温速率过快 | 同 9,11<br>16. 搅拌轴密封失效或釜内压力大,视镜破裂,光气外泄 | 同 10,12,14 |
| | 赶气阶段<br>赶气急 | 30. $N_2$ 压力高<br>31. 工人误操作 | 17. 大量光气跑至尾气破坏系统,造成尾气排放超标 | 同 10 |

续表 3-19

| 危险和可操作性研究 | | 车间/工段:××车间/××工段<br>系　　统:高温光化釜<br>任　　务:投料过程 | | 日　期:<br>设计者:<br>审核者: |
|---|---|---|---|---|
| 关键词 | 偏差 | 可能原因 | 后　果 | 必要对策 |
| 伴随(as well as) | 光化釜内物料有水 | 32. 冷凝器泄漏<br>33. 蒸汽夹套阀门泄漏<br>34. 物料中有水 | 18. 物料发泡,影响产品质量 | 17. 改冷冻介质为不与光气反应的有机介质<br>18. 巡回检查管线,阀门<br>19. 光化前,氯苯必须进行脱水处理 |
| | 光化釜内有高聚物生成 | 35. 湿度高 | 19. 产品质量受影响 | 同16 |

## 习题和思考题

3-1　系统安全分析的目的是什么,有哪些常用的系统安全分析方法?

3-2　什么是安全检查表,安全检查表有什么优点?

3-3　如何编制安全检查表?结合实习情况,编制一个车间或岗位安全检查表,并应用该表进行安全检查,提出改进措施或建议。

3-4　何谓预先危险性分析,预先危险性分析的步骤如何?

3-5　什么是故障类型和影响分析,有哪几种划分故障等级的方法?

3-6　故障类型和影响分析的步骤如何?对自己熟悉的某系统进行故障类型和影响分析。

3-7　什么是事件树分析,事件树分析有何作用?

3-8　说明因果分析图法的分析步骤。

3-9　什么是危险和可操作性研究?说明所使用的各个引导词(关键词)的意义。

# 4 事故树分析

## 4.1 事故树分析概述

### 4.1.1 事故树分析的发展过程

事故树分析(fault tree analysis, FTA)又称故障树分析,是安全系统工程中最重要的分析方法。1961 年,美国贝尔电话研究所的沃特森(Watson)在研究民兵式导弹发射控制系统的安全性评价时,首先提出了这个方法。接着该所的默恩斯(Mearns)等人改进了这个方法,对解决火箭偶发事故的预测问题做出了贡献。其后,美国波音飞机公司的哈斯尔(Hassl)等人对这个方法又作了重大改进,并采用电子计算机进行辅助分析和计算。1974 年,美国原子能委员会应用 FTA 对商用核电站的灾害危险性进行评价,发表了拉斯姆逊报告,引起世界各国的关注。此后,FTA 从军工迅速推广到机械、电子、矿业、化工、建筑、冶金等民用工业。

我国对事故树分析技术的研究和应用也取得了大量成果。1976 年,清华大学核能技术研究所在核反应堆的安全评价方面开始应用了事故树分析方法。1978 年,天津东方红化工厂首次用事故树分析方法来控制生产中的事故,取得了成功。1982 年,在全国第一次安全系统工程座谈会上,介绍和推广了事故树分析方法,以后又在许多企业应用和推广。实践证明,事故树分析法完全适用于各行业、各单位的安全管理,是一种具有广阔的应用范围和发展前途的系统安全分析方法。

### 4.1.2 事故树的概念

树是一个无圈的连通图。事故树形似倒立着的树,如图 4-1 所示。事故树是从结果到原因描绘事故发生的有向逻辑树,描述了某种事故发生的因果关系。树的“根部”顶点节点表示系统的某一个事故,树的“梢”底部节点表示事故发生的基本原因,树的“树杈”中间节点表示由基本原因促成的事故结果,又是系统事故的中间原因。树中的节点具有逻辑判别性质。事故因果关系的不同性质用不同逻辑门表示。

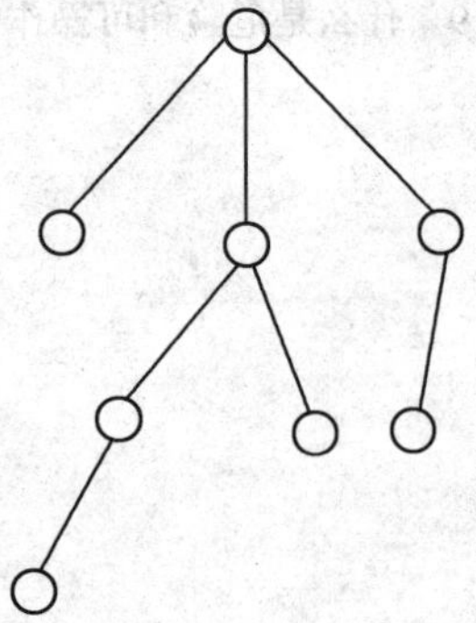

图 4-1 事故树

### 4.1.3 事故树分析的优点和应用

事故树分析的优点主要有:

(1) 既能找到引起事故的直接原因,又能揭示事故发生的潜在原因,并能概括导致事故发生的各种情况。

(2) 逻辑性强,灵活性高,适应范围广。它不仅考虑设备及其部件的故障,而且还考虑环境因素和人的失误。既能分析已发生的事故,又能预测发生事故的可能性。

(3) 既可定性分析,又可定量分析。定性分析详细分析事故发生的各种原因。事故树分析也可用于分析复杂系统,并定量预测发生事故可能性的大小。

(4) 简单适用,宜于推广。掌握一般数学知识的人可以应用它,具有高等文化水平的人也有深入研究发展它的余地。

事故树分析可用来分析事故,特别是重大、特大事故的因果关系。可应用于事故的调查分析、系统的危险性评价、事故的预测、安全措施的优化决策、系统的安全性设计等很多方面。

## 4.2　事故树分析的步骤

事故树分析是根据系统可能发生的事故或已经发生的事故所提供的信息,去寻找事故发生的原因,从而采取有效的防范措施,防止同类事故再次发生。事故树分析一般按下述步骤进行:

(1) 编制事故树。内容包括:

1) 确定所分析的系统。确定分析系统即确定系统所包括的内容及其边界范围。事故树分析的对象必须是确定的一类系统,例如,如果分析的是冲床系统,则必须明确是何种类型的冲床,开式的或闭式的;大型的、中型的或小型的;是单人操作还是多人配合操作,等等。如果系统不明确,必然导致分析不明确,别人理解也困难。

2) 熟悉所分析的系统。熟悉系统是指熟悉系统的整体情况。对于已经确定的系统要进行深入的调查研究,了解其构成、性能、操作、维修等情况,必要时根据系统的工艺、操作内容画出工艺流程图及布置图。这项工作是编制事故树的基础和依据。只有熟悉系统,才能作出切合实际的分析。

3) 调查系统发生的各类事故。这里指的是收集、调查所分析系统过去、现在以及将来可能发生的事故,同时还要收集、调查本单位与外单位、国内与国外同类系统曾发生的所有事故。这项工作是全面掌握系统事故的基础和依据,有利于确定事故类型。

4) 确定事故树的顶上事件。所谓顶上事件就是我们所要分析的对象事件。就某一确定的系统而言,可能会发生多种事故,但究竟以哪种事故作为分析对象呢?这要根据事故调查和统计分析的结果,参照事故发生的频率和事故损失的严重程度这两个参数来确定。一般,首先确定那些易于发生且后果严重的事故作为事故树分析的对象。当然,也常把频率不高但后果非常严重的事故,以及后果虽不太严重但发生非常频繁的事故作为顶上事件。

5) 调查与顶上事件有关的所有原因事件。原因事件是从人、机、环境和管理各方面调查与事故树顶上事件有关的所有事故原因。这些原因事件包括:机械设备的元件故障;原材料、能源供应、半成品、工具等的缺陷;生产管理、指挥、操作上的失误与错误;影响顶上事件发生的不良环境等。

6) 事故树作图。画出事故树图,就是按照演绎分析的原则,从顶上事件起,一级一级往下分析各自的直接原因事件,根据彼此间的逻辑关系,用逻辑门连接上下层事件,直至所要求的分析深度,最后就形成一株倒置的逻辑树形图。事故树在编制过程中还要不断进行检查,即检查树图是否符合逻辑分析原则,逻辑门的使用是否合理,直接原因是否全部找齐。

(2) 事故树定性分析。定性分析是事故树分析的核心内容。其目的是分析事故的发生规律及特点,找出控制该事故的可行方案,并从事故树结构上分析各基本原因事件的重要程度,以便按轻重缓急分别采取对策。事故树定性分析的主要内容有:

1) 利用布尔代数化简事故树。

2）求取事故树的最小割集或最小径集。

3）进行结构重要度分析。

（3）事故树定量分析。事故树定量分析是用数据来表示系统的安全状况。其内容包括：

1）确定引起事故发生的各基本原因事件的发生概率。

2）计算事故树顶上事件发生概率，并将计算结果与通过统计分析得出的事故发生概率进行比较。如果两者不符，则必须重新考虑编制事故树图是否正确，即检查原因事件是否找齐，上下层之间的逻辑关系是否正确，以及各基本原因事件的故障率、失误率是否估计得过高或过低等。

3）计算基本原因事件的概率重要度和临界重要度。

（4）制定事故预防对策。根据分析的结果，研究预防事故的对策，结合本单位的实际情况，制定切实可行的具体预防措施，并付诸实现。

上述的事故树分析步骤包括了定性和定量分析两大类。但在缺乏设备故障率和人为失误率的实际资料的情况下，可以只进行定性分析。但实践证明，只进行定性分析也能取得良好的效果。

## 4.3　事故树符号及其意义

事故树是由各种事件符号和逻辑门符号组成的。事件符号是树的节点，逻辑门是表示相关节点之间逻辑连接关系的判别符号。下面简要介绍几种最常用的事故树符号。

### 4.3.1　事件符号

（1）矩形符号（见图 4-2a）。矩形符号表示顶上事件或中间事件，也就是需要往下分析的事件。将事件扼要写入矩形方框内。事故树分析是对具体系统做具体分析，所以顶上事件一定要明确定义，不能笼统、含糊。例如把“着火爆炸”作为顶上事件分析就很笼统，人们不知道分析的是着火还是爆炸，是哪个部位，以什么形式着火、爆炸，分析的结果也将是无的放矢。若以“油库着火”事故为顶上事件，在明确系统范围的情况下，就可根据油库特点进行着火分析，得出的分析结果对实际工作才会有较大的指导意义。

图 4-2　事件符号

（2）圆形符号（见图 4-2b）。表示基本原因事件。即最基本的、不能再往下分析的事件，一般表示缺陷事件。如人的差错、机械设备等元件的故障和与事故发生有关的环境不良等。圆形符号内扼要写明事件内容。

（3）屋形符号（见图 4-2c）。表示正常事件，即系统在正常状态下发挥正常功能的事件。因为事故树分析是一种严密的逻辑分析。在某些情况下，没有正常事件的存在，分析就缺乏逻辑的严密性，因此也有人称其为激发事件。使用时，应将事件扼要写入符号内。

（4）菱形符号（见图 4-2d）。菱形符号有两种意义：一是表示省略事件，即没有必要详细分析或其原因尚不明确的事件；二是表示二次事件，即不是本系统的事故原因事件，而是来自系统之外的原因事件。例如，在分析室内着火时，室外的火源（能引起室内着火）就是二次事件。

四种事件符号中只有矩形符号是必须往下分析的事件，其余三种都是无须进一步往下分析的事件，故三者合称基本事件。

### 4.3.2 逻辑门符号

事故树中的逻辑门，除非门和限制门外，其他逻辑门至少有两个输入而只有一个输出。

（1）与门（AND gate）。与门连接表示在下层输入 $E_1$、$E_2$、…、$E_n$ 事件都发生的条件下，上端才有输出事件 $A$ 发生，如图 4-3a 所示。正如串联的电路开关一样，只有每个开关都合闸时，电路才能接通。其表达式为

$$A=E_1 \cdot E_2 \cdot \cdots \cdot E_n\text{（逻辑乘）}$$

（2）或门（OR gate）。或门连接表示在下层输入 $E_1$、$E_2$、…、$E_n$ 事件中任意一个发生的条件下，上端就有输出事件 $A$ 发生，如图 4-3b 所示。正如并联的电路开关一样，只要闭合任意一个开关，电路就能接通。其表达式为

$$A=E_1+E_2+\cdots+E_n\text{（逻辑和）}$$

（3）非门（NO gate）。非门连接表示事件 $E$ 输入就得不到结果事件 $A$ 的输出，或者必须不输入 $E$ 事件，才能得到结果事件 $A$ 的输出，如图 4-3c 所示。其表达式为

$$A=\bar{E}\text{（逻辑非）}$$

（4）条件与门（见图 4-3d）。条件与门连接表示输入事件 $E_1$、$E_2$、…、$E_n$ 同时发生时，$A$ 并不发生，只有还满足条件 $\alpha$ 时，$A$ 才发生。条件写入右边六边形内，它相当于 $n+1$ 个输入条件的与门，其表达式为

$$A=E_1 \cdot E_2 \cdot \cdots \cdot E_n \cdot \alpha$$

（5）条件或门（见图 4-3e）。条件或门连接表示输入事件 $E_1$、$E_2$、…、$E_n$ 任一事件发生，还必须满足条件 $\beta$ 时，输出事件 $A$ 才会发生。条件写入右边六边形内，其表达式为

$$A=(E_1+E_2+\cdots+E_n)\cdot\beta$$

（6）限制门（见图 4-3f）。限制门是逻辑上的一种修饰符号，即当输入事件 $E$ 发生且满足事件 $\alpha$ 时，才产生输出事件 $A$。否则，如果不满足 $\alpha$，则输出事件 $A$ 不发生。其具体条件写在椭圆形符号内。

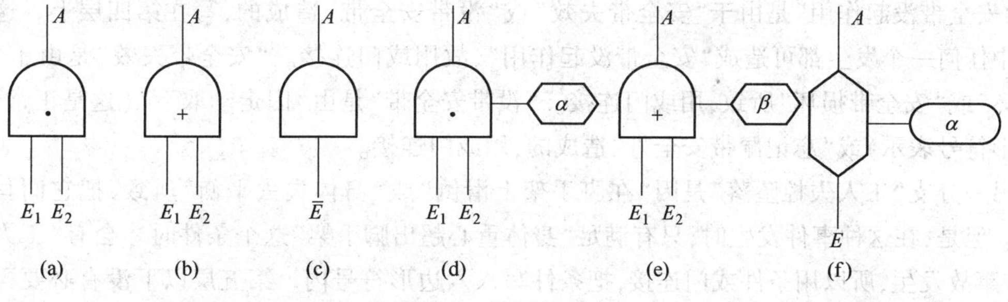


图 4-3 逻辑门符号

其他逻辑门符号，如排斥或门、优先与门、表决门等，由于使用较少，在此不作介绍。

### 4.3.3　转移符号

转移符号的作用是表示部分树的转入和转出。主要用在：当事故树规模很大，一张图纸不能绘出树的全部内容，需要在其他图纸上继续完成时；或者整个树中多处包含同样的部分树。为简化起见，以转入、转出符号标明之。常用的转移符号有两种：

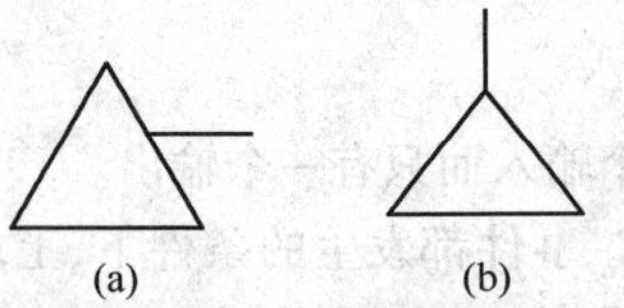

图 4-4　转移符号

(1) 转出符号（见图 4-4a）。转出符号表示事故树的这部分向其他部分转出。三角形相当于一个指示器，其内应标出此部分树向何处转移。

(2) 转入符号（见图 4-4b）。转入符号是与转出符号相配对的一个符号。它表示来自于“转出”相对应的转入。三角形内应标出何处转入。在有若干转入、转出符号时，三角形内要对应标明数码，以示呼应。

## 4.4　事故树的编制

事故树分析法采用了由结果到原因的演绎分析方法，即先确定事故的结果，称为顶上事件（第一层），画在最顶端，矩形框内写明顶上事件名称。然后再找出顶上事件的直接原因或构成它的缺陷事件，如设备的缺陷、操作者的失误等，这是第二层，第一层和第二层之间用逻辑门连接。在第二层确定以后，再进一步找出造成第二层事件（为中间事件）的原因，成为第三层，用逻辑门连接第二层和第三层。按照这样一层一层地分析下去，直到每一个事件不再往下分析为止，每层之间用逻辑门符号连接以说明上下层之间的关系，最后得到一株完整的事故树。

现以建筑工人从脚手架上坠落死亡事故分析为例，说明事故树的编制过程。

顶上事件是“从脚手架上坠落死亡”，死亡直接原因事件只有一个，即“从脚手架上坠落”，而是否死亡的先决条件是“坠落高度、地面状况和中间有无安全网”。因此，用限制门将它们连接起来，并在符号内写明条件。

“从脚手架上坠落”是由于“工人失控坠落”和“安全带没起作用”造成的，把它们并列写在第三层上。因为这两个事件必须同时发生才会使“从脚手架上坠落”成为事实，故用与门将第二层和第三层事件连接起来。

“安全带没起作用”是由于“安全带失效”或“没带安全带”造成的，写在第四层上。这两个事件中任何一个发生都可造成“安全带没起作用”，故用或门连接。“安全带失效”是由于“支撑物损坏”或“安全带损坏”所致，用或门连接。“没带安全带”是由“因走动取下”（这是正常事件，用屋形符号表示）或“忘记佩带安全带”造成的，用或门连接。

另一分支“工人失控坠落”是因“在脚手架上滑倒”或“身体失去平衡”所致，把它们写在第四层。但是，在这种事件发生时，只有满足“身体重心超出脚手架”这个条件时才会有“工人失控坠落”事故发生，所以用条件或门连接，把条件写入六边形符号内。第五层以下没有必要再分析下去了，所以用菱形符号表示。这就是建筑工人从脚手架上坠落死亡事故树的整个编制过程，如图 4-5 所示。

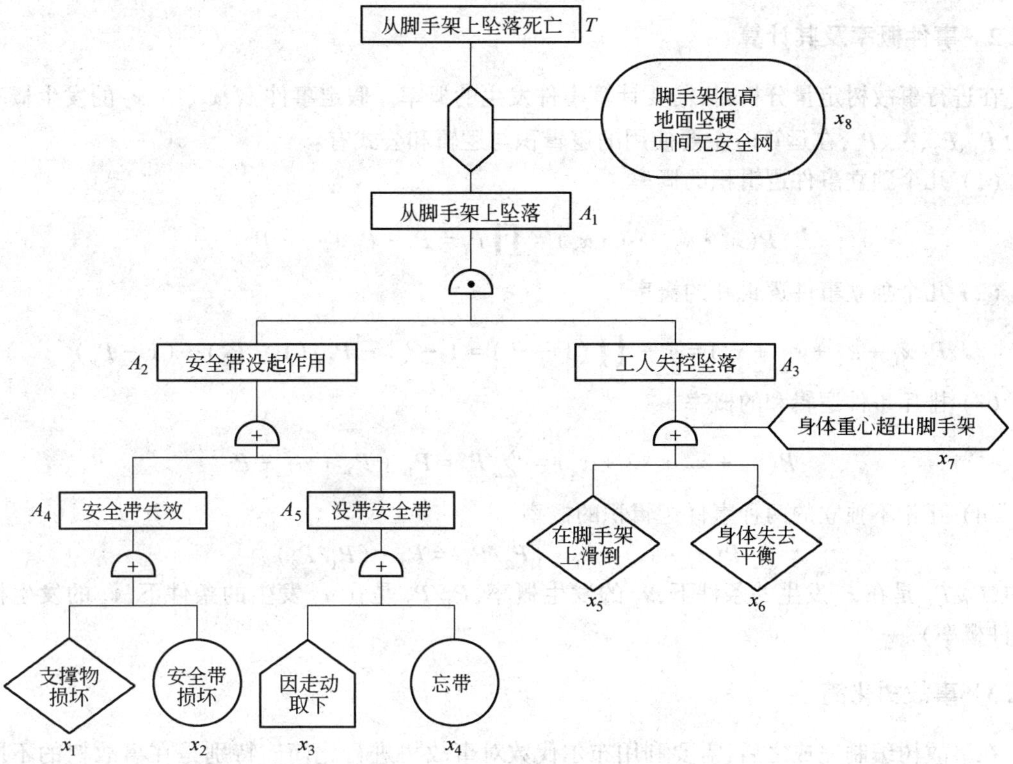


图 4-5　建筑工人从脚手架上坠落死亡事故树

## 4.5　利用布尔代数化简事故树

### 4.5.1　布尔代数

事故树的化简以及求最小割集、最小径集等事故树定性分析,需要使用布尔代数。布尔代数是英国数学家布尔提出的一种逻辑运算方法,是集合论的一部分。假定 $I$ 是一个集合,$A$、$B$、$C$、…为 $I$ 的子集,$A$ 与 $B$ 的并集(逻辑和)用 $A+B$ 或 $A\cup B$ 表示,$A$ 与 $B$ 的交集(逻辑积)用 $A\cdot B$ 或 $A\cap B$ 表示,0 表示空集,$\overline{A}$、$\overline{B}$、$\overline{C}$、…分别表示 $A$、$B$、$C$、…的补集。布尔代数的主要公式如表 4-1 所示。

表 4-1　布尔代数的主要公式

| | |
|---|---|
| 集合与空集合 | $A\cdot I=A, A\cdot 0=0, A+0=A, A+I=I$ |
| 反馈法则(律) | $A=\overline{\overline{A}}$ |
| 求补法则(律) | $A\cdot\overline{A}=0, A+\overline{A}=I$ |
| 幂等法则(律) | $A\cdot A=A, A+A=A$ |
| 交换法则(律) | $A\cdot B=B\cdot A, A+B=B+A$ |
| 结合法则(律) | $A(B\cdot C)=(A\cdot B)C, A+(B+C)=(A+B)+C$ |
| 分配法则(律) | $A(B+C)=(A\cdot B)+(A\cdot C), A+(B\cdot C)=(A+B)\cdot(A+C)$ |
| 吸收法则(律) | $A(A+B)=A, A+(A\cdot B)=A$ |
| 对偶法则(律) | $\overline{A\cdot B}=\overline{A}+\overline{B}, \overline{A+B}=\overline{A}\cdot\overline{B}$ |

### 4.5.2　事件概率及其计算

在进行事故树定量分析时,需要计算事件发生的概率。假定事件 $x_1$、$x_2$、…、$x_n$ 的发生概率分别为 $P_1$、$P_2$、…、$P_n$,在运算时主要使用的逻辑积与逻辑和公式有:

(1) 几个独立事件逻辑积的概率

$$P(x_1 \cdot x_2 \cdot \cdots \cdot x_n) = \prod_{i=1}^{n} P_i = P_1 \cdot P_2 \cdot \cdots \cdot P_n$$

(2) 几个独立事件逻辑和的概率

$$P(x_1 + x_2 + \cdots + x_n) = 1 - \prod_{i=1}^{n}(1 - P_i) = 1 - (1 - P_1)(1 - P_2)\cdots(1 - P_n)$$

(3) 排斥事件逻辑和的概率

$$P(x_1 + x_2 + \cdots + x_n) = \sum_{i=1}^{n} P_i = P_1 + P_2 + \cdots + P_n$$

(4) 互相不独立的两种事件逻辑积的概率

$$P(x_1 \cdot x_2) = P_1 \cdot (P_2/P_1) = P_2 \cdot (P_1/P_2)$$

式中,$P_2/P_1$ 是在 $x_1$ 发生的条件下,$x_2$ 的发生概率;$P_1/P_2$ 是在 $x_2$ 发生的条件下,$x_1$ 的发生概率(条件概率)。

### 4.5.3　事故树化简

在事故树编制完成之后,需要利用布尔代数对事故树进行化简。特别是在事故树的不同位置存在相同基本事件时,必须用布尔代数整理化简,然后才能进行定性、定量分析,否则就可能造成分析错误。

例如图 4-6 所示事故树,顶上事件为 $T$,基本事件为 $x_1$、$x_2$、$x_3$,其发生概率分别为 $q_1=q_2=q_3=0.1$,按事故树的逻辑关系,列出结构式如下:

$$T=A_1 A_2=x_1 x_2(x_1+x_3)$$

按独立事件的概率和与积的计算公式,顶上事件的发生概率为

$$\begin{aligned} q_T &= q_1 \cdot q_2[1-(1-q_1)(1-q_3)] \\ &= 0.1\times0.1\times[1-(1-0.1)(1-0.1)]=0.0019 \end{aligned}$$

如果我们利用布尔代数对上述结构式整理、化简,则

$$\begin{aligned} T &= x_1x_2(x_1+x_3)=x_1x_2x_1+x_1x_2x_3 && \text{(分配律)} \\ &= x_1x_1x_2+x_1x_2x_3 && \text{(交换律)} \\ &= x_1x_2+x_1x_2x_3 && \text{(幂等律)} \\ &= x_1x_2 && \text{(吸收律)} \end{aligned}$$

这样,原事故树化简后的等效树就是一个由两个事件组成的,通过一个与门和顶上事件连接的新事故树,如图 4-7 所示。其顶上事件正确的概率值为

$$q_T=q_1 \cdot q_2=0.1\times0.1=0.01$$

为什么第一种按事故树结构式计算顶上事件概率是错误的呢?这是因为事故树中有与顶上事件无关的事件。从化简结果看出:如果 $x_1$、$x_2$ 发生,则不管 $x_3$ 是否发生,顶上事件都必然发生。然而,当 $x_3$ 发生时,要使顶上事件发生,也必须以 $x_1$、$x_2$ 发生作条件。因此 $x_3$ 是多余的,在计算顶上事件概率时,只能按图 4-7 中的事故树等效图计算。下面再举两例说明利用布尔代数化简事故树的方法。

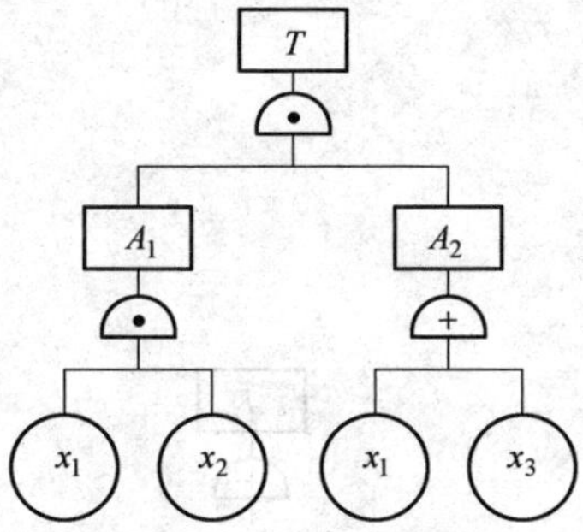


图 4-6 事故树示意图

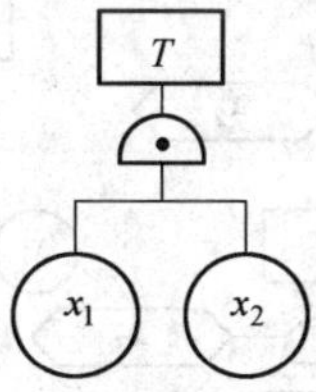


图 4-7 事故树等效图

**例 4.1** 化简图 4-8 中的事故树,并作出等效图。

**解:** 根据事故树图:

$$T=A\cdot B=(x_1+C)(x_2+D)=(x_1+x_2x_3)(x_2+x_4x_5)$$

$$=x_1x_2+x_1x_4x_5+x_2x_3x_2+x_2x_3x_4x_5 \quad \text{(分配律)}$$

$$=x_1x_2+x_1x_4x_5+x_2x_2x_3+x_2x_3x_4x_5 \quad \text{(交换律)}$$

$$=x_1x_2+x_1x_4x_5+x_2x_3+x_2x_3x_4x_5 \quad \text{(幂等律)}$$

$$=x_1x_2+x_1x_4x_5+x_2x_3 \quad \text{(吸收律)}$$

根据化简后的布尔表达式,图 4-8 中事故树的等效图为或门下的三个与门结构,如图 4-9 所示。

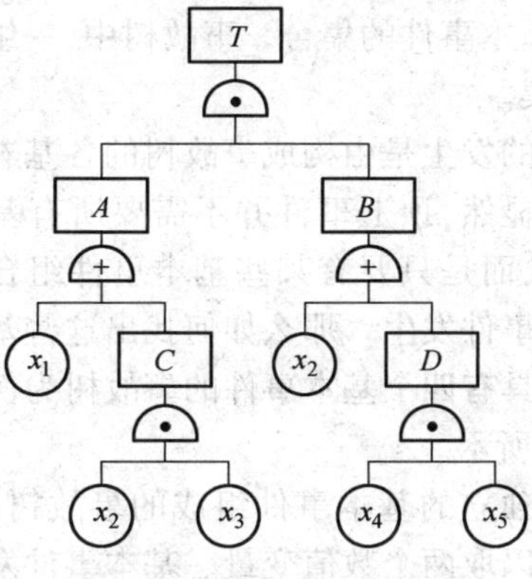


图 4-8 事故树示意图

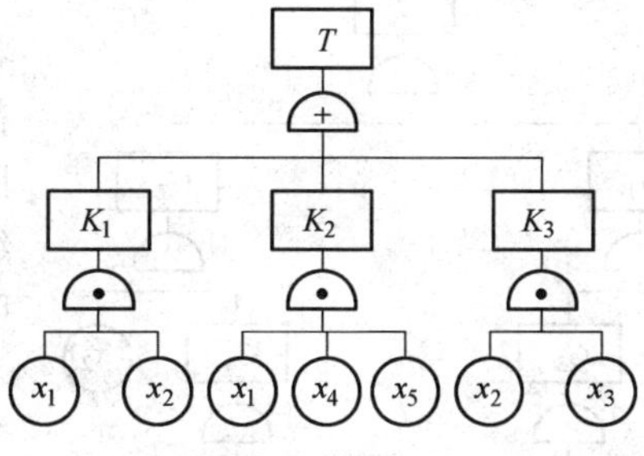


图 4-9 图 4-8 中事故树的等效图

**例 4.2** 化简图 4-10 中的事故树,并作出等效图。

**解:**

$$T=A+B=x_1C\,x_2+x_1x_4=x_1(D+x_4)x_3x_2+x_1x_4$$

$$=x_1(x_1x_5+x_4)x_3x_2+x_1x_4$$

$$=x_1x_1x_5x_3x_2+x_1x_4x_3x_2+x_1x_4 \quad \text{(分配律)}$$

$$=x_1x_5x_3x_2+x_1x_4x_3x_2+x_1x_4 \quad \text{(幂等律)}$$

$$=x_1x_5x_3x_2+x_1x_4 \quad \text{(吸收律)}$$

$$=x_1x_2x_3x_5+x_1x_4 \quad \text{(交换律)}$$

原事故树的等效图如图 4-11 所示。

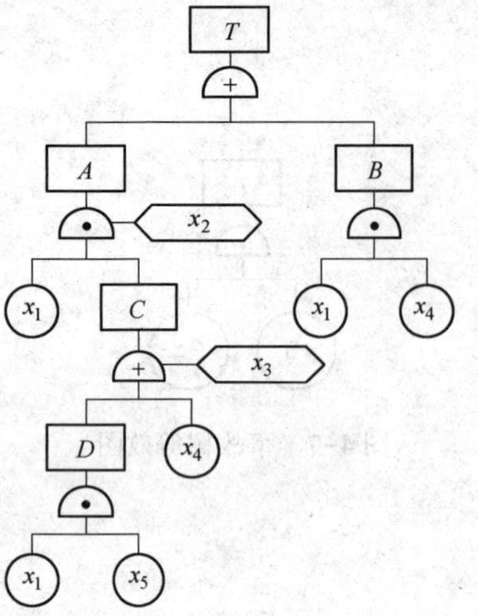


图 4-10　事故树示意图

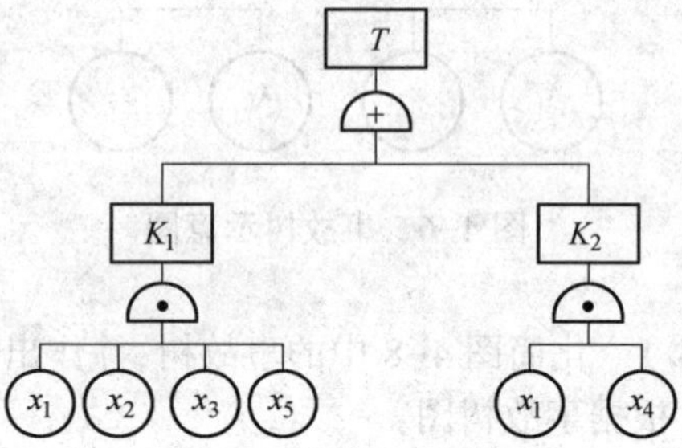


图 4-11　图 4-10 中事故树的等效图

## 4.6　最小割集及其求法

在事故树分析中，求最小割集和最小径集占有非常重要的地位。最小割集和最小径集对事故树的定性和定量分析起着重要作用，为有效、合理地控制顶上事件的发生提供了极其重要的信息。

### 4.6.1　最小割集的定义

割集也称截止集或截集，它是导致顶上事件发生的基本事件的集合。事故树中，一组基本事件发生能够导致顶上事件发生，这组基本事件就称为割集。

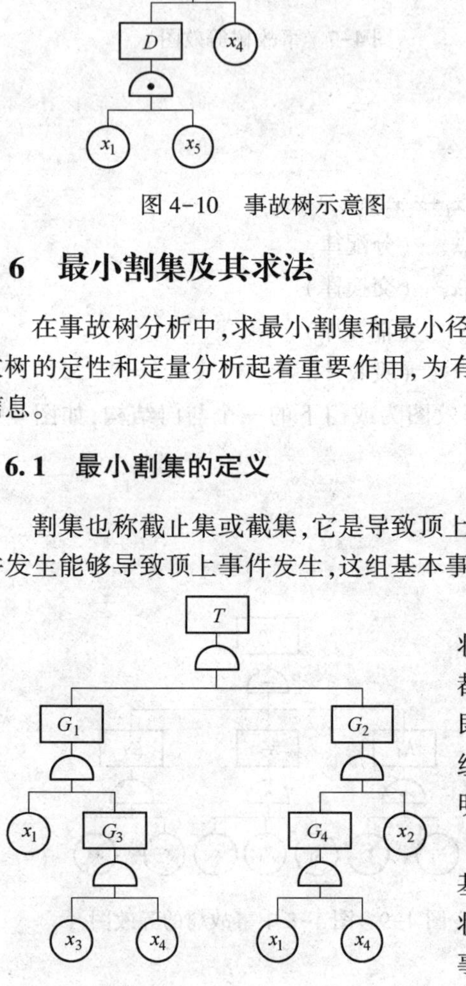


图 4-12　事故树示意图

顶上事件的发生是由构成事故树的各基本事件的状态决定的。显然，顶上事件并不需要所有基本事件都发生才发生，而是只要有某些基本事件组合的发生即能构成顶上事件发生。那么如何找出这些基本事件组合呢？现以具有四个基本事件的事故树为例加以说明，如图 4-12 所示。

设由 $n$ 个独立的基本事件组成的事故树，则每个基本事件都可以取两个数值变量。基本事件发生时的状态 $x_i=1$；基本事件不发生时状态 $x_i=0$。设表示顶上事件的状态为 $\varphi(x)$，则顶上事件发生时的状态 $\varphi(x)=1$，顶上事件不发生时的状态 $\varphi(x)=0$。由此可以列出图 4-12 所示事故树的真值表，即从全部基本事件状态为 0 开始，采取二进制方法，列出到全部基本事件状态为 1 时止，以观察基本事件状态对顶上事件状态的影响。

从表 4-2 可看出，所有基本事件（共有 $n$ 个）状态的不同组合共有 $2^n$ 个，其中能够导致顶上事件发生（呈 1 状态）的组合共有 9 个。凡使顶上事件状态 $\varphi(x)$ 呈 1 的基本事件组合称为割集。表 4-2 列出的 9 个割集如下：

(2,4)，(2,3,4)，(1,4)，(1,3)，(1,3,4)，(1,2)，(1,2,4)，(1,2,3)，(1,2,3,4)

表 4-2 基本事件与顶上事件的关系

| $x_1$ | $x_2$ | $x_3$ | $x_4$ | $\varphi(x)$ | $x_1$ | $x_2$ | $x_3$ | $x_4$ | $\varphi(x)$ |
|---|---|---|---|---|---|---|---|---|---|
| 0 | 0 | 0 | 0 | 0 | 1 | 0 | 0 | 0 | 0 |
| 0 | 0 | 0 | 1 | 0 | 1 | 0 | 0 | 1 | 1 |
| 0 | 0 | 1 | 0 | 0 | 1 | 0 | 1 | 0 | 1 |
| 0 | 0 | 1 | 1 | 0 | 1 | 0 | 1 | 1 | 1 |
| 0 | 1 | 0 | 0 | 0 | 1 | 1 | 0 | 0 | 1 |
| 0 | 1 | 0 | 1 | 1 | 1 | 1 | 0 | 1 | 1 |
| 0 | 1 | 1 | 0 | 0 | 1 | 1 | 1 | 0 | 1 |
| 0 | 1 | 1 | 1 | 1 | 1 | 1 | 1 | 1 | 1 |

但是其中有些割集包含另一些割集，应该找出其中的最小割集。例如割集(1,3,4)与(1,3)相比，就不是最小的。从这 9 个割集中找出最小割集共有 4 个，即(2,4)，(1,4)，(1,3)，(1,2)。因此，事故树的最小割集就是导致顶上事件发生的最低限度的割集。即在最小割集中去掉一个基本事件就不再是割集了。研究最小割集，就是研究系统发生事故的规律和表现形式。

### 4.6.2 最小割集的求法

最小割集的求法大致有五种：布尔代数化简法、行列法、结构法、质数代入法和矩阵法。下面仅介绍布尔代数化简法和行列法。

#### 4.6.2.1 布尔代数化简法

实践证明，事故树经过布尔代数化简，得到若干交集的并集，每一个交集都是一个最小割集。这样，就可以通过布尔代数化简得到这种结构式，从而求出最小割集。以图 4-13 所示事故树为例，利用布尔代数化简法求其最小割集如下：

$$
\begin{aligned}
T &= A_1+A_2=x_1\cdot A_3\cdot x_2+x_4\cdot A_4\\
&=x_1(x_1+x_3)\cdot x_2+x_4\cdot(A_5+x_6)\\
&=x_1x_1x_2+x_1x_3x_2+x_4(x_4x_5+x_6)\\
&=x_1x_2+x_1x_2x_3+x_4x_4x_5+x_4x_6\\
&=x_1x_2+x_4x_5+x_4x_6
\end{aligned}
$$

最终得到三个最小割集：

$$\{x_1,x_2\},\{x_4,x_5\},\{x_4,x_6\}$$

根据最小割集的定义，可以绘制事故树的等效图，如图 4-14 所示。

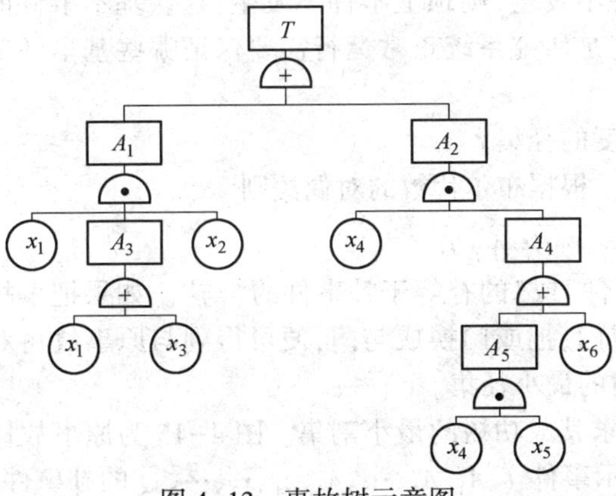


图 4-13 事故树示意图

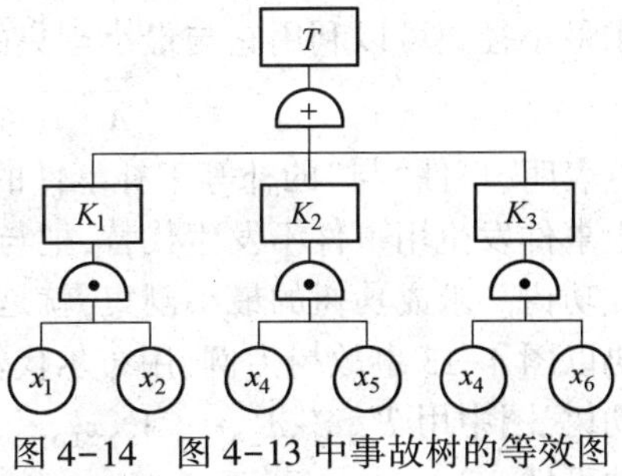


图 4-14 图 4-13 中事故树的等效图

4.6.2.2　行列法

这种方法是由福塞尔提出的，所以又称福塞尔法。其理论依据是：与门使割集容量（即割集内包含的基本事件的数量）增加，而不增加割集的数量；或门使割集的数量增加，而不增加割集的容量。求解最小割集首先从顶上事件开始，用下层事件代替上一层事件，把与门连接的事件横向写在一行内；把或门连接的事件纵向排开。这样逐层向下，直至各基本事件为止，列出若干行。再用布尔代数化简，结果就得到若干最小割集。

下面以图 4-13 所示事故树为例，求其最小割集。

图中，顶上事件与下一层中间事件 $A_1$、$A_2$ 是用或门连接的，故 $T$ 被 $A_1$、$A_2$ 代替时，纵向排开。

$T\xrightarrow{\text{或门}}\begin{cases}A_1\\A_2\end{cases}$，$A_1$、$A_2$ 与下层事件 $A_3$、$A_4$、$x_1$、$x_2$、$x_4$ 之间均用与门连接，故仍保持两行。

$$\begin{cases}A_1\xrightarrow{\text{与门}}x_1A_3x_2\\A_2\xrightarrow{\text{与门}}x_4A_4\end{cases}$$

同理

$$\begin{cases}x_1A_3x_2\xrightarrow{\text{或门}}\begin{cases}x_1x_1x_2\\x_1x_3x_2\end{cases}\\x_4A_4\xrightarrow{\text{或门}}\begin{cases}x_4A_5\xrightarrow{\text{与门}}x_4x_4x_5\\x_4x_6\end{cases}\end{cases}$$

通过布尔代数化简，变为：

$$\text{化简}\longrightarrow\begin{cases}x_1x_2\\x_1x_2x_3\\x_4x_5\\x_4x_6\end{cases}\xrightarrow{\text{化简}}\begin{cases}x_1x_2\\x_4x_5\\x_4x_6\end{cases}$$

所得三个最小割集 $\{x_1,x_2\}$，$\{x_4,x_5\}$，$\{x_4,x_6\}$ 与布尔代数化简法相同。

从上面计算可以看出，布尔代数化简法较为简单，但是行列法可以用计算机编程求取最小割集，因而被普遍应用。

## 4.7　最小径集及其求法

径集又称通集，即如果事故树中某些基本事件不发生，则顶上事件不发生，这些基本事件的集合称为径集。径集是系统可靠性工程的概念，它是研究系统正常运行需要保证哪些基本环节正常发挥作用的问题。

最小径集是顶上事件不发生所必需的最低限度的径集。

求最小径集可以利用它与最小割集的对偶性。根据布尔代数的对偶法则

$$\overline{A\cdot B}=\overline{A}+\overline{B}\quad\text{和}\quad\overline{A+B}=\overline{A}\cdot\overline{B}$$

这表明，事件"与"的补等于补事件的"或"；事件"或"的补等于补事件的"与"。如果把事故树顶上事件发生用事件不发生代替，把与门换成或门，把或门换成与门，便可得到与原事故树对偶的成功树。求成功树的最小割集，就是原事故树的最小径集。

仍以图 4-13 事故树为例，用布尔代数化简法求其成功树的最小割集。图 4-15 为原事故树的成功树，图中用 $T'$、$A_1'$、$A_2'$、…、$A_5'$、$x_1'$、$x_2'$、…、$x_6'$ 表示事件 $T$、$A_1$、$A_2$、…、$A_5$、$x_1$、$x_2$、…、$x_6$ 的补事件，即成功事件。

$$T=A_1'A_2'=(x_1'+A_3'+x_2')\cdot(x_4'+A_4')$$
$$=(x_1'+x_1'x_3'+x_2')\cdot(x_4'+A_5'x_6')$$
$$=(x_1'+x_1'x_3'+x_2')\cdot[x_4'+(x_4'+x_5')\cdot x_6']$$
$$=(x_1'+x_2')\cdot(x_4'+x_5'x_6')$$
$$=x_1'x_4'+x_2'x_4'+x_1'x_5'x_6'+x_2'x_5'x_6'$$

由此得到成功树的四个最小割集，是事故树的四个最小径集。即：$\{x_1,x_4\}$，$\{x_2,x_4\}$，$\{x_1,x_5,x_6\}$，$\{x_2,x_5,x_6\}$。如果将成功树经布尔代数化简的结果再变换为事故树，则

$$T=(x_1+x_4)(x_2+x_4)(x_1+x_5+x_6)(x_2+x_5+x_6)$$

这样，就形成了四个并集的交集。同样可用最小径集表示事故树，其中 $P_1$、$P_2$、$P_3$、$P_4$ 分别表示四个最小径集，如图 4-16 所示。

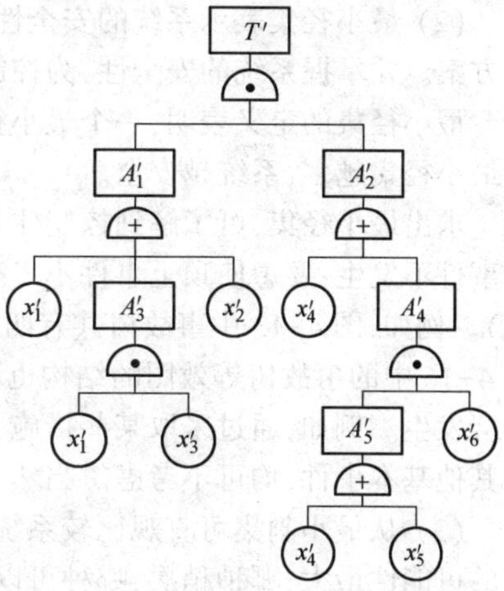

图 4-15　图 4-13 中事故树的成功树

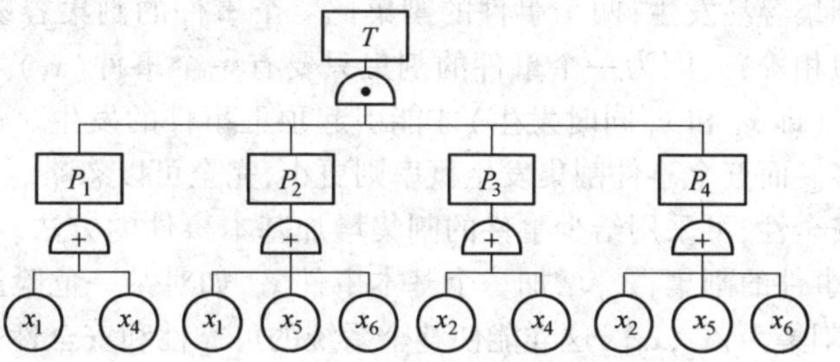

图 4-16　图 4-13 中事故树的等效图（用最小径集表示）

比较图 4-14 和图 4-16 可以看出，用最小割集表示的事故树等效图有两个层次的连接门，上层用或门连接，下层用与门连接。用最小径集表示的事故树等效图也有两个层次的连接门，所不同的是：上层为与门，下层为或门。

## 4.8　最小割集和最小径集在事故树分析中的作用

最小割集和最小径集在事故树分析中起着极其重要的作用，其中最小割集尤为突出。最小割集和最小径集的主要作用有以下几个方面：

（1）最小割集表示系统的危险性。求出最小割集可以掌握事故发生的各种可能，为事故调查和事故预防提供方便。由最小割集的定义可知，每个最小割集都是顶上事件发生的一种可能，即表示当哪些故障和失误同时发生时，顶上事件就会发生。事故树中有几个最小割集，顶上事件的发生就有几种可能。最小割集越多，说明系统越危险。

另外，掌握了最小割集，实际上就掌握了顶上事件发生的各种可能。这对我们掌握事故的发生规律，调查某一事故的发生原因都是有益的。一旦事故发生，就可以排除那些非本次事故的割集，而较快地查出本次事故的割集，即是造成本次事故的事件的组合。

例如，求出图 4-13 中事故树的最小割集，它们是：$\{x_1,x_2\}$，$\{x_4,x_5\}$，$\{x_4,x_6\}$，事故树等效树图如图 4-14 所示。这直观明了地指出，造成顶上事件（事故）发生的可能性共有三种：或 $x_1$、$x_2$ 同时发生；或 $x_4$、$x_5$ 同时发生；或 $x_4$、$x_6$ 同时发生。可根据这三个最小割集，分别采取预防措施，加强控制。如果有类似系统相比较，则可根据最小割集的多少，区分出系统的优劣。

(2) 最小径集表示系统的安全性。求出最小径集可以了解,要使顶上事件不发生有几种可能方案。并掌握系统的安全性,为控制事故提供依据。

最小径集的定义表明,一个最小径集中的基本事件都不发生可使顶上事件不发生。事故树中最小径集越多,系统越安全。

求出最小径集,可了解到控制住某一个最小径集包含的基本事件使其不发生,就可以控制顶上事件不发生;要想使顶上事件不发生共有几种可能方案(有几个最小径集则有几个可能的方案)。例如,图 4-13 中事故树共有四个最小径集:$\{x_1,x_4\}$,$\{x_2,x_4\}$,$\{x_1,x_5,x_6\}$,$\{x_2,x_5,x_6\}$。从图 4-16 中的事故树等效图的结构也可看出,只要与门下的任一个最小径集不发生,顶上事件绝不会发生。例如,通过采取某些措施,彻底消除 $x_1$ 和 $x_4$ 发生的可能性,这种事故就不会发生。至于其他基本事件,均可不考虑。当然,也可选择其他最小径集的基本事件,其效果一样。

(3) 从最小割集可直观比较系统的危险性。从最小割集能直观地、概略地看出,哪种事故发生的可能性最大,哪种稍次,哪种可以忽略,以及如何采取措施使事故发生概率迅速下降。

假使某事故树共有三个最小割集:$\{x_1\}$,$\{x_2,x_3\}$,$\{x_4,x_5,x_6,x_7,x_8\}$。一般来说,单个事件的割集比两个事件的割集容易发生;两个事件的割集比三个事件的割集容易发生(假定各基本事件的发生概率都近似相等)。因为一个事件的割集只要有一个事件($x_1$)发生,而两个事件的割集则必须有两个事件(即 $x_2$ 和 $x_3$ 同时发生)才能引起顶上事件的发生。这样,发生的概率比一个事件的割集小得多。而五个事件割集发生概率则更小,完全可以忽略。由此也可得出:为了提高系统的可靠性和安全性,可采用给少事件的割集增加基本事件的方法。以这三个割集的事故树而言,可以给一个事件的割集$\{x_1\}$增加一个基本事件 $x_9$,如对某一危险源安装防护装置,或采取隔离措施,使新的割集为$\{x_1,x_9\}$,这样能使整个系统的可靠性和安全性提高若干倍,甚至几十倍上百倍。若不从少事件割集入手,即使采取措施再多,效果也不一定很好。假定 $x_1 \sim x_9$ 发生的概率分别为 $q_1=q_2=q_3=\cdots=q_9=0.01$,未增加 $x_9$ 以前的顶上事件发生概率约为 0.0101,而增加 $x_9$ 后的概率则近似为 0.0002,使系统安全性一下子提高 50 倍左右,实际上在可靠性设计方面常用的冗余技术就是这个道理。当然,在采取措施时还应考虑概率因素。若 $x_1$ 的发生概率极小,甚至可忽略,也不必在 $x_1$ 上下工夫。

(4) 从最小径集可以选择控制事故的最佳方案。从图 4-16 中可看出,四个最小径集中只要有一个不发生,顶上事件可不发生。究竟选择哪个最小径集对实现这个目标最有利呢?从直观角度看,一般消除少事件最小径集中的基本事件最经济、最有效。因为消除一个基本事件比消除两个或多个基本事件容易。当然也不排除例外。最好是进行各方案的技术、经济比较,选择出控制事故的最佳方案。

(5) 利用最小割集和最小径集进行结构重要度分析(在 4.9 节中介绍)。

(6) 利用最小割集和最小径集计算顶上事件的发生概率和定量分析(在 4.11 节和 4.12 节中介绍)。

## 4.9 结构重要度分析

### 4.9.1 事故树的结构函数

设某事故树由 $x_1$、$x_2$、…、$x_n$ 这 $n$ 个基本事件组成,每个基本事件都具有两种状态,即发生(1)与不发生(0):

$$x_i=\begin{cases}1 & \text{第 } i \text{ 事件发生}\\ 0 & \text{第 } i \text{ 事件不发生}\end{cases}$$

顶上事件的状态是由基本事件决定的，是基本事件的函数，记作 $\varphi=\varphi(x)$。由于这个函数形式取决于事故树的结构，故称之为事故树结构函数。它是取 0 或 1 两种状态之一的二值函数。

对于由逻辑与门连接成的事故树，其结构函数可写成：

$$\varphi(x)=\prod_{i=1}^{n}x_i=\min\{x_1,x_2,\cdots,x_n\}$$

对于由逻辑或门连接成的事故树，其结构函数可写成：

$$\varphi(x)=\coprod_{i=1}^{n}x_i=\max\{x_1,x_2,\cdots,x_n\}$$

式中，$\coprod_{i=1}^{n}x_i=1-\prod_{i=1}^{n}(1-x_i)$。

### 4.9.2 结构重要度分析

结构重要度分析是从事故树结构上分析各基本事件的重要程度。即在假定各基本事件发生概率都相等的情况下，分析各基本事件的发生对顶上事件的发生所产生的影响程度。属于定性的重要度分析。

结构重要度分析可采用两种方法：一种是求结构重要系数；另一种是利用最小割集或最小径集判断重要度。前者精确，但烦琐；后者简单，但不够精确。

4.9.2.1 求各基本事件的结构重要系数

在某个基本事件 $x_i$ 的状态由 0 变 1，其他基本事件 $x$ 的基本状态保持不变时，顶上事件的状态变化可能有三种情况：

(1) $\varphi(0_i,x)=0\to\varphi(1_i,x)=0$

(2) $\varphi(0_i,x)=0\to\varphi(1_i,x)=1$

(3) $\varphi(0_i,x)=1\to\varphi(1_i,x)=1$

第一种情况和第三种情况都不能说明 $x_i$ 的状态变化对顶上事件的发生起什么作用，此时 $\varphi(1_i,x)-\varphi(0_i,x)=0$。唯有第二种情况说明 $x_i$ 的变化起到了促使顶上事件发生的作用，即当基本事件 $x_i$ 的状态从 0 变 1，其他基本事件的状态保持不变时，顶上事件的状态由 0 变为 1，$\varphi(1_i,x)-\varphi(0_i,x)=1$，这说明这个基本事件 $x_i$ 的状态变化对顶上事件发生起了作用。综合上述三种情况可知，只有当 $\varphi(1_i,x)-\varphi(0_i,x)=1$ 时，才说明 $x_i$ 的状态变化对顶上事件发生起到作用，这种情况越多，说明 $x_i$ 的地位越重要。

$n$ 个事件两种状态的组合数共有 $2^n$ 个，把 $x_i$ 作为变化对象，其他事件的状态保持不变的对应组共 $2^{n-1}$ 个。在这 $2^{n-1}$ 个对应组中共有多少对应组是第二种情况，这个比值就是该事件 $x_i$ 的结构重要系数 $I_\varphi(i)$，用公式表示为

$$I_\varphi(i)=\frac{1}{2^{n-1}}\sum[\varphi(1_i,x)-\varphi(0_i,x)]$$

下面以图 4-12 所示事故树为例，求各基本事件的结构重要系数。该事故树共有 4 个基本事件，即 $n=4$。其状态组合和顶上事件的状态值如表 4-2 所示。

以基本事件 $x_1$ 为例，其 $\sum[\varphi(1_i,x)-\varphi(0_i,x)]$ 为 5，则 $I_\varphi(1)=\frac{5}{2^{4-1}}=\frac{5}{8}$，

同理，$I_\varphi(2)=\frac{3}{8}$，$I_\varphi(3)=\frac{1}{8}$，$I_\varphi(4)=\frac{3}{8}$。

因而，各基本事件的结构重要度顺序为

$$I_\varphi(1)>I_\varphi(2)=I_\varphi(4)>I_\varphi(3)$$

如果不考虑基本事件的发生概率，仅以基本事件在事故树结构中所在的位置看，基本事件 $x_1$ 最重要，其次是 $x_2$、$x_4$，最不重要的是 $x_3$。因此，在考虑治理措施以提高系统的安全性时，可优先安排针对 $x_1$ 的安全措施项目。也可按结构重要顺序，编制安全检查表，以便重点项目优先检查，慎重处理。

4.9.2.2　最小割集或最小径集排列结构重要度顺序

这种方法的主要原则如下：

(1) 当最小割(径)集中的基本事件个数不等时，少事件割(径)集中的基本事件比多事件割(径)集中的基本事件结构重要度大。

例如，某事故树最小割集为 $\{x_1,x_2,x_3\}$，$\{x_4,x_5\}$，$\{x_6\}$，$\{x_7\}$

则
$$I_\varphi(6)=I_\varphi(7)>I_\varphi(4)>I_\varphi(1)$$

(2) 仅在同一个最小割(径)集中出现的所有基本事件，而且在其他最小割(径)集中不再出现，则所有基本事件的结构重要度相等。

例如，上面的最小割集为 $\{x_1,x_2,x_3\}$，$\{x_4,x_5\}$，$\{x_6\}$，$\{x_7\}$

则
$$I_\varphi(6)=I_\varphi(7)>I_\varphi(4)=I_\varphi(5)>I_\varphi(1)=I_\varphi(2)=I_\varphi(3)$$

(3) 当最小割(径)集中的基本事件数目相等时，出现次数多的基本事件比出现次数少的基本事件结构重要度大。

例如，某事故树最小割集为

$$\{x_1,x_4,x_5,x_6\},\{x_2,x_4,x_5,x_6\},\{x_1,x_3,x_5,x_6\}$$
$$\{x_2,x_3,x_5,x_6\},\{x_3,x_4,x_5,x_6\},\{x_2,x_3,x_4,x_5\}$$

则
$$I_\varphi(5)>I_\varphi(6)>I_\varphi(3)=I_\varphi(4)>I_\varphi(2)>I_\varphi(1)$$

(4) 在基本事件少的最小割(径)集内出现次数少的基本事件与在基本事件多的最小割(径)集内出现次数多的基本事件相比较，一般说前者结构重要度大于后者，极个别情况下两者相等。

例如，某事故树最小割集为 $\{x_1\}$，$\{x_2,x_3\}$，$\{x_2,x_4\}$，$\{x_2,x_5\}$

则
$$I_\varphi(1)\geqslant I_\varphi(2)>I_\varphi(3)=I_\varphi(4)=I_\varphi(5)$$

**例 4.3**　某事故树最小割集为 $\{x_1\}$，$\{x_2,x_3,x_4\}$，$\{x_4,x_5\}$，$\{x_3,x_5,x_6,x_7\}$，分析各基本事件的结构重要度。

**解：** 各基本事件的结构重要度顺序为

$$I_\varphi(1)\geqslant I_\varphi(4)>I_\varphi(5)>I_\varphi(3)>I_\varphi(2)>I_\varphi(6)=I_\varphi(7)$$

## 4.10　基本事件的发生概率

事故树的定量分析是在求出各基本事件发生概率的基础上，计算顶上事件发生概率，并依此进行概率重要度分析和临界重要度分析。

基本事件的发生概率主要是由构成系统的机械设备的故障概率和人为的失误概率决定的。

### 4.10.1　机械设备的故障概率

4.10.1.1　可修复系统单元的故障率

系统的故障修复后仍可投入正常运行的一般可修复系统，单元(部件或元件)的故障概率为

$$q=\frac{MTTR}{MTTR+MTBF}$$

式中　$MTTR$——单元平均修复时间，即从故障起到开始投入运行的平均时间；

*MTBF*——单元平均故障间隔期(亦称平均无故障时间),即从启动到故障平均时间。

通过推导,单元故障概率亦可写为

$$q=\frac{\lambda}{\lambda+\mu}$$

式中,$\lambda$ 为元件或单元的故障率,即单位时间(或周期)故障发生的概率,它是元件平均故障间隔期的倒数,即 $\lambda=\frac{1}{MTBF}$。

一般 *MTBF* 由生产厂家给出或通过实验室试验得出。它是元件从运行到故障发生时所经历时间 $t_i$ 的算术平均值,即 $MTBF=\sum_{i=1}^{n}t_i/n$ 。其中,$n$ 为所测元件的个数。元件在实验室条件下测出的故障率为 $\lambda_0$,亦即故障率数据库存储的数据。在实际应用时,还必须考虑比实验室条件恶劣的现场因素,适当选择严重系数 $k$,对 $\lambda_0$ 进行修正,即

$$\lambda=k\lambda_0$$

$\mu$ 为可维修度,它是反映元件或单元维修难易程度的量度,是所需平均修复时间 $\tau$ 的倒数,$\mu=1/\tau$,因为 $MTBF\gg MTTR$,故 $\lambda\ll\mu$,则

$$q=\frac{\lambda}{\lambda+\mu}\approx\frac{\lambda}{\mu}=\lambda\tau\text{,即 }q\approx\lambda\tau$$

4.10.1.2　不可修复系统单元的故障率

对于一般不可修复系统,元件或单元的故障概率为

$$q=1-e^{-\lambda t}$$

式中　$t$——元件的运行时间。

如果把 $e^{-\lambda t}$ 按无穷级数展开,略去后面的高价无穷小,则近似为 $q\approx\lambda t$。

目前,许多工业发达国家都建立了机械设备故障率数据库,用计算机存储和检索,对数据的输入和使用非常方便,为集中进行故障率实验提供了良好的条件,为安全性和可靠性分析提供了极大的方便。

我国也建立了一些故障率数据库,但数据还相当缺乏。必须认识到,安全系统工程的发展及事故树分析的应用,并不是以数据库为前提条件的。现在面临的问题是在没有数据库的情况下来确定故障率,这就存在如何取得故障率数据的问题。

在目前情况下,可以通过系统长期的运行试验,或若干系统平行运行过程粗略地估计平均故障间隔期,其倒数就是所观测对象(元件或部件)的故障率。例如,某元件现场使用条件下的平均故障间隔期为4000 h,则其故障率为 $2.5\times10^{-4}$/h。

故障率数据举例如表 4-3 所示。

**表 4-3　故障率数据举例**

| 项　目 | 故障率/$h^{-1}$ | |
|---|---|---|
| | 观　测　值 | 建　议　值 |
| 机械杠杆、链条、托架等 | $10^{-6}\sim10^{-9}$ | $10^{-6}$ |
| 电阻、电容、线圈等 | $10^{-6}\sim10^{-9}$ | $10^{-6}$ |
| 固体晶体管、半导体 | $10^{-6}\sim10^{-9}$ | $10^{-6}$ |
| 电气连接 | | |
| 　焊接 | $10^{-7}\sim10^{-9}$ | $10^{-8}$ |
| 　螺接 | $10^{-4}\sim10^{-6}$ | $10^{-5}$ |

续表 4-3

| 项 目 | 故障率/$h^{-1}$ | |
|---|---|---|
| | 观 测 值 | 建 议 值 |
| 电子管 | $10^{-4}\sim10^{-6}$ | $10^{-5}$ |
| 热电偶 | — | $10^{-6}$ |
| 三角皮带 | $10^{-4}\sim10^{-5}$ | $10^{-4}$ |
| 摩擦制动器 | $10^{-4}\sim10^{-5}$ | $10^{-4}$ |
| 电(气)动调节阀等 | $10^{-4}\sim10^{-7}$ | $10^{-5}$ |
| 继电器、开关等 | $10^{-4}\sim10^{-7}$ | $10^{-5}$ |
| 断路器(自动防止故障) | $10^{-5}\sim10^{-6}$ | $10^{-5}$ |
| 配电变压器 | $10^{-5}\sim10^{-8}$ | $10^{-5}$ |
| 安全阀(自动防止故障) | — | $10^{-6}$ |
| 安全阀(每次过压) | — | $10^{-4}$ |
| 仪表传感器 | $10^{-4}\sim10^{-7}$ | $10^{-5}$ |
| 仪表指示器、记录器、控制器等 | | |
| 气动 | $10^{-3}\sim10^{-5}$ | $10^{-4}$ |
| 电动 | $10^{-4}\sim10^{-6}$ | $10^{-5}$ |
| 离心泵、压缩机、循环机 | $10^{-3}\sim10^{-6}$ | $10^{-4}$ |
| 电动机、发动机 | $10^{-3}\sim10^{-6}$ | $10^{-4}$ |
| 内燃机(汽油机) | $10^{-3}\sim10^{-4}$ | $10^{-4}$ |
| 内燃机(柴油机) | $10^{-3}\sim10^{-5}$ | $10^{-4}$ |

### 4.10.2 人为失误概率

人的失误是另一类基本事件。在生产系统中,作为操作者的人是系统的重要组成部分,在系统运行中起主导作用。系统运行中,人的失误是导致事故发生的一个重要原因。人的失误,是指作业者实际完成的功能与系统所要求的功能之间的偏差。人的失误的后果可能以某种形式给系统以不良影响,甚至造成事故。

人在人机系统中的功能主要是接受信息(输入)、处理信息(判断)和操纵控制机器将信息输出。人在完成这一功能的过程中,由于某种原因,人体感知器官感知错误,判断不准确,导致操作不正确,有可能造成事故,这就是人的失误。人的失误大致有五种情况:

(1) 忘记做某项工作;

(2) 做错了某项工作;

(3) 采取不应采取的工作步骤;

(4) 没按程序完成某项工作;

(5) 没在预定时间内完成某项工作。

人的失误因素很复杂,很多专家、学者对此做过研究。斯文(Swain)和鲁克(Rock)提出了“人的失误率预测法”(THERP),这种方法的分析步骤如下:

(1) 调查被分析者的操作程序;

(2) 把整个程序分成各个操作步骤;

(3) 把操作步骤再分成单个动作；

(4) 根据经验或实验，适当选择每个动作的可靠度(见表 4-4)；

(5) 求出各个动作的可靠度之积，得到每个操作步骤可靠度。如果各个动作中有相容事件，则按条件概率计算；

(6) 求出各操作步骤可靠度之积，得到整个程序的可靠度；

(7) 求出整个程序的不可靠度(用 1 减去可靠度)，即得到 FTA 所需要的人的失误发生概率。

**表 4-4 人的行为可靠度举例**

| 行为类型 | 可靠度 |
|---|---|
| 阅读技术说明书 | 0.9918 |
| 读取时间(扫描记录仪) | 0.9921 |
| 读电流计和流量计 | 0.9945 |
| 确定多位置电气开关的位置 | 0.9957 |
| 分析真空管失真 | 0.9961 |
| 安装鱼形夹 | 0.9961 |
| 安装垫圈 | 0.9962 |
| 分析锈蚀和腐蚀 | 0.9963 |
| 阅读记录 | 0.9966 |
| 分析凹陷、裂纹和划伤 | 0.9967 |
| 读压力表 | 0.9969 |
| 分析老化的防护罩 | 0.9969 |
| 固定螺母、螺钉和销子 | 0.9970 |
| 使用垫圈胶合剂 | 0.9971 |
| 连接电缆(安装螺钉) | 0.9972 |

人的失误概率受多种因素的影响。如作业的紧迫程度、单调性、人的不安全感、心理状态和生理状况以及周围环境因素等。因此，需要用系数 $k$ 加以修正。

就某一动作而言，其可靠度 $R$ 为

$$R=R_1 \cdot R_2 \cdot R_3$$

式中 $R_1$——与输入有关的可靠度，如声、光信号传入人的眼、耳等；

$R_2$——与判断有关的可靠度，如信号传入大脑并进行判断；

$R_3$——与输出有关的可靠度，如根据判断作出反应。

$R_1$、$R_2$、$R_3$ 的参考值见表 4-5。

**表 4-5 $R_1$、$R_2$、$R_3$ 的参考值**

| 类别 | 影响因素 | $R_1$ | $R_2$ | $R_3$ |
|---|---|---|---|---|
| 简单 | 变量不超过几个<br>人机工程上考虑全面 | 0.9995~0.9999 | 0.9990 | 0.9995~0.9999 |
| 一般 | 变量不超过 10 个 | 0.9990~0.9995 | 0.9950 | 0.9990~0.9995 |
| 复杂 | 变量超过 10 个<br>人机工程上考虑全面 | 0.9900~0.9990 | 0.9900 | 0.9900~0.9990 |

人的某一动作失误的概率为

$$q=k(1-R)$$

式中 $k$——修正系数，$k=a\cdot b\cdot c\cdot d\cdot e$；

$a$——作业时间系数；

$b$——操作频率系数；

$c$——危险状况系数；

$d$——心理、生理条件系数；

$e$——环境条件系数。

$a$、$b$、$c$、$d$、$e$ 的取值见表 4-6。

表 4-6 $a$、$b$、$c$、$d$、$e$ 的取值范围

| 符 号 | 项 目 | 内 容 | 取值范围 |
|---|---|---|---|
| $a$ | 作业时间 | 有充足的多余时间<br>没有充足的多余时间<br>完全没有多余时间 | 1.0<br>1.0~3.0<br>3.0~10.0 |
| $b$ | 操作频率 | 频率适当<br>连续操作<br>很少操作 | 1.0<br>1.0~3.0<br>3.0~10.0 |
| $c$ | 危险状况 | 即使误操作也安全<br>误操作时危险性大<br>误操作时有产生重大灾害的危险 | 1.0<br>1.0~3.0<br>3.0~10.0 |
| $d$ | 心理、生理条件 | 教育、训练、健康状况、疲劳、愿望等综合条件较好<br>综合条件不好<br>综合条件很差 | 1.0<br>1.0~3.0<br>3.0~10.0 |
| $e$ | 环境条件 | 综合条件较好<br>综合条件不好<br>综合条件很差 | 1.0<br>1.0~3.0<br>3.0~10.0 |

## 4.11 顶上事件发生概率的计算

如果事故树中各基本事件均是独立的，又知道了各基本事件的发生概率，即可计算顶上事件的发生概率。下面介绍几种计算方法。

### 4.11.1 最小割集法

前面介绍了事故树最小割集的求法，以及用最小割集表示的事故树等效图。等效图的标准结构形式是：顶上事件 $T$ 与最小割集 $E_i$ 的逻辑连接为或门，每个最小割集 $E_i$ 与其包含的基本事件 $x_i$ 的逻辑连接为与门。

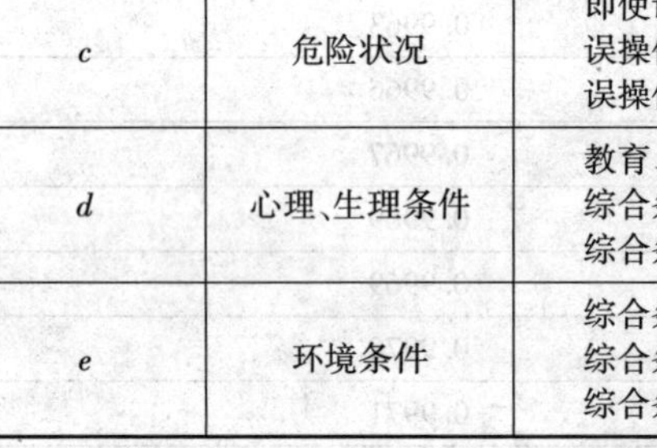


图 4-17 用最小割集表示的事故树等效图

例如，某事故树有 3 个最小割集：$E_1=\{x_1,x_3\}$，$E_2=\{x_2,x_3\}$，$E_3=\{x_3,x_4\}$。各基本事件的发生概率分别为 $q_1$、$q_2$、$q_3$、$q_4$。

用最小割集表示的等效图如图 4-17 所示。可以把它看作是由 $E_1$、$E_2$、$E_3$ 组成的事故树图，根据和事件的概率公式可以求出顶上事件的发生概率。

$$
\begin{aligned}
Q &= 1-(1-q_{E_1})(1-q_{E_2})(1-q_{E_3}) \\
&= q_{E_1}+q_{E_2}+q_{E_3}-(q_{E_1}q_{E_2}+q_{E_1}q_{E_3}+q_{E_2}q_{E_3})+q_{E_1}q_{E_2}q_{E_3}
\end{aligned}
$$

根据积事件的概率公式：

$$q_{E_1}=q_1q_3;\quad q_{E_2}=q_2q_3;\quad q_{E_3}=q_3q_4$$

因此，$Q=q_1q_3+q_2q_3+q_3q_4-(q_1q_2q_3+q_1q_3q_4+q_2q_3q_4)+q_1q_2q_3q_4$

对于有 $k$ 个最小割集的事故树，其顶上事件发生概率可表达为

$$
\begin{aligned}
Q=&(q_{E_1}+q_{E_2}+q_{E_3}+\cdots+q_{E_k})-(q_{E_1}q_{E_2}+q_{E_1}q_{E_3}+\cdots+q_{E_{(k-1)}}q_{E_k})+ \\
&(q_{E_1}q_{E_2}q_{E_3}+\cdots+q_{E_{(k-2)}}q_{E_{(k-1)}}q_{E_k})-\cdots+(-1)^{k-1}q_{E_1}q_{E_2}\cdots q_{E_k}
\end{aligned}
$$

或

$$Q=\sum_{j=1}^{k}\prod_{x_i\in k_j}q_i-\sum_{1\leqslant j<s\leqslant k}\prod_{x_i\in k_j\cup k_s}q_i+\cdots+(-1)^{k-1}\prod_{\substack{j=1\\x_i\in k_j}}^{k}q_i$$

式中 $i$——基本事件的序数；

$x_i\in k_j$——第 $i$ 个基本事件属于第 $j$ 个最小割集；

$j,s$——最小割集的序数；

$k$——最小割集的个数；

$x_i\in k_j\cup k_s$——第 $i$ 个基本事件 $x_i$ 或属于第 $j$ 个最小割集，或属于第 $s$ 个最小割集；

$1\leqslant j<s\leqslant k$——$j$、$s$ 的取值范围。

顶上事件的发生概率等于 $k$ 个最小割集发生概率的代数和，减去 $k$ 个最小割集两两组合概率积的代数和，加上三三组合概率积的代数和，直到加上 $(-1)^{k-1}$ 乘以 $k$ 个最小割集全部组合在一起的概率积。但必须注意，求组合概率积时，必须消去重复的概率因子。例如 $q_i\cdot q_i=q_i$。

**例 4.4** 某事故树的最小割集为 $\{x_1,x_2,x_5\}$，$\{x_1,x_3,x_5\}$，$\{x_1,x_4,x_5\}$。即最小割集的个数 $k=3$，各基本事件的发生概率为 $q_1=q_3=q_4=0.01$，$q_2=0.1$，$q_5=0.95$，求顶上事件发生概率。

**解：**

$$
\begin{aligned}
Q=&(q_1q_2q_5+q_1q_3q_5+q_1q_4q_5)-(q_1q_2q_5q_1q_3q_5+q_1q_2q_5q_1q_4q_5+q_1q_3q_5q_1q_4q_5)+ \\
&q_1q_2q_5q_1q_3q_5q_1q_4q_5
\end{aligned}
$$

消去重复因子后

$$
\begin{aligned}
Q&=(q_1q_2q_5+q_1q_3q_5+q_1q_4q_5)-(q_1q_2q_3q_5+q_1q_2q_4q_5+q_1q_3q_4q_5)+q_1q_2q_3q_4q_5 \\
&=1.12014\times10^{-3}
\end{aligned}
$$

如果所有的最小割集中没有重复的基本事件，则顶上事件发生的概率为

$$Q=\coprod_{j=1}^{k}\prod_{x_i\in x_j}q_i$$

式中，$\coprod$ 为求概率和的数学运算符号。

此公式表明，如果各最小割集彼此间没有重复的基本事件，则可先求各最小割集所包含的基本事件的交集概率，然后再求所有割集的并集概率，其结果就是顶上事件的发生概率。

**例 4.5** 某事故树最小割集为 $\{x_1,x_2\}$，$\{x_3,x_4\}$，$\{x_5,x_6\}$。基本事件的发生概率分别为 $q_1=q_2=0.01$，$q_3=q_4=0.02$，$q_5=q_6=0.03$。求顶上事件发生概率。

**解：** 因为最小割集没有重复的基本事件，所以

$$
\begin{aligned}
Q&=1-(1-q_1q_2)(1-q_3q_4)(1-q_5q_6) \\
&=1-(1-0.01\times0.01)(1-0.02\times0.02)(1-0.03\times0.03) \\
&=1.3995\times10^{-3}
\end{aligned}
$$

### 4.11.2　最小径集法

用最小径集表示的事故树等效图的标准结构形式是：顶上事件 $T$ 与最小径集 $F_i$ 的逻辑连接为与门，而每个最小径集 $F_i$ 与其包含的基本事件 $x_i$ 的逻辑连接为或门。

例如，某事故树的最小径集为：$F_1=\{x_1,x_3\}$，$F_2=\{x_2,x_3\}$，$F_3=\{x_3,x_4\}$。各基本事件的发生概率分别为 $q_1$、$q_2$、$q_3$、$q_4$。用最小径集表示的事故树等效图如图 4-18 所示。

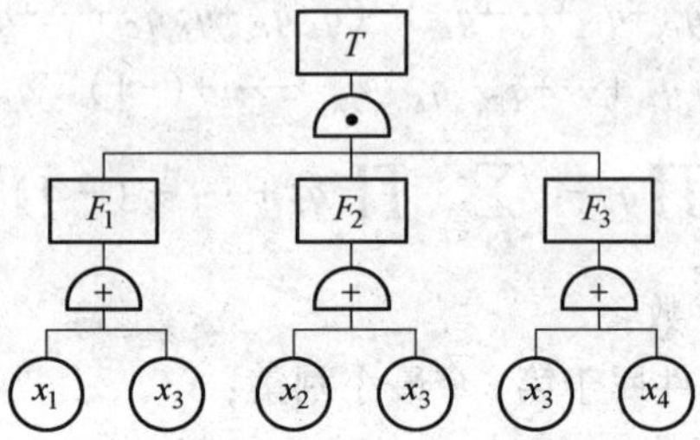


图 4-18　用最小径集表示的事故树等效图

因为　$$Q=q_{F_1}\cdot q_{F_2}\cdot q_{F_3}$$

而　$$q_{F_1}=1-(1-q_1)(1-q_3),\ q_{F_2}=1-(1-q_2)(1-q_3),\ q_{F_3}=1-(1-q_3)(1-q_4)$$

所以　$$Q=[1-(1-q_1)(1-q_3)][1-(1-q_2)(1-q_3)][1-(1-q_3)(1-q_4)]$$

将括号展开，消去重复因子后为

$$\begin{aligned}Q=1-&[(1-q_1)(1-q_3)+(1-q_2)(1-q_3)+(1-q_3)(1-q_4)]+\\&[(1-q_1)(1-q_2)(1-q_3)+(1-q_1)(1-q_3)(1-q_4)+\\&(1-q_2)(1-q_3)(1-q_4)]-(1-q_1)(1-q_2)(1-q_3)(1-q_4)\end{aligned}$$

对于有 $p$ 个最小径集的事故树，其顶上事件发生概率的计算公式为

$$Q=1-\sum_{j=1}^{p}\prod_{x_i\in p_j}(1-q_i)+\sum_{1\leqslant j<s\leqslant p}\ \prod_{x_i\in p_j\cup p_s}(1-q_i)+\cdots+(-1)^p\prod_{\substack{j=1\\x_i\in p_j}}^{p}(1-q_i)$$

**例 4.6**　某事故树最小径集分别为 $\{x_2,x_3\}$，$\{x_1,x_4\}$，$\{x_1,x_5\}$。即最小径集个数 $p=3$，各基本事件的发生概率为 $q_1=0.01$，$q_2=0.02$，$q_3=0.03$，$q_4=0.04$，$q_5=0.05$，求顶上事件发生概率。

**解：**

$$\begin{aligned}Q&=1-[(1-q_2)(1-q_3)+(1-q_1)(1-q_4)+(1-q_1)(1-q_5)]+[(1-q_1)\\&\quad(1-q_2)(1-q_3)(1-q_4)+(1-q_1)(1-q_2)(1-q_3)(1-q_5)+(1-q_1)\\&\quad(1-q_4)(1-q_5)]-(1-q_1)(1-q_2)(1-q_3)(1-q_4)(1-q_5)\\&=5.9226\times10^{-3}\end{aligned}$$

如果所有的最小径集中没有重复的基本事件，则顶上事件发生的概率为

$$Q=\prod_{j=1}^{p}\coprod_{x_i\in p_j}q_i=\prod_{j=1}^{p}\left[1-\prod_{x_i\in p_j}(1-q_i)\right]$$

此公式表明，如果各最小径集彼此间没有重复的基本事件，则可先求各最小径集所包含的基本事件的并集概率，然后再求所有径集的交集概率，其结果就是顶上事件的发生概率。

**例 4.7**　某事故树最小径集为 $\{x_1\}$，$\{x_5\}$，$\{x_2,x_3,x_4\}$。各基本事件的发生概率分别为 $q_1=0.01$，$q_2=0.1$，$q_3=q_4=0.01$，$q_5=0.95$。求顶上事件发生概率。

**解：**因为 3 个最小径集中没有重复的基本事件，所以

$$\begin{aligned}Q&=[1-(1-q_1)][1-(1-q_5)][1-(1-q_2)(1-q_3)(1-q_4)]\\&=1.12014\times10^{-3}\end{aligned}$$

以上介绍的最小割集法和最小径集法都可以精确地计算出顶上事件的发生概率。原则上，事故树的最小割集少时，使用最小割集法求取；最小径集少时，使用最小径集法求取。

应该指出的是，上述计算方法均是在各基本事件相互独立的情况下才能成立。如果不是独立事件，则必须考虑相容事件和相斥事件的概率计算问题。

### 4.11.3　近似计算法

当事故树很庞大时，基本事件和最小割集或最小径集的数量则很多，要精确地求出顶上事件的发生概率是非常困难的，甚至是不可能的。即使借助计算机也需要相当长的时间。因此，需要找出一种既能保证相应的精确度，运算又较为简便的方法。

实际上，按精确法计算的结果也未必十分精确，这是因为：

(1) 凭经验估计的各种元件、部件的故障率本身就不准确，数据库给出的故障率，其上限值和下限值相差几个数量级，其平均值离差也是很大的。

(2) 各元件、部件的运行条件、运行环境各不相同，必然影响故障率的变化。

(3) 人的失误率受多种因素影响，是一个伸缩性很大的数据。

所以，用近似法计算顶上事件的发生概率是适宜的。下面介绍几种近似计算法。

4.11.3.1　首项近似法

利用最小割集计算顶上事件发生概率的公式为

$$Q=\sum_{j=1}^{k}\prod_{x_i\in k_j}q_i-\sum_{1\leqslant j<s\leqslant k}\prod_{x_i\in k_j\cup k_s}q_i+\cdots+(-1)^{k-1}\prod_{\substack{j=1\\x_i\in k_j}}^{k}q_i$$

设 $\sum_{j=1}^{k}\prod_{x_i\in k_j}q_i=F_1$，$\sum_{1\leqslant j<s\leqslant k}\prod_{x_i\in k_j\cup k_s}q_i=F_2$，$(-1)^{k-1}\prod_{\substack{j=1\\x_i\in k_j}}^{k}q_i=F_k$

则
$$Q=F_1-F_2+\cdots+(-1)^{k-1}F_k$$

一般情况下，$F_1\gg F_2$，$F_2\gg F_3$，…。首项近似法的计算公式为

$$Q\approx F_1=\sum_{j=1}^{k}\prod_{x_i\in k_j}q_i$$

这种近似法相当于以代数积代替概率积，以代数和代替概率和的运算过程。如果事故树中没有多余的事件，即不需要用布尔代数化简，则可用逻辑门作代数运算的运算符号进行计算。

**例 4.8**　某事故树如图 4-19 所示。各基本事件的发生概率分别为 $q_1=0.01$，$q_2=0.02$，$q_3=0.03$，$q_4=0.04$，求顶上事件发生概率。

**解：**事故树的结构函数为

$$T=x_1(x_2+x_3x_4)$$

可直接列出计算顶上事件发生概率的近似计算式

$$\begin{aligned}Q&=q_1(q_2+q_3q_4)\\&=0.01\times(0.02+0.03\times0.04)\\&=2.12\times10^{-4}\end{aligned}$$

按首项近似法，事故树的最小割集为

$$T=x_1(x_2+x_3x_4)=x_1x_2+x_1x_3x_4$$

$$Q\approx F_1=q_1q_2+q_1q_3q_4=2.12\times10^{-4}$$

两者运算的结果是一致的。

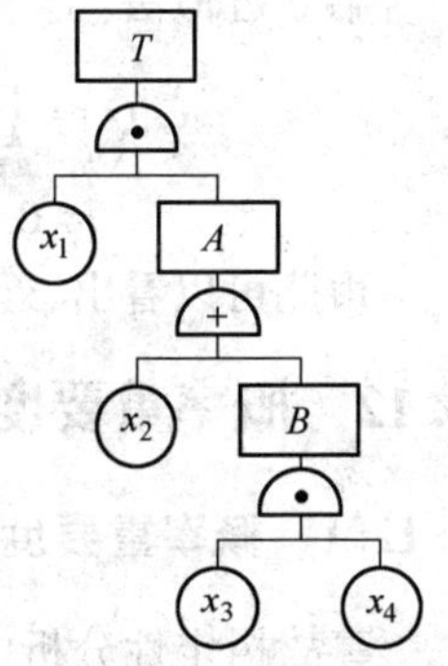


图 4-19　事故树图

#### 4.11.3.2 平均近似法

有时，为了使顶上事件发生概率的近似值更接近精确值，还可以求出首项近似法公式中的 $F_2$，按下式计算顶上事件的发生概率：

$$Q \approx F_1 - \frac{1}{2}F_2$$

这种近似算法称为平均近似法。

一般有 $Q<F_1, Q>F_1-F_2, Q<F_1-F_2+F_3, \cdots$

#### 4.11.3.3 独立近似法

这种近似法的实质是尽管事故树各最小割集（或最小径集）中彼此有共同事件，但均当成是无共同的基本事件处理，即认为各最小割集（最小径集）基本事件是相互独立的。可以应用下列两公式计算顶上事件发生概率：

$$Q \approx \coprod_{j=1}^{k}\prod_{x_i \in x_j} q_i, \quad Q \approx \prod_{j=1}^{p}\coprod_{x_i \in p_j} q_i$$

从以上两式可得到 $Q$ 值的近似区间为

$$\prod_{j=1}^{p}\coprod_{x_i \in p_j} q_i \leqslant Q \leqslant \coprod_{j=1}^{k}\prod_{x_i \in x_j} q_i$$

对于用最小割集、最小径集表示的等效事故树来说，顶上事件发生概率大于最大的最小割集概率，小于最小的最小径集概率。

**例 4.9** 某事故树最小割集分别为 $\{x_1, x_3\}, \{x_1, x_5\}, \{x_3, x_4\}, \{x_2, x_4, x_5\}$。各基本事件的发生概率分别为 $q_1=0.01, q_2=0.02, q_3=0.03, q_4=0.04, q_5=0.05$，求顶上事件的发生概率。

**解：** 顶上事件发生概率的精确值为

$$\begin{aligned} Q &= (q_1q_3+q_1q_5+q_3q_4+q_2q_4q_5)-(q_1q_3q_5+q_1q_3q_4+q_1q_2q_3q_4q_5+q_1q_3q_4q_5+q_1q_2q_4q_5+ \\ &\quad q_2q_3q_4q_5)+(q_1q_3q_4q_5+q_1q_2q_3q_4q_5+q_1q_2q_3q_4q_5+q_1q_2q_3q_4q_5)-q_1q_2q_5q_1q_3q_5q_1q_4q_5 \\ &= q_1q_3+q_1q_5+q_3q_4+q_2q_4q_5-q_1q_3q_5-q_1q_3q_4-q_1q_2q_4q_5-q_2q_3q_4q_5+q_1q_2q_3q_4q_5 \\ &= 0.002011412 \end{aligned}$$

首项近似法：

$$Q \approx F_1 = q_1q_3+q_1q_5+q_3q_4+q_2q_4q_5 = 0.00204$$

平均近似法：

$$\begin{aligned} Q &\approx F_1 - \frac{1}{2}F_2 = F_1 - \frac{1}{2}(q_1q_3q_5+q_1q_3q_4+q_1q_2q_3q_4q_5+q_1q_3q_4q_5+q_1q_2q_4q_5) \\ &= 0.002025394 \end{aligned}$$

独立近似法：

$$\begin{aligned} Q &\approx \coprod_{j=1}^{k}\prod_{x_i \in x_j} q_i = 1-(1-q_1q_3)(1-q_1q_5)(1-q_3q_4)(1-q_2q_4q_5) \\ &= 0.00203881 \end{aligned}$$

由此可以看出，近似计算所得数据相差不太大，可满足精度要求。

## 4.12 概率重要度和临界重要度分析

### 4.12.1 概率重要度分析

事故树定性分析中的结构重要度分析是从事故树的结构上分析各基本事件的重要程度。如果进一步考虑各基本事件发生概率的变化会给顶上事件发生概率以多大影响，就要分析基本事件的概率重要度。利用顶上事件发生概率 $Q$ 函数是一个多线性函数的性质,对自变量 $q_i$ 求一次偏导,可得到该基本事件的概率重要系数,即

$$I_g(i)=\frac{\partial Q}{\partial q_i}$$

利用上式求出各基本事件的概率重要度系数后,可了解诸多基本事件中,减少哪个基本事件的发生概率可以有效地降低顶上事件的发生概率。

**例 4.10** 某事故树最小割集分别为$\{x_1,x_2\}$,$\{x_1,x_3\}$,$\{x_1,x_4\}$,$\{x_2,x_4\}$。各基本事件的发生概率分别为 $q_1=0.01$,$q_2=q_3=0.02$,$q_4=0.03$,求基本事件的概率重要系数。

**解**:顶上事件的发生概率为

$$\begin{aligned}Q&=(q_1q_2+q_1q_3+q_1q_4+q_2q_4)-(q_1q_2q_3+q_1q_2q_4+q_1q_2q_4+q_1q_3q_4+q_1q_2q_3q_4+q_1q_2q_4)+\\&\quad(q_1q_2q_3q_4+q_1q_2q_3q_4+q_1q_2q_4+q_1q_2q_3q_4)-q_1q_2q_3q_4\\&=q_1q_2+q_1q_3+q_1q_4+q_2q_4-q_1q_2q_3-q_1q_3q_4-2q_1q_2q_4+q_1q_2q_3q_4\end{aligned}$$

$$I_g(1)=\frac{\partial Q}{\partial q_1}=q_2+q_3+q_4-q_2q_3-q_3q_4-2q_2q_4+q_2q_3q_4=0.0678$$

$$I_g(2)=\frac{\partial Q}{\partial q_2}=q_1+q_4-q_1q_3-2q_1q_4+q_1q_3q_4=0.0392$$

$$I_g(3)=\frac{\partial Q}{\partial q_3}=q_1-q_1q_2-q_1q_4+q_1q_2q_4=0.0095$$

$$I_g(4)=\frac{\partial Q}{\partial q_4}=q_1+q_2-q_1q_3-2q_1q_2+q_1q_2q_3=0.0294$$

这样,可以按概率重要系数大小排出各基本事件的概率重要度顺序为

$$I_g(1)>I_g(2)>I_g(4)>I_g(3)$$

减小事件 $x_1$ 的发生概率能较快地使顶上事件的发生概率降下来。它比以同样数值减小其他任何基本事件的发生概率都有效。其次是 $x_2$、$x_4$,最不敏感的是 $x_3$。

从概率重要系数的求取,可以看到这样的事实:一个基本事件概率重要度大小,并不取决于它本身概率值大小,而取决于它所在最小割集中其他基本事件的概率值大小。

另外概率重要系数还有一个重要性质:如果所有基本事件的发生概率都等于 0.5,概率重要系数等于结构重要系数,即

当 $q_j=0.5(j=1\sim n)$ 时,$I_\varphi(i)=I_g(i)$

利用这一性质,可以用定量化手段求得结构重要系数。

### 4.12.2 临界重要度分析

一般情况下,减少概率大的基本事件的概率比减少概率小的事件的概率容易,而概率重要系数未能反映这一事实。因而它还不是从本质上反映各基本事件在事故树中的重要程度。临界重要度系数 $CI_g(i)$ 正是从敏感度和自身发生概率的双重角度衡量各基本事件的重要度标准,其定义为

$$CI_g(i)=\frac{\partial \ln Q}{\partial \ln q_i}$$

通过求偏导,可以得到它与概率重要系数的关系为

$$CI_g(i)=\frac{q_i}{Q}I_g(i)$$

现在来求上例中各基本事件的临界重要系数。

$$Q=q_1q_2+q_1q_3+q_1q_4+q_2q_4-q_1q_2q_3-q_1q_3q_4-2q_1q_2q_4+q_1q_2q_3q_4=0.001278$$

$$CI_g(1)=\frac{q_1}{Q}I_g(1)=\frac{0.01}{0.001278}\times 0.0678=0.530$$

$$CI_g(2)=\frac{q_2}{Q}I_g(2)=0.613,CI_g(3)=\frac{q_3}{Q}I_g(3)=0.149$$

$$CI_g(4)=\frac{q_4}{Q}I_g(4)=0.690$$

这样,得到一个按临界重要度系数的大小排列的各基本事件的重要度顺序,即

$$CI_g(4)>CI_g(2)>CI_g(1)>CI_g(3)$$

与概率重要度分析相比,基本事件 $x_1$ 的重要性下降了,这是因为它的发生概率低。基本事件 $x_4$ 的重要性提高了,这是因为它本身的概率值大,敏感度也较大。

三种重要系数,从不同方面反映了基本事件的重要程度。结构重要系数从事故树结构上反映基本事件的重要程度;概率重要系数反映基本事件的概率增减对顶上事件发生概率影响的敏感度;临界重要系数是从敏感度和自身发生概率大小双重角度反映基本事件的重要程度。一般可以按三种重要度系数大小安排采取措施的先后顺序,也可以按三种重要系数顺序分别编制安全检查表,以保证既有重点,又能全面检查的目的。三种检查表中,只有通过临界重要度分析产生的检查表,才更具有实际意义。

## 4.13　事故树分析的应用实例

为了能较全面地掌握事故树分析法,现以木工平刨伤手事故为例,进行事故树全过程分析。

木工平刨伤手事故树如图 4-20 所示。从该事故树结构看出,此树或门多与门少,所以从最小径集入手分析较为方便。首先将事故树转换为成功树,如图 4-21 所示。

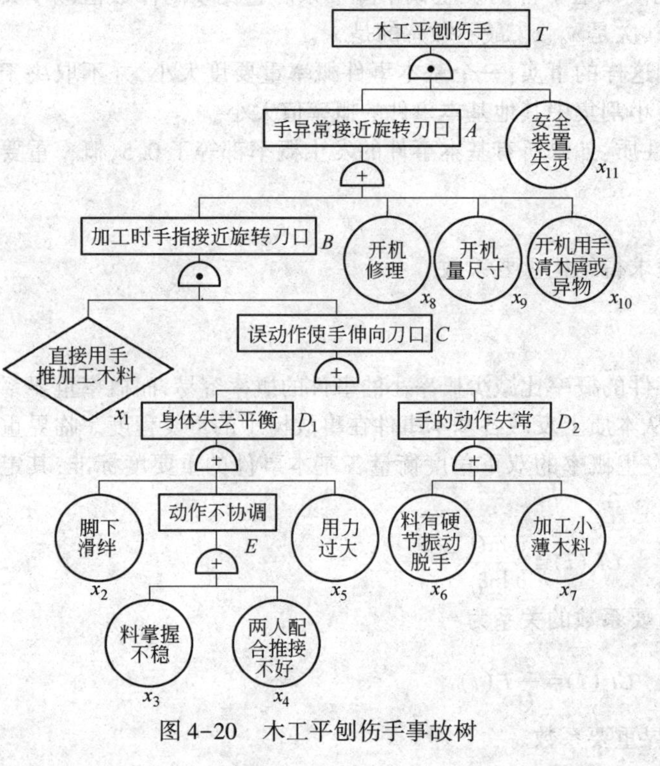


图 4-20　木工平刨伤手事故树

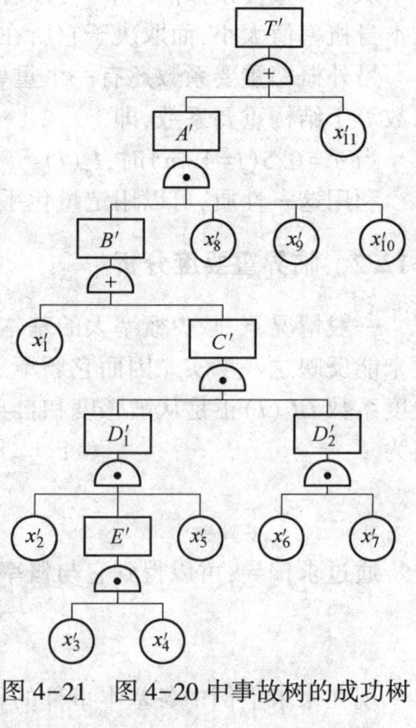


图 4-21　图 4-20 中事故树的成功树

### 4.13.1 求事故树的最小径集

用布尔代数化简法求该事故树的最小径集。

$$
\begin{aligned}
T' &= A'+x'_{11} = B'x'_8x'_9x'_{10}+x'_{11} \\
&= (x'_1+C')x'_8x'_9x'_{10}+x'_{11} \\
&= (x'_1+D'_1D'_2)x'_8x'_9x'_{10}+x'_{11} \\
&= (x'_1+x'_2E'x'_5x'_6x'_7)x'_8x'_9x'_{10}+x'_{11} \\
&= (x'_1+x'_2x'_3x'_4x'_5x'_6x'_7)x'_8x'_9x'_{10}+x'_{11} \\
&= x'_1x'_8x'_9x'_{10}+x'_2x'_3x'_4x'_5x'_6x'_7x'_8x'_9x'_{10}+x'_{11}
\end{aligned}
$$

故得到事故树的最小径集为

$$P_1=\{x_1,x_8,x_9,x_{10}\},P_2=\{x_2,x_3,x_4,x_5,x_6,x_7,x_8,x_9,x_{10}\},P_3=\{x_{11}\}$$

### 4.13.2 排列各基本事件的结构重要顺序

因 $P_3$ 是单事件最小径集，故 $x_{11}$ 是最重要的基本事件。

因 $x_8,x_9,x_{10}$ 同时出现在 $P_1$、$P_2$ 内，故 $I_\varphi(8)=I_\varphi(9)=I_\varphi(10)$。

因 $x_1$ 仅出现在 $P_1$ 中，$x_8,x_9,x_{10}$ 则出现在 $P_1$、$P_2$ 两个最小径集中，故 $I_\varphi(8)=I_\varphi(9)=I_\varphi(10)>I_\varphi(1)$。

因 $x_2,x_3,x_4,x_5,x_6,x_7$ 仅出现在九个基本事件的最小径集中，$x_1$ 仅出现在四个基本事件的最小径集中，故 $I_\varphi(1)>I_\varphi(2)=I_\varphi(3)=I_\varphi(4)=I_\varphi(5)=I_\varphi(6)=I_\varphi(7)$。

各基本事件的结构重要顺序为

$$
\begin{aligned}
&I_\varphi(11)>I_\varphi(8)=I_\varphi(9)=I_\varphi(10)>I_\varphi(1)>I_\varphi(2)=I_\varphi(3) \\
&=I_\varphi(4)=I_\varphi(5)=I_\varphi(6)=I_\varphi(7)
\end{aligned}
$$

这个顺序说明，$x_{11}$ 是最重要的基本事件，即木工平刨安全的最根本的出路在于安全装置。只要提高安全装置的可靠性，就能有效地提高平刨的安全性。$x_8,x_9,x_{10}$ 是第二位的，即在开机时测量加工件、修理刨机、清理碎屑和杂物，是极其危险的。$x_1$ 是第三位的，即操作中不要直接用手推加工料，否则一旦失手就可能接近旋转刀口。$x_2\sim x_7$ 是第四位的，这些事件都是人的操作失误，但加强技术培训和安全教育，提高操作人员的素质和安全意识，操作失误是会减少的。

### 4.13.3 顶上事件发生概率的计算

计算顶上事件发生概率最根本的是故障率数据。在没有可利用数据库的情况下，可凭经验进行估计。这里指的经验，除已发生的事故外，还应包括大量未遂事故的经验。表 4-7 中的数据是从工程实践出发，采用计算频率(即计算单位时间事故发生次数)的办法来代替概率的计算。

**表 4-7 基本事件发生概率的估计值**

| 代 号 | 基 本 事 件 | 发生概率 $q_i$/次 · $h^{-1}$ |
|---|---|---|
| $x_1$ | 直接用手推加工木料 | 0.1 |
| $x_2$ | 脚下滑绊 | $5\times10^{-3}$ |
| $x_3$ | 料掌握不稳 | $5\times10^{-2}$ |
| $x_4$ | 两人配合推接不好 | $10^{-4}$ |
| $x_5$ | 用力过大 | $10^{-3}$ |

续表 4-7

| 代　号 | 基本事件 | 发生概率 $q_i$/次 · $h^{-1}$ |
|---|---|---|
| $x_6$ | 料有硬节振动脱手 | $10^{-5}$ |
| $x_7$ | 加工小薄木料 | $10^{-2}$ |
| $x_8$ | 开机修理 | $2.5\times10^{-6}$ |
| $x_9$ | 开机量尺寸 | $10^{-5}$ |
| $x_{10}$ | 开机用手清木屑或异物 | $10^{-3}$ |
| $x_{11}$ | 安全装置失灵 | $4\times10^{-4}$ |

顶上事件的发生概率为

$$\begin{aligned} Q =& 1-[(1-q_1)(1-q_8)(1-q_9)(1-q_{10})+(1-q_2)(1-q_3)+(1-q_4)(1-q_5)(1-q_6)\times \\ &(1-q_7)(1-q_8)(1-q_9)(1-q_{10})+(1-q_{11})]+[(1-q_1)(1-q_2)(1-q_3)(1-q_4)\times \\ &(1-q_5)(1-q_6)(1-q_7)(1-q_8)(1-q_9)(1-q_{10})+(1-q_1)(1-q_8)(1-q_9)\times \\ &(1-q_{10})(1-q_{11})+(1-q_2)(1-q_3)(1-q_4)(1-q_5)(1-q_6)(1-q_7)(1-q_8)\times \\ &(1-q_9)(1-q_{10})(1-q_{11})]-(1-q_1)(1-q_2)(1-q_3)(1-q_4)(1-q_5)(1-q_6)\times \\ &(1-q_7)(1-q_8)(1-q_9)(1-q_{10})(1-q_{11}) \\ =& 3.012\times10^{-6}/\text{h} \end{aligned}$$

若按首项近似法，即以算术的加乘代替概率的和、积，则

$$\begin{aligned} Q &\approx q_{11}(q_1+q_8+q_9+q_{10})(q_2+q_3+q_4+q_5+q_6+q_7+q_8+q_9+q_{10}) \\ &= q_{11}[q_8+q_9+q_{10}+q_1(q_2+q_3+q_4+q_5+q_6+q_7)] \\ &= 3.009\times10^{-6}/\text{h} \end{aligned}$$

这个概率值说明，对于有安全装置的木工平刨加工系统，每小时工作发生刨手事故的可能性为 $3.012\times10^{-6}$，若工作 $10^6$ h，则可能发生三次刨手事故。若每年工作以 2000 h 计，则相当于每年每 500 人中有三人刨手。如果没有安全装置的木工平刨加工系统，则平刨刨手事故发生的可能性为 0.00753 h，即相当于每工作 133 h 就可能发生一次刨手事故。这充分说明，有无安全装置对系统安全性起着非常重要的作用。

### 4.13.4 求概率重要系数

$$Q=q_{11}[q_8+q_9+q_{10}+q_1(q_2+q_3+q_4+q_5+q_6+q_7)]$$

各基本事件概率重要系数为

$$I_g(1)=\frac{\partial Q}{\partial q_1}=q_{11}(q_2+q_3+q_4+q_5+q_6+q_7)=0.000026444$$

$$I_g(2)=\frac{\partial Q}{\partial q_2}=q_1q_{11}=0.00004$$

$$I_g(3)=I_g(4)=I_g(5)=I_g(6)=I_g(7)=I_g(2)=0.00004$$

$$I_g(8)=\frac{\partial Q}{\partial q_8}=q_{11}=0.0004$$

$$I_g(9)=I_g(10)=I_g(8)=0.0004$$

$$I_g(11)=\frac{\partial Q}{\partial q_{11}}=q_8+q_9+q_{10}+q_1(q_2+q_3+q_4+q_5+q_6+q_7)=0.00753$$

### 4.13.5 求临界重要系数

各基本事件的临界重要系数为

$$CI_g(1)=\frac{q_1}{Q}I_g(1)=\frac{0.1}{3.01\times10^{-6}}\times2.64\times10^{-5}=0.88$$

$$CI_g(2)=\frac{q_2}{Q}I_g(2)=6.64\times10^{-2},CI_g(3)=\frac{q_3}{Q}I_g(3)=6.64\times10^{-1}$$

$$CI_g(4)=\frac{q_4}{Q}I_g(4)=1.33\times10^{-3},CI_g(5)=\frac{q_5}{Q}I_g(5)=1.33\times10^{-2}$$

$$CI_g(6)=\frac{q_6}{Q}I_g(6)=1.33\times10^{-4},CI_g(7)=\frac{q_7}{Q}I_g(7)=1.33\times10^{-1}$$

$$CI_g(8)=\frac{q_8}{Q}I_g(8)=3.32\times10^{-4},CI_g(9)=\frac{q_9}{Q}I_g(9)=1.33\times10^{-3}$$

$$CI_g(10)=\frac{q_{10}}{Q}I_g(10)=1.33\times10^{-1},CI_g(11)=\frac{q_{11}}{Q}I_g(11)=1$$

所以,各基本事件的临界重要度顺序为

$$CI_g(11)>CI_g(1)>CI_g(3)>CI_g(7)=CI_g(10)>CI_g(2)>CI_g(5)>CI_g(4)=CI_g(9)>CI_g(8)>CI_g(6)$$

从这个排列顺序可以看出,基本事件 $x_{11}$ 仍处于首要位置。但 $x_8$、$x_9$ 和 $x_{10}$ 的位置变为次要位置,而 $x_1$ 和 $x_3$ 显著提前了。说明要提高整个系统的安全性,减少 $x_1$ 和 $x_3$ 的发生概率是最易做到的。如果不直接用手推加工木料,就不会发生操作上的失误(如 $x_2\sim x_7$),这样可大幅度降低事故发生概率。当然,在目前尚无适应范围广泛的自动送料装置的情况下,加强技术培训和安全教育,也可减少人员失误的发生和降低事故发生概率。

## 习题和思考题

4-1 简要说明事故树分析的步骤。

4-2 试以你熟悉的某一事故编制其事故树。

4-3 什么是最小割集、最小径集,它们在事故树分析中有什么作用?

4-4 求图 4-5 所示事故树的最小割集和最小径集。画出此事故树的等效树图,并进行结构重要度分析。

4-5 求图 4-22 所示事故树的最小割集和最小径集。

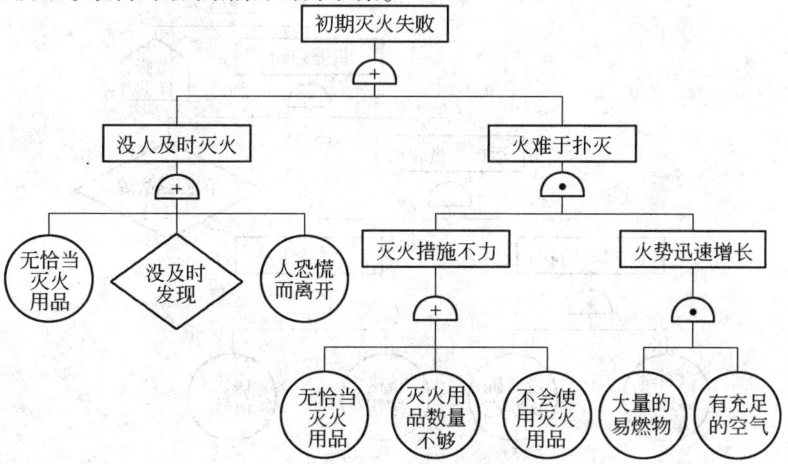


图 4-22 初期灭火失败事故树

4-6　基本事件的发生概率包括哪两大类，各有什么特点？

4-7　设某事故树的最小割集为$\{x_1,x_3\}$，$\{x_1,x_5\}$，$\{x_3,x_4,x_5\}$，$\{x_3,x_5,x_6\}$。设各基本事件的发生概率分别为 $q_1=0.05$，$q_2=0.03$，$q_3=0.01$，$q_4=0.06$，$q_5=0.04$，$q_6=0.03$，试用各种近似法计算顶上事件的发生概率。

4-8　图 4-23 所示为起重机吊物脱落伤人事故树，各基本事件的发生概率为 $q_1=0.05$，$q_2=0.1$，$q_3=0.01$，$q_4=0.005$，$q_5=0.002$，$q_6=0.1$，$q_7=0.005$。

（1）求最小割集、最小径集；

（2）求结构重要度顺序；

（3）计算顶上事件的发生概率。

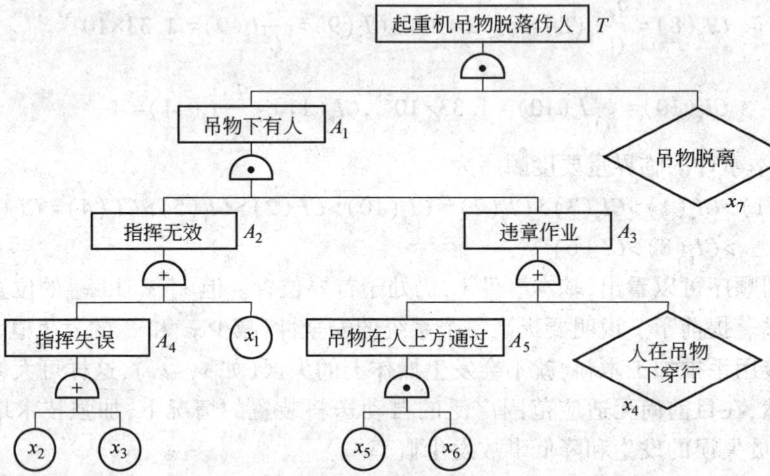


图 4-23　起重机吊物脱落伤人事故树

4-9　事故树的结构重要度、概率重要度、临界重要度有何异同？

4-10　图 4-24 所示为维修作业中机器启动伤人事故树，各基本事件的概率为 $q_1=0.05$，$q_2=q_3=0.01$，$q_4=0.003$，$q_5=q_6=0.02$。试求事故树的最小割集、最小径集、顶上事件的发生概率，并进行结构重要度分析。

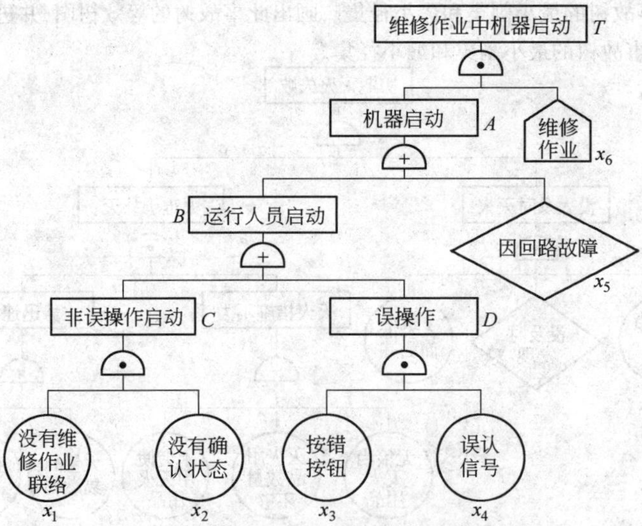


图 4-24　车床铁屑割伤腿脚伤害事故树

# 5 系统安全评价

## 5.1 系统安全评价概述

### 5.1.1 安全评价的定义

安全评价(safety assessment)也称风险评价,是应用安全系统工程的原理和方法,对系统存在的危险性进行定性和定量分析,得出系统发生危险的可能性及其程度的评价,以寻求最低事故率、最少的损失和最优的安全投资效益。

安全评价的定义可以理解如下:

(1) 对系统存在的危险性进行定性和定量分析是安全评价的核心,是系统评价过程中的一个中间环节,起承上启下的纽带作用。系统分析全面系统地对评价对象的功能及潜在危险性进行分析和确定,是必不可少的评价手段。

(2) 得出系统发生危险的可能性及其程度的评价是安全评价的结果。是在上述分析的基础上,再考虑各种危险因素对此系统的危险程度,用安全评价标准来衡量。即从数量上说明分析对象安全性的程度,得出能够进行比较的概念。

(3) 寻求最低的事故率、最少的损失、最优的安全投资效益,这是安全评价的目的。安全评价是以提高生产安全管理效率和经济效益为目的。这一目的包括两方面:确保安全生产和尽可能少受损失。要达到这个目的,必须优选措施方案,提高安全水平。

### 5.1.2 安全评价的发展过程

安全评价技术首先是由保险业的需要而发展起来的。20 世纪 30 年代,保险公司为客户承担各种风险,必然要收取一定的费用。而这个费用收取多少为宜,应该由所承担风险的大小来决定。因此就产生一个衡量风险程度的问题。这个衡量风险程度的过程,即是当时保险业所从事的风险评价。

20 世纪 60 年代,美国道(DOW)化学公司开发了以火灾、爆炸指数为依据的评价方法,促进了评价工作的发展。后来,英国帝国化学公司在此基础上推出了蒙德法,日本推出了冈山法、疋田法,从而使美国道化学公司的评价方法日趋科学、合理、切合实际。20 世纪 70 年代初,日本劳动省颁发了《化工安全评价指南》,把安全评价方法进一步向科学化、标准化方向推进。20 世纪 70 年代中期,美国原子能管理委员会发表了《商用核电站风险评价报告》,在国际同行中影响很大,并推动了安全系统工程在世界范围内的广泛应用。现在,定量安全性评价已在工业发达国家的许多工程项目中得到广泛应用,并且许多行业制定了技术标准。一些国家还规定,工程项目必须进行风险性评价。日本劳动省规定化工厂必须作综合的风险性评价,英国规定新建企业凡没有进行风险性评价的不许开工。

我国自 20 世纪 80 年代以来,开始在企业安全管理中应用安全系统工程,并取得了丰硕成果,促使了安全管理水平的不断提高,加快了我国安全管理向科学化、现代化方向的发展速度。在此期间,安全工作的特点主要是系统安全分析方法得到应用,基本上解决了系统的局部安全问题。随着人们对安全系统工程的认识逐步提高,认识到要全面了解和掌握整个系统的安全状况,客观地、科学地衡量企业的事故风险大小,区别轻重缓急,有针对性地采取相应对策,真正落实“安全第一,预防为主”的安全生产方针,必须进行系统安全评价。1984 年以后,我国开始研究安全评价理论和方法,在小范围内进行系统安全评价尝试,1987 年机械电子工业部首先提出对整个企业系统进行安全评价,利用安全系统工程原理开展安全管理工作,并制定部颁标准。1988 年机械电子工业部颁发了《机械工厂安全评价标准》,受到企业的普遍欢迎,收到了非常好的效果。现在,许多企业和部门都在进行安全评价理论、方法的研究与应用。

国家安全生产监督管理(总)局颁发了一系列安全评价相关的部门规章和标准。2004 年 3 月 26 日颁布并实施了《安全现状评价导则》。2007 年 1 月 4 日批准颁布了《安全评价通则》(AQ8001—2007)、《安全预评价导则》(AQ8002—2007)、《安全验收评价导则》(AQ8003—2007),自 2007 年 4 月 1 日起施行。2009 年 7 月 1 日颁布了新修订的《安全评价机构管理规定》,自 2009 年 10 月 1 日起施行。

在安全评价的发展过程中,吸取了环境影响评价、管理体系认证等其他类似工作的很多经验、教训。国家安全生产监督管理总局将安全评价体系作为安全生产 6 大技术支撑体系之一,安全评价体系将为保障我国的安全生产工作发挥巨大的作用。

### 5.1.3　安全评价的意义

安全评价目的是查找、分析和预测工程、系统中存在的危险、有害因素及危险的程度,提出合理可行的安全对策措施,指导危险源监控和事故预防,实现安全生产。安全评价是安全生产管理的重要组成部分,其作用主要有:

(1) 有助于政府安全监督管理部门对生产经营单位的安全生产实行宏观控制;

(2) 有助于提高生产经营单位的安全管理水平;

(3) 有助于安全投资的合理选择;

(4) 有助于生产经营单位提高经济效益、社会效益。

我国开展安全系统工程的研究和推广工作已取得了一定成绩,不少企业采用了安全检查表、预先危险性分析、事故树分析等系统安全分析方法。这对于查明危险,防患于未然起到了积极作用。但要真正了解整个系统的安全性,正确估计人员伤害和财产损失,如何以较小的投资获得最大的安全效益,必须进行安全评价。

对于新建企业,在进行可行性研究的同时,应该进行安全性评价,做好事故的预防工作,将事故风险减少到最低程度。对现有工矿企业,虽然企业位置不能更动,但也可以通过安全评价,增加防范措施,提高企业对灾害事故的应变能力,减少事故的发生及事故造成的损失。

### 5.1.4　安全评价的分类

安全评价的分类方法很多,按照实施阶段不同分为三类:安全预评价、安全验收评价、安全现状评价。

(1) 安全预评价。安全预评价(简称预评价)是在项目建设前,根据建设项目可行性研究报告的内容,应用安全评价的原理和方法对系统(工程、项目)中存在的危险、有害因素及其危害性进行预测性评价。分析和预测该建设项目存在的危险、有害因素的种类和程度,提出合理可行的安全对策措施,用以指导建设项目的初步设计。

(2) 安全验收评价。安全验收评价(简称验收评价)是在建设项目竣工、试生产运行正常后,通过对建设项目的设施、设备、装置实际运行状况及管理状况的安全评价。查找该建设项目投产后可能存在的危险、危害因素,确定其程度并提出合理可行的安全对策措施和建议。

(3) 安全现状评价。安全现状评价是针对某一个生产经营单位总体或局部的生产经营活动的安全现状进行的安全评价，查找存在的危险、有害因素并确定其程度，提出合理可行的安全对策措施及建议。安全现状评价是一种全面综合的安全评价，评价所形成的现状综合评价报告的内容应纳入生产经营单位安全隐患整改和安全管理计划，并按计划加以实施和检查。

### 5.1.5　安全评价的程序

安全评价程序如图 5-1 所示，主要包括：准备阶段，危险、有害因素辨识与分析，定性、定量评价，提出安全对策措施，形成安全评价结论及建议，编制安全评价报告。

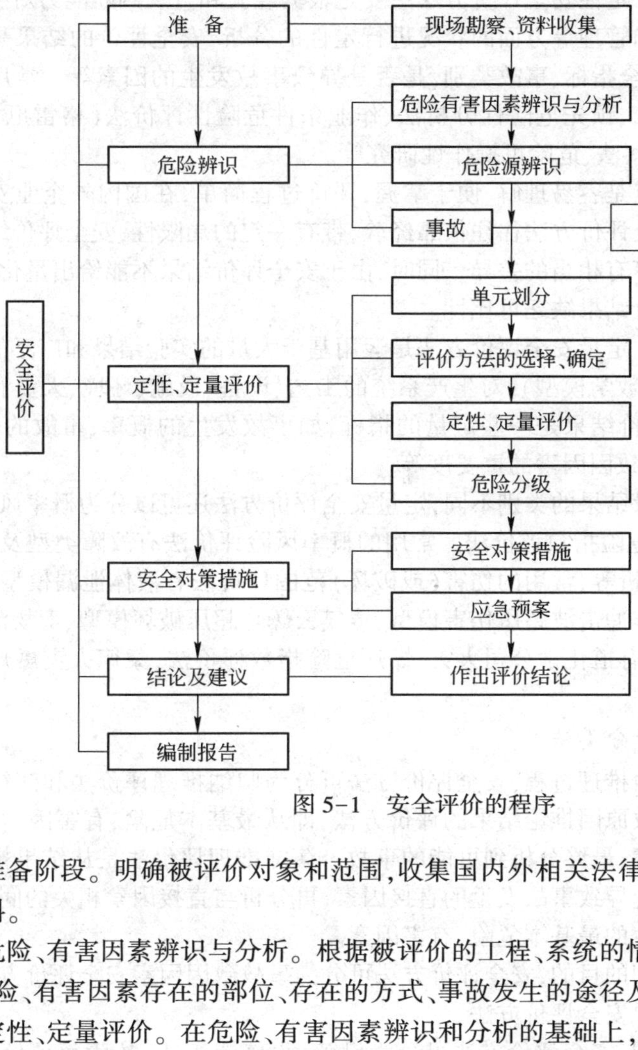


图 5-1　安全评价的程序

(1) 准备阶段。明确被评价对象和范围，收集国内外相关法律法规、技术标准及工程、系统的技术资料。

(2) 危险、有害因素辨识与分析。根据被评价的工程、系统的情况，辨识和分析危险、有害因素，确定危险、有害因素存在的部位、存在的方式、事故发生的途径及其变化的规律。

(3) 定性、定量评价。在危险、有害因素辨识和分析的基础上，划分评价单元，选择合理的评价方法，对工程、系统发生事故的可能性和严重程度进行定性、定量评价。

(4) 提出安全对策措施。根据定性、定量评价的结果，提出消除或减弱危险、有害因素的技术措施、管理措施及建议。

(5) 安全评价结论及建议。简要地列出主要危险、有害因素的评价结果，指出工程、系统应重点防范的重大危险因素，明确生产经营者应重视的重要安全措施。

(6) 编制安全评价报告。

依据安全评价的结果编制相应的安全评价报告。

### 5.1.6　安全评价方法的分类

安全评价方法分类的目的是为了根据安全评价对象选择适用的评价方法。安全评价方法的分类方法很多,常用的有按评价结果的量化程度分类、按评价的推理过程分类、按针对的系统性质分类、按安全评价要达到的目的分类等。

#### 5.1.6.1　按评价结果的量化程度分类

按照安全评价结果的量化程度,安全评价方法可分为定性安全评价方法和定量安全评价方法。

(1) 定性安全评价方法。定性安全评价方法主要是根据经验和直观判断能力对生产系统的工艺、设备、设施、环境、人员和管理等方面的状况进行定性的分析,安全评价的结果是一些定性的指标,如是否达到了某项安全指标、事故类别,是否是导致事故发生的因素等。常用的定性安全评价方法主要有安全检查表、预先危险性分析法、作业条件危险性评价法(格雷厄姆-金尼法或 LEC 法)、专家现场询问观察法、危险可操作性研究等。

定性安全评价方法的特点是容易理解、便于掌握,评价过程简单,在国内外企业安全管理工作中被广泛使用。但定性安全评价方法往往依靠经验,带有一定的局限性,安全评价结果有时因参加评价人员的经验和经历等有相当的差异。同时,由于安全评价结果不能给出量化的危险度,所以不同对象之间的安全评价结果缺乏可比性。

(2) 定量安全评价方法。定量安全评价方法是运用基于大量的实验结果和广泛的事故资料统计分析获得的指标或规律(数学模型),对生产系统的工艺、设备、设施、环境、人员和管理等方面的状况进行定量的计算,评价结果是一些定量的指标,如事故发生的概率、事故的伤害(或破坏)范围、定量的危险性、事故致因因素的重要度等。

按照安全评价给出的定量结果的类别不同,定量安全评价方法还可以分为概率风险评价法、伤害(或破坏)范围评价法和危险指数评价法。常用的概率风险评价法有故障类型及影响分析、事故树分析、马尔柯夫模型分析等,常用的伤害(或破坏)范围评价法有液体泄漏模型、气体泄漏模型、气体绝热扩散模型、爆炸冲击波超压伤害模型、蒸气云爆炸超压破坏模型、毒物泄漏扩散模型等,常用的危险指数评价法有道化学公司火灾、爆炸危险指数评价法,蒙德火灾爆炸毒性指数评价法,危险度评价法等。

#### 5.1.6.2　其他安全评价分类法

(1) 按照安全评价的逻辑推理过程,安全评价方法可分为归纳推理评价法和演绎推理评价法。归纳推理评价法是从事故原因推论结果的评价方法,即从最基本危险、有害因素开始,逐渐分析导致事故发生的直接因素,最终分析到可能的事故。演绎推理评价法是从结果推论原因的评价方法,即从事故开始,推论导致事故发生的直接因素,再分析与直接因素相关的间接因素,最终分析和查找出致使事故发生的最基本危险、有害因素。

(2) 按照安全评价要达到的目的,安全评价方法可分为事故致因因素安全评价方法、危险性分级安全评价方法和事故后果安全评价方法。

(3) 按照评价对象的不同,安全评价方法可分为设备(设施或工艺)故障率评价法、人员失误率评价法、物质系数评价法、系统危险性评价法等。

## 5.2　定性安全评价

### 5.2.1　定性安全评价的目的

如果系统、子系统、元件并非特别重要,或者不会产生极为严重后果的事故,则可根据定性分析的结果进行定性安全评价。定性评价不需要精确的数据和计算,实行起来比较容易。前面介绍的安全分析方法如安全检查表、预先危险性分析、故障类型和影响分析、事件树分析等都可以进行定性安全评价。

定性安全评价的主要目的是解决下述问题:

(1) 按次序揭示系统、子系统中存在的所有危险性。由于使用了安全系统工程方法,可以做到不漏项。

(2) 能大致对危险性进行重要程度的分类。这样可以区别轻重缓急,采取适当的安全措施。

(3) 在工程设计之前使用这种方法,可以提醒人们选用较安全的工艺和材料。设计完成之后,在施工之前使用这种方法,可以查出设计缺陷,及早采取修正措施。

(4) 可以帮助制定和修改有关安全操作的规章制度,也可用它进行安全教育。

(5) 可作为安全监督检查的依据。

(6) 可为定量安全评价做好准备工作。

### 5.2.2 逐项赋值评价法

逐项赋值评价法的应用范围较大,主要针对安全检查表的每一项检查内容,按其重要程度的不同,由专家讨论赋予一定的分值。评价时,单项检查完全合格者给满分,部分合格者按规定的标准给分,完全不合格者记零分。这样逐项地检查评分,最后累计所有各项得分,便得到系统安全评价的总分。根据实际评价得分多少,按规定的标准来确定评价系统的安全等级。

例如,我国的《危险化学品从业单位安全标准化规范》的安全评价表就是这样计分的。安全标准化规范包括10个一级评价要素、53个二级评价要素,并附有相应的安全评价检查表,作为各单项评价时的依据。安全评价检查表全面、系统地包括了对企业生产和经营管理的主要安全要求,实用性较强,为广泛开展安全评价工作提供了便利条件。危险化学品从业单位安全标准化作业安全检查表如表5-1所示。

表5-1 危险化学品从业单位安全标准化作业安全检查表

| 考核要素 | 考核内容 | 评分标准 | 应得分 | 实得分 |
|---|---|---|---|---|
| 作业证 | 对动火作业、进入有限空间作业、动土作业、临时用电作业、高处作业等实施作业许可证管理,履行严格的审批手续 | 查作业许可证,每项不符合扣2分,扣完为止 | 25 | |
| 警示标志 | 1. 在易燃易爆、有毒有害场所的适当位置张贴警示标志和告知牌;<br>2. 产生职业病危害的企业,应在醒目位置设置公告栏,公布有关职业病防治的规章制度、操作规程、职业病危害事故应急救援措施和工作场所职业病危害因素检测结果;<br>3. 在可能产生严重职业病危害作业岗位的醒目位置设置警示标志和中文警示说明,告知产生职业病危害的种类、后果、预防及应急救治措施等内容;<br>4. 在检维修、施工、吊装等作业现场设置警戒区域和警示标志 | 1. 本项5分。查看现场,每项不符合扣1分<br>2. 本项2分。查看现场,每项不符合扣1分<br>3. 本项3分。查看现场,每项不符合扣1分<br>4. 本项5分。查看现场,每项不符合扣2分 | 15 | |

续表 5-1

| 考核要素 | 考核内容 | 评分标准 | 应得分 | 实得分 |
|---|---|---|---|---|
| 直接作业环节 | 1. 对动火作业、进入受限空间作业、临时用电作业、高处作业、起重作业、动土作业、高温作业等直接作业环节进行风险分析，制定控制措施，配备、使用安全防护用品，配备监护人员；<br>2. 对承包商施工作业现场进行安全管理，发现问题提出整改要求；<br>3. 制订和履行严格的危化品储存、出入库安全管理制度及运输、装卸安全管理制度，规范作业行为，减少事故发生 | 1. 本项 15 分。查风险分析、控制措施及现场查看，每项不符合扣 2 分，扣完为止<br>2. 本项 5 分。查检查记录及现场查看，每项不符合扣 1 分，扣完为止<br>3. 本项 5 分。无管理制度扣 2 分。查看现场，每项不符合扣 1 分，扣完为止 | 25 | |
| 分包商 | 1. 建立承包商管理制度，对承包商资格预审、选择、开工前准备、作业过程监督、表现评价、续用等进行管理，建立承包商档案；<br>2. 建立供应商管理制度，制定资格预审、选用和续用标准，并经常识别与采购有关的风险 | 1. 本项 10 分。每项不符合扣 1 分。未建立档案扣 3 分。档案不全，每项不符合扣 1 分，扣完为止<br>2. 本项 5 分。未经常识别与采购有关的风险扣 2 分。其他每项不符合扣 1 分，扣完为止 | 15 | |
| 变　更 | 1. 建立变更管理制度，对人员、管理、工艺、技术、设施等永久性或暂时性的变化进行有计划的控制；<br>2. 变更的实施应履行审批及验收程序；<br>3. 对变更过程及变更所产生的风险进行分析和控制 | 1. 本项 5 分。无变更管理制度扣 5 分。内容中每项不符合扣 1 分，扣完为止<br>2. 本项 8 分。查记录，每项不符合扣 1 分。未履行审批及验收程序每次扣 3 分。扣完为止<br>3. 本项 7 分。未进行风险分析扣 3 分，控制措施不符合扣 2 分。扣完为止 | 20 | |
| 合　计 | | | 100 | |

### 5.2.3　作业条件的危险性评价

这是一种简单易行的评价人们在具有潜在的危险性环境中作业时的危险性评价方法。它是由美国的格雷厄姆(Graham)和金尼(Kinney)提出的，也称为 LEC 法。它是用与系统风险率有关的三种因素指标值之积来评价系统人员伤亡风险大小的。这三种因素是：$L$——发生事故的可能性大小；$E$——人体暴露在这种危险环境中的频繁程度；$C$——一旦发生事故会造成的损失后果。但是，要取得这三种因素科学准确的数据，却是相当烦琐的过程。为了简化评价过程，可采取计算法，根据三种因素的不同等级分别确定不同的分值，再以三个分值的乘积 $D$ 来评价危险性的大小。即：

$$D=L\cdot E\cdot C \tag{5-1}$$

$D$ 值越大，说明该系统的危险性越大，需要增加安全措施，或改变发生事故的可能性，或减少人体暴露于危险环境中的频繁程度，或减轻事故损失，直至调整到允许范围。

(1) 发生事故的可能性大小。事故或危险性事件发生的可能性大小，当用概率表示时，绝对不可能发生的事件的概率为 0；而必然发生的事件的概率为 1。在考虑系统的危险性时，根本不能认为事故是绝对不可能发生的，所以也不存在概率为 0 的情况。只能说，某种环境发生事故的可能性极小,其概率趋近于0。以实际不可能的情况作为“打分”的参考点,规定其可能性分数为0.1。

然而,实际不可能发生的情况在安全工作中没有意义。在生产环境中,事故或危险事件发生的可能性范围是十分广泛的,从完全出乎意料而不可预测但是有极小可能性的事件,到能预料将来某个时候会发生的事件。人为地规定前面一种情况的可能性分数为1,后者的可能性分数为10。对于处在这两种情况之间的情况则指定中间值。例如,规定“能够发生”的情况可能性分数为6。在0.1与1之间也插入了与某种可能性对应的分数值。于是,事故或危险事件发生可能性的分数范围从实际不可能事件的0.1,经过意外而有极小可能性的事件的1,到可预料事件的10。表5-2所示为事故或危险事件发生的可能性分数值。

**表5-2 事故或危险事件发生的可能性分数值**

| 分数值 | 事故或危险事件发生的可能性 |
|---|---|
| 10 | 完全会被预料到 |
| 6 | 相当可能 |
| 3 | 不经常,但可能 |
| 1 | 完全意外,极少可能 |
| 0.5 | 可以设想,但绝少可能 |
| 0.2 | 极不可能 |
| 0.1 | 实际上不可能 |

(2)暴露于危险环境的频繁程度。人员处在危险环境中的时间越长,受伤害的可能性越大,相应的危险性也越大。规定连续出现在危险环境中的暴露分数值为10;规定每年仅出现几次的相当稀少的暴露情况其分数为1。并以这两种情况为参考点规定了中间情况的暴露分数值。例如,每周一次或仅仅偶尔暴露的情况被指定分数值为3。外推考虑非常罕见地暴露的分数值为0.5,根本不暴露的情况在实际上是没有意义的。表5-3列出了暴露分数值。

**表5-3 暴露于危险环境的频繁程度分数值**

| 分数值 | 暴露于危险环境的频繁程度 |
|---|---|
| 10 | 连续暴露于潜在危险环境 |
| 6 | 逐日在工作时间内暴露 |
| 3 | 每周一次或偶然地暴露 |
| 2 | 每月暴露一次 |
| 1 | 每年几次出现在潜在危险环境 |
| 0.5 | 非常罕见地暴露 |

(3)发生事故产生的后果。事故或危险事件造成的人身伤害或物质损失可能在很大的范围内变化。对于伤亡事故来说,可以从轻微伤害到多人死亡。对于这样广阔的变化范围,规定分数值为1~100。把需要救护的轻微伤害的可能结果规定为分数值1,把造成多人死亡的可能结果规定为分数值100。在这两个参考点之间内插指定中间值。表5-4所示为规定的发生事故产生的后果的分数值。

**表 5-4　可能结果的分数值**

| 分 数 值 | 可 能 结 果 | |
|---|---|---|
| 100 | 大灾难 | 许多人死亡 |
| 40 | 灾　难 | 数人死亡 |
| 15 | 非常严重 | 一人死亡 |
| 7 | 严　重 | 严重伤害 |
| 3 | 重　大 | 致　残 |
| 1 | 引人注目 | 需要救护 |

(4) 危险性分值。根据公式 $D=L\cdot E\cdot C$ 可以计算作业危险性分值，但关键在于确定评价的标准。根据经验，危险分数在 70 以下的环境被认为是低危险性的，一般来说可以被人们接受。这样的危险比日常生活中的一些活动，如骑自行车通过拥挤的马路去上班的危险性还要低。因而这样的标准是偏于保守的，可以促使我们努力研究整改的措施。危险分数为 70～160 的情况有显著的危险性，需要马上采取措施进行整改。危险分数为 160～320 的环境是一种必须立即采取措施进行整改的高度危险的环境。320 分以上的高分数则表示环境异常危险，应该立即停止作业，直到环境得到改善为止。如果不能采取有效的措施保证安全生产，则应该永远停止工作。

由于这种分级是根据过去的经验划分的，难免带有局限性，所以不能认为它是普遍适用的，故仅供参考。在具体应用时可以根据自己的经验适当加以修正，使之更适合于实际情况。表 5-5 所示为危险性等级划分。

**表 5-5　危险等级划分**

| 分 数 值 | 危 险 程 度 | |
|---|---|---|
| >320 | 极其危险 | 不能继续作业 |
| 160～320 | 高度危险 | 需要立即整改 |
| 70～160 | 显著危险 | 需要整改 |
| 20～70 | 可能危险 | 需要注意 |
| <20 | 稍有危险 | 或许可被接受 |

当评价系统内不同作业条件危险性，以确定采取措施的轻重缓急时，可以把计算得到的危险分数直接比较，哪个危险分数值高，哪个应优先被整改。

例如，耐火材料企业在砖坯成型生产工序中使用一种摩擦压力机。这种压力机出厂时没有安全保险装置，使用单位也没有采取有效措施，在操作过程中有时会发生压手事故。以前发生的事故，一般为压掉手指，最严重的伤害是把整个一只手压掉，但不能使受害者死亡。为了评价这种操作条件的危险性，首先确定每种因素的分数值：

(1) 发生事故的可能性大小。对于这种情况，其发生事故的可能性属于“相当可能发生”一级，其分数值 $L=6$。

(2) 暴露于危险环境的频繁程度。工人每天都在这样的环境条件下操作，得到分数值 $E=6$。

(3) 发生事故产生的后果。可能后果处于“严重，致残”和“严重，严重伤害”之间，分数值 $C=5$。

因此，危险分值为

$$D=L \cdot E \cdot C=6\times 6\times 5=180$$

这种作业条件已经属于高度危险,应立即采取措施解决。

## 5.3 定量安全评价

对于一个系统、装置或设备,经过定性评价以后,已经对其中存在的危险性有了一定了解,知道了薄弱环节所在。但是,仍然有些问题需要确定,例如,系统发生事故的可能性如何,系统经过怎样修改才能更安全一些,采取什么样的安全措施才能既经济又有效等,因此需要进行定量安全评价。

定量安全评价方法包括概率风险评价法、伤害(或破坏)范围评价法和危险指数评价法。概率风险评价法使用故障类型影响和致命度分析、事件树分析、事故树分析等方法求出系统发生故障或事故的概率,进而计算出风险率,以风险率大小来确定系统是否安全。这种评价方法需要一定的数据和数学基础,评价结果的精确度较高,但实施起来比较困难。危险指数评价法以危险指数作为衡量系统安全的标准,如美国道化学公司的火灾爆炸指数评价法以物质的理化特性为基础,结合其他条件计算出系统的火灾爆炸指数进行评价。这类方法使用起来比较容易,但精确度稍差。

下面介绍几种常用的定量安全评价方法。

### 5.3.1 概率风险评价法

概率风险评价法建立在大量的实验数据和事故统计分析基础之上,因此评价结果的可信程度较高。由于能够直接给出系统的事故发生概率,所以便于各系统可能性大小的比较。特别是对于同一个系统,概率风险评价法可以给出发生不同事故的概率、不同事故致因因素的重要度,便于不同事故可能性和不同致因因素重要性的比较。但该类评价方法要求数据准确、充分,分析过程完整,判断和假设合理,特别是需要准确地给出基本致因因素的事故发生概率,显然这对一些复杂、存在不确定因素的系统是十分困难的。因此该类评价方法不适应基本致因因素不确定或基本致因因素事故概率不能给出的系统。但是,随着计算机在安全评价中的应用,模糊数学理论、灰色系统理论和神经网络理论在安全评价中的应用,弥补了该类评价方法的一些不足,扩大了应用范围。

#### 5.3.1.1 风险率

风险率是衡量危险性的指标。危险性在一定的条件下发展成为事故,所造成的后果受两个因素影响,一个是发生事故的概率,另一个是发生事故造成后果的严重程度。即

$$风险率(R)=概率(Q)\times 严重度(S) \tag{5-2}$$

如果事故发生的概率很小,即使后果十分严重,风险也不会很大。反之,事故发生的概率很大,即使每次事故的后果不太严重,风险依然很大。所以,为了比较危险性,风险率是一个衡量的标准。

风险率用单位时间内事故造成损失的大小来表示。单位时间可以是一年、半年或一个月等,也可以是系统运行(或大修)周期。事故损失可以是人员的伤亡、工作日损失或经济损失。

一般来说,在生产过程中的任何系统都可能发生事故,都要承担事故造成的人和物损失的风险。因此,风险是客观存在的,是不可避免的。同时,人们在从事生产活动中总期望获得较高的收益,而较高的收益要付出较高的代价,要承担较大的风险。对于获益较少的生产活动,承担的风险就相对小些。因此,风险的大小取决于受益程度,两者关系基本上成正比。

在生产活动中,每人每年死亡概率的数量级为 $10^{-2}$,是极其危险的,是绝对不能接受的;$10^{-3}$

是属于高度危险，这种情况虽然很少，但要立即采取措施；$10^{-4}$是属于中度危险，人们不愿出现这种情况，因而愿意拿出经费进行改善；$10^{-5}$是属于危险性低的级别，相当于游泳时淹死的事故情况，人们对此是关心的；在 $10^{-6}$以下基本可以忽略，这相当于遭受天灾而死亡的概率。

5.3.1.2　安全标准

任何生产系统都有一定的风险率，但达到什么程度才算是安全呢？因此，计算出系统的风险率以后，要把它和一个公认为安全的风险率数值进行比较，看是否符合要求，才能得出结论。这个安全风险率数值就称为安全标准（指标）。它是根据多年积累的经验所确定并为公众所承认的指标。

安全标准可用单位时间死亡率、损失工作日或经济损失表示。

（1）以单位时间死亡率表示。目前，国际上经常采用单位时间死亡率来进行系统安全评价，这是因为：

1）保障人身安全是安全系统工程的根本任务；

2）“死亡”这一事件是非常明确的，统计数据可靠性也最高，而且从海因里希的 1∶29∶300 比例的法则出发，可以从死亡的人数中引申和推断发生轻伤和无伤害的情况。

（2）以单位时间损失工作日表示。事故除了可能产生死亡结果外，大多数是负伤。为了对负伤风险进行评价，可根据统计规律来求出各行业负伤风险率期望值，即负伤安全标准。一般以每接触小时的损失工作日数为计算单位，表 5-6 所示为美国各行业的负伤安全标准。

**表 5-6　美国各行业的负伤安全指标**

| 行业类型 | 风险率（损失日数/接触小时） | 行业类型 | 风险率（损失日数/接触小时） |
|---|---|---|---|
| 全美工业 | $6.7\times10^{-4}$ | 钢铁工业 | $6.3\times10^{-4}$ |
| 汽车工业 | $1.6\times10^{-4}$ | 石油工业 | $6.9\times10^{-4}$ |
| 化学工业 | $3.5\times10^{-4}$ | 造船工业 | $8.0\times10^{-4}$ |
| 橡胶与塑料工业 | $3.6\times10^{-4}$ | 建筑业 | $1.5\times10^{-3}$ |
| 商业（批发与零售） | $4.7\times10^{-4}$ | 采矿、采煤业 | $5.2\times10^{-3}$ |

（3）以单位时间损失价值表示。以单位时间内经济损失价值的风险率进行安全性评价，是全面评价系统安全性的方法。它既考虑事故发生可能造成的经济损失，同时又把人员伤亡损失折合成经济损失，统一计算事故造成的总损失。

一般说来，事故的经济损失越大，其允许发生的概率越小；事故经济损失越小，允许发生的概率越大。这个允许范围就是安全范围。

评价结果如果超出安全范围，则必须采取各种措施对系统进行调整，使安全风险降至安全目标值以下，以达到系统安全的目的。

5.3.1.3　可靠性安全评价应用实例

有一压力机系统，如图 5-2 所示。压力机上有一手动开关 S，操纵控制阀 SV 使杆上下运动。在压力机将压杆提上时，工人用手向压模内送料。如果元件发生故障或操作失误，就会发生轧手事故。其事故树如图 5-3 所示。

图中各基本事件的发生概率分别为：$P(x_1)=0.5$（送料时间占手工作时间的一半），$P(x_2)=10^{-7}$，$P(x_3)=10^{-7}$，$P(x_4)=10^{-2}$。

事故树的布尔表达式为 $T=x_1(x_2+x_3+x_4)$。

顶上事件 $T$ 的发生概率近似为

$$Q=P(x_1)[P(x_2)+P(x_3)+P(x_4)]$$
$$=0.5\times(10^{-7}+10^{-7}+10^{-2})=5\times10^{-3}$$

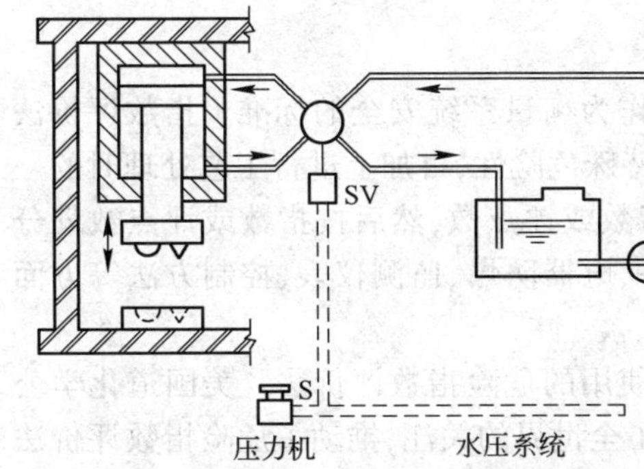


图 5-2 压力机系统

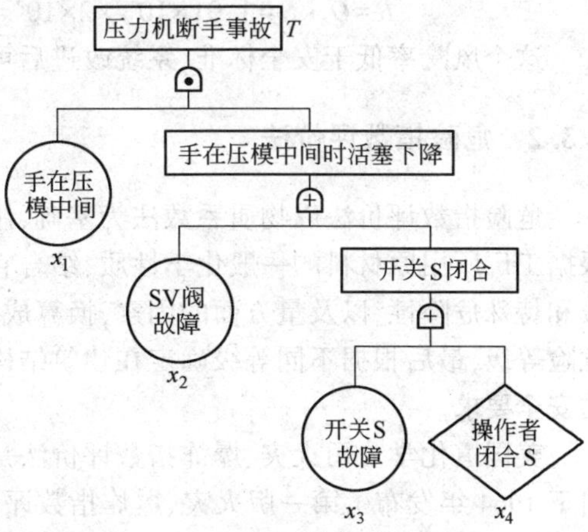


图 5-3 压力机断手事故树

若压断手指的损失严重度 $S=2000$ 工作日/次，则风险率为

$$R=Q\cdot S=5\times10^{-3}\times2\times10^{3}=10(\text{损失工作日/接触小时})$$

这说明，每接触压力机 1 小时，就要承担损失工作日 10 天的风险。很显然，这样的风险是不能接受的。因此，经过评价认为该系统是不安全的，必须予以整改。

为了提高系统的可靠性，可以在基本元件上串联一个元件，即增加一个冗余件。由于串联的元件是与门连接，元件故障率会变小，因而使整个系统故障发生的概率变小。在本例中，即在原来的开关 $S_1$ 上串接另一个开关 $S_2$，使单手闭合电路变为双手，在同时闭合 $S_1$ 和 $S_2$ 时，才能使滑块下行，如图 5-4 所示，事故树如图 5-5 所示。这时，事故树的布尔表达式为

$$T=x_1[x_2+(x_3+x_4)(x_5+x_6)]$$

式中，$x_5$、$x_6$ 的发生概率分别为 $P(x_5)=10^{-7}$，$P(x_6)=10^{-5}$。

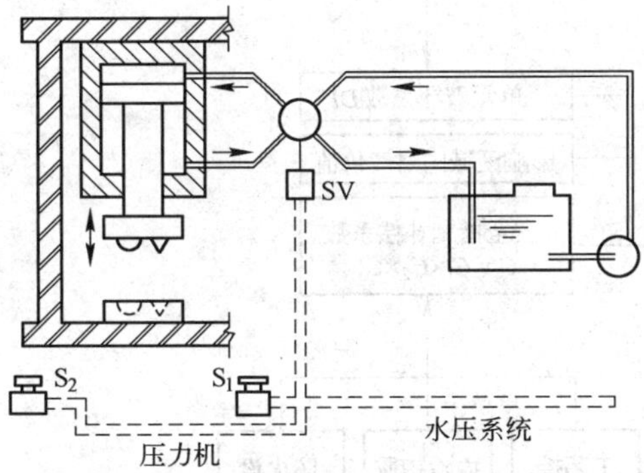


图 5-4 压力机系统(改进后)

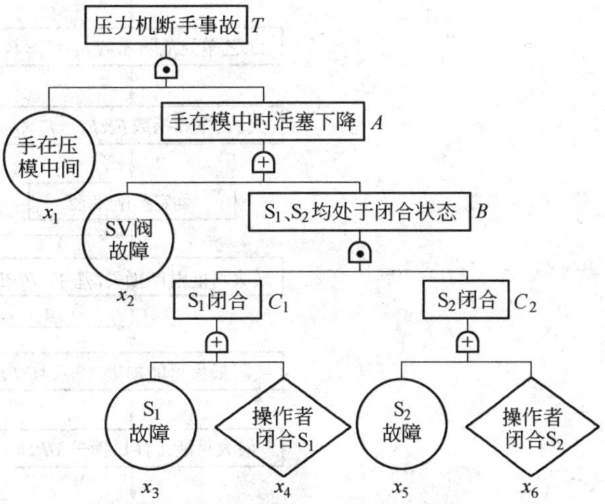


图 5-5 压力机断手事故树(改进后)

则顶上事件的发生概率近似为

$$Q=0.5\times[10^{-7}+(10^{-7}+10^{-2})(10^{-7}+10^{-5})]=1.01\times10^{-7}$$

改进后的风险率为

$$R = Q \cdot S = 1.01 \times 10^{-7} \times 2 \times 10^{3} = 2.02 \times 10^{-4}$$（损失工作日/接触小时）

这个风险率低于安全标准，系统改进后可以认为是安全的。

### 5.3.2　危险指数评价法

危险指数评价法以物质系数法为基础，用危险指数作为衡量系统安全的标准。指数评价法根据工厂所用原材料的一般化学性质，结合它们具有的特殊危险性，再加上进行工艺处理时的一般和特殊危险性，以及量方面的因素，换算成火灾爆炸指数或评点数，然后按指数或评点数划分危险等级，最后根据不同等级确定在建筑结构、消防设备、电器防爆、监测仪表、控制方法等方面的安全要求。

美国道化学公司火灾、爆炸指数评价法是目前广泛使用的危险指数评价法。美国道化学公司于1964年发布了第一版火灾、爆炸指数评价法，受到了全世界的关注，推动了危险指数评价法的发展。英国帝国化学公司在道化学火灾、爆炸指数评价法的基础上，考虑了物质的毒性，提出了ICI蒙德法。日本劳动省提出了“化工安全评价指南”。我国也开展了危险指数评价的研究，在1992年发布的国家标准——光气生产安全评价中采取了危险指数计算程序。

道化学火灾、爆炸指数评价法第七版的评价程序如图5-6所示。该方法以物质系数为基础，求出火灾、爆炸指数。再根据火灾、爆炸的影响范围和安全措施补偿系数，计算最大可能财产损失、实际最大可能损失及停产损失，最后根据评价的结果采取相应的预防措施。

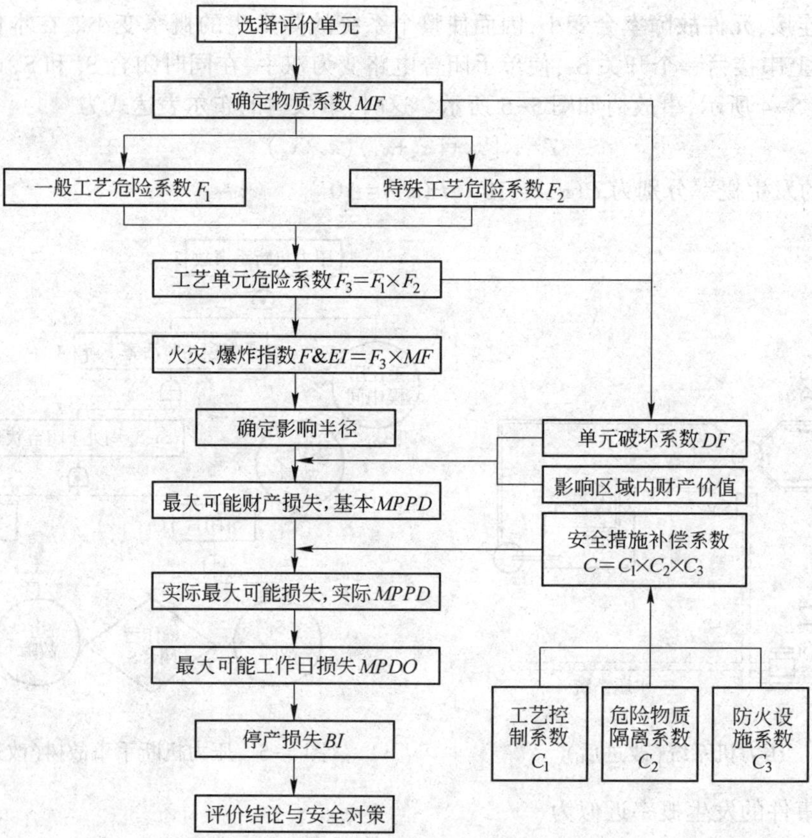


图5-6　道化学火灾、爆炸指数评价法第七版程序

(1) 选择评价工艺单元。单元是装置的一个独立部分,与其他部分保持一定的距离,或用防火墙。选择恰当工艺单元的重要参数有6个。一般参数值越大,则该工艺单元就越需要评价。

(2) 确定物质系数 $MF$。物质系数是表示物质及其混合物对燃烧或爆炸的敏感性的指数。数值越大,表示危险度越高。该评价方法的附表中提供了大量物质的物质系数,它能用于大多数场合。

(3) 确定工艺单元危险系数。工艺单元危险系数 $F_3$ 包括一般工艺危险系数 $F_1$、特殊工艺危险系数 $F_2$。

一般工艺危险系数指那些在事故损失中的基本影响因素(基本系数为1.00),包括:

1) 放热化学反应(0.30~1.25);

2) 吸热反应(0.20~0.40);

3) 物料处理与输送(0.25~1.05);

4) 封闭单元或室内单元(0.25~0.90);

5) 通道(0.20~0.35);

6) 排放与泄漏控制(0.20~0.50)。

特殊工艺危险系数是影响事故发生概率的主要因素,特定的工艺条件是导致火灾、爆炸事故的主要原因。基本系数为1.00,包括十二项内容:

1) 毒性物质(0.20~0.80);

2) 负压操作(0.50);

3) 燃烧范围或其附近的操作;

4) 粉尘爆炸(0.25~2.00);

5) 释放压力;

6) 低温(0.20~0.30);

7) 易燃和不稳定物质的数量;

8) 腐蚀与磨蚀(0.10~0.75);

9) 泄漏——连接头和填料处(0.10~1.50);

10) 明火设备的使用;

11) 热油交换系统(0.15~1.15);

12) 转动设备(0.50)。

根据一般工艺危险系数、特殊工艺危险系数,可计算工艺单元危险系数,即

$$F_3 = F_1 \cdot F_2 \tag{5-3}$$

(4) 计算火灾、爆炸危险指数。火灾、爆炸危险指数是表示生产工艺过程、生产装置及贮罐等危险程度的指标,被用来估计生产中事故可能造成的破坏。它是单元工艺危险系数和物质系数的乘积,即

$$F\&EI = F_3 \cdot MF \tag{5-4}$$

火灾、爆炸危险指数按其范围不同划分为5个等级:

1) 1~60,属于最轻危险等级,主要是处理基本上无危险的可燃物和爆炸性物质,可不采取措施。

2) 61~96,属于较轻危险等级,主要是处理低等危险程度的可燃物和爆炸性物质,可适当考虑采取措施。

3) 97~127,属于中等危险等级,应考虑采取措施,并有实施措施的方法。

4) 128~158,属于很大危险等级,应采取实际的措施并实施。

5) 159 及以上,属于非常大危险等级,必须采取实际措施,并予以实施。

(5) 确定影响区域及其价值。内容包括:

1) 先确定火灾爆炸事故的影响半径 $R$,计算方法为

$$R = 0.84 \times F\&EI \times 0.3408 \tag{5-5}$$

2) 确定影响区域。影响(暴露)区域面积为 $\pi R^2$,也可以计算出影响体积。

3) 确定影响区域内的财产价值。可由区域内含有的财产(包括存在的物料)的更换价值来确定。

$$\text{更换价值} = \text{原来成本} \times 0.82 \times \text{增长系数} \tag{5-6}$$

增长系数由工程预算专家确定。

4) 单元破坏系数 $DF$ 表示工艺单元中危险物质的能量释放造成火灾或爆炸事故的全部效应,可由 $MF$ 值和 $F_3$ 值来确定。

(6) 计算事故损失。内容包括:

1) 最大可能财产损失(基本 $MPPD$)为影响区域内财产价值与单元破坏系数的乘积。

2) 在确定了安全措施补偿系数 $C$ 后,可计算实际最大可能财产损失,计算式为

$$\text{实际 } MPPD = \text{基本 } MPPD \times C \tag{5-7}$$

3) 安全措施补偿系数是工艺控制补偿系数、危险物质隔离补偿系数及防火措施补偿系数的乘积,即 $C = C_1 \times C_2 \times C_3$。

工艺控制补偿系数包括应急电源、冷却、抑爆、紧急停车装置、计算机控制、惰性气体保护、操作指南或操作规程、活性化学物质检查、其他工艺过程危险分析九方面的内容。物质隔离补偿系数包括远距离控制阀、备用泄料装置、排放系统、联锁装置等;防火措施补偿系数包括泄漏检测装置、钢质结构、消防水供应、特殊系统、喷洒系统、水幕、泡沫装置、手提式灭火器/水枪、电缆保护九方面内容。

4) 根据事故造成的停产日数,可计算最大可能工作日损失 $MPDO$ 及停产损失 $BI$。

首先确定 $MPPD$,然后按图查取 $MPDO$。

$$BI = \frac{MPDO}{30} \times \text{每月产值 } VPM \times 0.7 \tag{5-8}$$

(7) 评价结论与安全对策。根据评价结果,可提出预防事故的具体措施,重点放在增加安全措施上,减少事故造成的损失。

## 5.4　综合安全评价方法

### 5.4.1　一般综合评价法

(1) 累计加分法。这是一种多项目(因素)评价方法,是将评价各项所得的分值,采用加法累计,然后按其分值大小,决定名次排序。这种评价方法简单易行,但往往忽视了主要项目的决定作用,其结果不一定能反映客观现实。

(2) 算术平均法。这种方法是将各评价项目所得分值,累加并用项目数去除,得平均分数,然后以平均分数的大小,决定名次排序。此方法也比较简单,但也忽视了主要项目的决定作用,评价结果一般和“累加法”相同。

(3) 连乘法。是将评价项目所得分数连乘,并按连乘值大小决定名次排序,值最大者为最优。这种评价方法的优点是:

1) 当某评价指标得分为零时,则该评价对象的总分为零,立即被否定。

2) 不同评价指标得分高低的差距大小,在该评价对象的总分中得到明显反映。

因此,这种方法的实质是鼓励每个评价指标得分的差距愈小愈好,促使被评价单位(对象)全面加强安全管理工作。但这种评价法的缺点是仍然不突出主要项目的决定作用。

(4) 连乘开方法。这种方法又称为化多因素为单因素法,是将 $n$ 个项目的得分连乘再开 $n$ 次方,这种评价方法的缺点和"连乘法"一样,评价结果一般也和"连乘法"相同。

(5) 加权和法。这种方法是对各评价项目,按其重要程度分配权数乘各项目得分求和,而后按得分多少,决定名次排序,得分最高者为最优。

### 5.4.2 层次分析法

层次分析法(analytic hierarchy process,AHP),是将决策有关的元素分解成目标、准则、方案等层次,在此基础之上进行定性和定量分析的决策方法。层次分析法在经济、科技、文化、军事、环境乃至社会发展等方面的管理决策中都有广泛的应用。常用来解决诸如综合评价、选择决策方案、估计和预测、投入量的分配等问题。

层次分析法在20世纪70年代中期由美国运筹学家托马斯·塞蒂正式提出,在为美国国防部研究"根据各个工业部门对国家福利的贡献大小而进行电力分配"课题时,应用网络系统理论和多目标综合评价方法,提出的一种层次权重决策分析方法。这种方法的特点是在对复杂的决策问题的本质、影响因素及其内在关系等进行深入分析的基础上,利用较少的定量信息使决策的思维过程数学化,从而为多目标、多准则或无结构特性的复杂决策问题提供简便的决策方法。

层次分析法尤其适合于对决策结果难以直接准确计量的场合。在这样的系统中,人们感兴趣的问题之一是:就 $n$ 个不同事物所共有的某一性质而言,应该怎样对任一事物的所给性质表现出来的程度(排序权重)赋值,使得这些数值能客观地反映不同事物之间在该性质上的差异?

层次分析法为这类问题的决策和排序提供了一种新的、简洁而实用的建模方法。它把复杂问题分解成组成因素,并按支配关系形成层次结构,然后用两两比较的方法确定决策方案的相对重要性。

#### 5.4.2.1 *层次分析法的基本步骤*

(1) 建立层次结构模型。在深入分析实际问题的基础上,将有关的各个因素按照不同属性自上而下地分解成若干层次,同一层的诸因素从属于上一层的因素或对上层因素有影响,同时又支配下一层的因素或受到下层因素的作用。最上层为目标层,通常只有1个因素,最下层通常为方案或对象层,中间可以有一个或几个层次,通常为准则或指标层。当准则过多时(譬如多于9个),应进一步分解出子准则层。

将问题包含的因素分层:最高层(解决问题的目的);中间层(实现总目标而采取的各种措施、必须考虑的准则等。也可称策略层、约束层、准则层等);最低层(用于解决问题的各种措施、方案等)。把各种所要考虑的因素放在适当的层次内。用层次结构图清晰地表达这些因素的关系。

(2) 构造成比较判断矩阵。从层次结构模型的第2层开始,对于从属于(或影响)上一层每个因素的同一层诸因素,用成对比较法和1~9比较尺度构成比较判断矩阵,直到最下层。

(3) 计算权向量并做一致性检验。对于每一个比较判断矩阵计算最大特征根及对应特征向量,利用一致性指标、随机一致性指标和一致性比率做一致性检验。若检验通过,特征向量(归一化后)即为权向量;若不通过,需重新构成比较判断矩阵。

(4) 计算组合权向量并做组合一致性检验。计算最下层目标的组合权向量,并根据公式做组合一致性检验,若检验通过,则可按照组合权向量表示的结果进行决策,否则需要重新考虑模型或重新构造那些一致性比率较大的比较判断矩阵。

5.4.2.2 建立递阶层次结构

首先,将复杂问题分解为称之为元素的各组成部分,把这些元素按属性不同分成若干组,以形成不同层次。同一层次的元素作为准则,对下一层次的某些元素起支配作用,同时它又受上一层次元素的支配。这种从上至下的支配关系形成了一个递阶层次。层次之间元素的支配关系不一定是完全的,即可以存在这样的元素,它并不支配下一层次的所有元素。

其次,层次数与问题的复杂程度和所需要分析的详尽程度有关。每一层次中的元素一般不超过 9 个,因一层中包含数目过多的元素会给两两比较判断带来困难。

第三,一个好的层次结构对于解决问题是极为重要的。层次结构建立在决策者对所面临的问题具有全面深入的认识基础上,如果在层次的划分和确定层次之间的支配关系上举棋不定,最好重新分析问题,弄清问题各部分相互之间的关系,以确保建立一个合理的层次结构。

一个递阶层次结构应具有以下特点:

(1) 从上到下顺序地存在支配关系,并用直线段表示。除第一层外,每个元素至少受上一层一个元素支配,除最后一层外,每个元素至少支配下一层次一个元素。上下层元素的联系比同一层次中元素的联系要强得多,故认为同一层次及不相邻元素之间不存在支配关系。

(2) 整个结构中层次数不受限制。

(3) 最高层只有一个元素,每个元素所支配的元素一般不超过 9 个,元素多时可进一步分组。

(4) 对某些具有子层次的结构可引入虚元素,使之成为递阶层次结构。

5.4.2.3 构造两两比较判断矩阵

在建立递阶层次结构以后,上下层次之间元素的隶属关系就被确定了。假定上一层次的元素 $C_k$ 作为准则,对下一层次的元素 $A_1,\cdots,A_n$ 有支配关系,目的是在准则 $C_k$ 之下按它们的相对重要性赋予 $A_1,\cdots,A_n$ 相应的权重。

对于大多数社会经济问题,特别是对于人的判断起重要作用的问题,直接得到这些元素的权重并不容易,往往需要通过适当的方法来导出它们的权重。

层次分析法所用的是两两比较的方法。

第一,在两两比较的过程中,决策者要反复回答问题:针对准则 $C_k$,两个元素 $A_i$ 和 $A_j$ 哪一个更重要一些,重要多少。需要对重要多少赋予一定的数值。这里使用 1~9 的比例标度,它们的意义见表 5-7。

**表 5-7 标度的意义**

| 标 度 | 意 义 |
|---|---|
| 1 | 表示两个元素相比,具有同样的重要性 |
| 2 | 为上述相邻判断的中值 |
| 3 | 表示两个元素相比,一个元素比另一个元素稍微重要 |
| 4 | 为上述相邻判断的中值 |
| 5 | 表示两个元素相比,一个元素比另一个元素明显重要 |
| 6 | 为上述相邻判断的中值 |
| 7 | 表示两个元素相比,一个元素比另一个元素强烈重要 |
| 8 | 为上述相邻判断的中值 |
| 9 | 表示两个元素相比,一个元素比另一个元素极端重要 |

1~9的标度方法是将思维判断数量化的一种好方法。首先,在区分事物的差别时,人们总是用相同、较强、强、很强、极端强的语言。再进一步细分,可以在相邻的两级中插入折中的提法,因此对于大多数决策判断来说,1~9级的标度是适用的。其次,心理学的实验表明,大多数人对不同事物在相同程度属性上差别的分辨能力在5~9级之间,采用1~9的标度反映多数人的判断能力。再次,当被比较的元素其属性处于不同的数量级时,一般需要将较高数量级的元素进一步分解,这可保证被比较元素在所考虑的属性上有同一个数量级或比较接近,从而适用于1~9的标度。

第二,对于$n$个元素$A_1,\cdots,A_n$来说,通过两两比较,得到两两比较判断矩阵$\boldsymbol{A}$,即

$$\boldsymbol{A}=(a_{ij})_{n\times n} \tag{5-9}$$

其中判断矩阵具有如下性质:

(1) $a_{ij}>0$;

(2) $a_{ij}=1/a_{ji}$;

(3) $\sum_{j=1}^{n} a_{ij}=1$。

$\boldsymbol{A}$称为正的互反矩阵。

根据性质(2)和(3),对于$n$阶判断矩阵,仅需对其上(下)三角元素共$n(n-1)/2$个给出判断即可。

#### 5.4.2.4 计算单一准则下元素的相对权重

这一步是要解决在准则$C_k$下,$n$个元素$A_1,\cdots,A_n$排序权重的计算问题。

对于$n$个元素$A_1,\cdots,A_n$,通过两两比较得到判断矩阵$\boldsymbol{A}$,解特征根问题$\boldsymbol{A}w=\lambda_{\max}w$。所得到的$w$经归一化后作为元素$A_1,\cdots,A_n$在准则$C_k$下的排序权重,这种方法称为计算排序向量的特征根法。

特征根法的理论依据是正矩阵的Perron定理,它保证了所得到的排序向量的正值性和唯一性。

判断矩阵的一致性检验:在特殊情况下,判断矩阵$\boldsymbol{A}$的元素具有传递性,即满足等式$a_{ij}\cdot a_{jk}=a_{ik}$。

例如,当$A_i$和$A_j$相比的重要性比例标度为3,而$A_j$和$A_k$相比的重要性比例标度为2,一个传递性的判断应有$A_i$和$A_k$相比的重要性比例标度为6。当上式对矩阵$\boldsymbol{A}$的所有元素均成立时,判断矩阵$\boldsymbol{A}$称为一致性矩阵。

一般的,并不要求判断具有这种传递性和一致性,这是由客观事物的复杂性与人的认识的多样性所决定的。但在构造两两判断矩阵时,要求判断大体上的一致是应该的。出现甲比乙极端重要,乙比丙极端重要,而丙又比甲极端重要的判断,一般是违反常识的。一个混乱的经不起推敲的判断矩阵有可能导致决策的失误,而且当判断矩阵过于偏离一致性时,用上述各种方法计算的排序权重作为决策依据,其可靠程度也值得怀疑。因而必须对判断矩阵的一致性进行检验。

判断矩阵一致性检验的步骤如下:

(1) 计算一致性指标$C.I.$。其计算式为

$$C.I.=\frac{\lambda_{\max}-n}{n-1} \tag{5-10}$$

式中,$n$为判断矩阵的阶数。

(2) 查找平均随机一致性指标$R.I.$。平均随机一致性指标是多次(500次以上)重复进行随机判断矩阵特征根计算之后取算术平均得到的。龚木森、许树柏1986年得出的1~15阶判断矩

阵重复计算 1000 次的平均随机一致性指标如表 5-8 所示。

**表 5-8　平均随机一致性指标**

| 阶数 | 1 | 2 | 3 | 4 | 5 | 6 | 7 | 8 |
|---|---|---|---|---|---|---|---|---|
| *R. I.* | 0 | 0 | 0.52 | 0.89 | 1.12 | 1.26 | 1.36 | 1.41 |
| 阶数 | 9 | 10 | 11 | 12 | 13 | 14 | 15 | |
| *R. I.* | 1.46 | 1.49 | 1.52 | 1.54 | 1.56 | 1.58 | 1.59 | |

(3) 计算一致性比例 *C. R.* 。其计算式为

$$C.R.=\frac{C.I.}{R.I.} \tag{5-11}$$

当 $C.R.<0.1$ 时,一般认为判断矩阵的一致性是可以接受的。否则应对判断矩阵做适当的修正。

5.4.2.5　计算各层元素的组合权重

为了得到递阶层次结构中每一层次中所有元素相对于总目标的相对权重,需要把 5.4.2.3 节中的计算结果进行适当的组合,并进行总的一致性检验。这一步是由上而下逐层进行的。最终计算结果得出最低层次元素,即决策方案的优先顺序的相对权重和整个递阶层次模型的判断矩阵的一致性检验。

假定递阶层次结构共有 $m$ 层,第 $k$ 层有 $n_k(k=1,2,\cdots,m)$ 个元素,已经计算出第 $k-1$ 层 $n_{k-1}$ 个元素 $A_1,A_2,\cdots$,相对于总目标的组合排序权重向量 $w^{(k-1)}=(w_1^{(k-1)},w_2^{(k-1)},\cdots,w_{n_{k-1}}^{(k-1)})^{\mathrm T}$,以及第 $k$ 层 $n_k$ 个元素 $B_1,B_2,\cdots$,相对于第 $k-1$ 层每个元素 $A_j(j=1,2,\cdots,n_{k-1})$ 的单排序权重向量

$$p_i^{(k)}=(p_{1j}^{(k-1)},p_{2j}^{(k-1)},\cdots,p_{n_kj}^{(k-1)})^{\mathrm T},i=1,2,\cdots,n_k$$

其中不受 $A_j$ 支配的元素权重取为 0。

作 $n_k\times n_{k-1}$ 阶矩阵

$$P^{(k)}=(p_1^{(k)},p_2^{(k)},\cdots,p_{n_{k-1}}^{(k)})$$

那么第 $k$ 层 $n_k$ 个元素 $B_1,B_2,\cdots,B_{n_k}$ 相对于总目标的组合排序权重向量为

$$w^{(k)}=(w_1^{(k)},w_2^{(k)},\cdots,w_{n_k}^{(k)})^T=P^{(k)}w^{(k-1)}$$

并且一般公式为

$$w^{(k)}=P^{(k)}P^{(k-1)}\cdots P^{(3)}w^{(k-1)}$$

对于递阶层次模型的判断一致性检验,需要类似地逐层计算。

若分别得到了第 $k-1$ 层次的计算结果 $C.I._{k-1}$、$R.I._{k-1}$ 和 $C.R._{k-1}$,则第 $k$ 层次的相应指标为

$$C.I._k=(C.I._k^1,\cdots,C.I._k^{n_{k-1}})w^{(k-1)} \tag{5-12}$$

$$R.I._k=(R.I._k^1,\cdots,R.I._k^{n_{k-1}})w^{(k-1)} \tag{5-13}$$

$$C.R._k=C.R._{k-1}+\frac{C.I._k}{R.I._k} \tag{5-14}$$

这里 $C.I._k^j$ 和 $R.I._k^j$ 分别是第 $k$ 层 $n_k$ 个元素 $B_1,B_2,\cdots,B_{n_k}$ 在第 $k-1$ 层每个准则 $A_j(j=1,2,\cdots,n_{k-1})$ 下判断矩阵的一致性指标和平均随机一致性指标。当 $C.R._k<0.1$ 时,认为递阶层次矩阵在第 $k$ 层水平上整个判断有满意的一致性。

### 5.4.3　模糊综合评价法

系统安全状况是一个极其复杂的多因素、多变量、多层次的人机系统。在这个系统中,除了

客观事物的差异在中间过渡阶段所呈现的“亦此亦彼”性外,还有人们思维和行动中的模糊性。可以说,系统安全状况中的各种问题,从信息决策到目标控制,都有不可忽视的模糊性。用模糊数学理论建立的系统安全评价模型,综合系统中的多个相互影响的因素进行评价,对安全管理工作具有指导意义。

5.4.3.1 模糊综合评价的数学模型

现以二级模糊评价为例加以说明。

(1) 确定因素层次。设因素集为

$$U=\{u_1,u_2,\cdots,u_i,\cdots,u_m\}$$

$u_i(i=1,2,\cdots,m)$为第一层次(也即最高层次)中的第 $i$ 个因素,它又由第二层次中的 $n$ 个因素决定,即

$$u_i=\{u_{i1},u_{i2},\cdots,u_{ij},\cdots,u_{in}\}\ (j=1,2,\cdots,n)$$

(2) 建立权重集。根据每一层次中各个因素的重要程度,分别给每一因素赋以相应的权数,于是得各个因素层次的权重集如下:

第一层次的权重集为

$$A=(a_1,a_2,\cdots,a_i,\cdots,a_m)$$

$a_i(i=1,2,\cdots,m)$是第一层次中第 $i$ 个因素 $u_i$ 的权重。

第二层次的权重集为

$$A_i=(a_{i1},a_{i2},\cdots,a_{ij},\cdots,a_{in})\ (j=1,2,\cdots,n)$$

$a_{ij}$是第二层次中决定因素 $u_{ij}$的权重。

(3) 建立备择集。不论因素层次有多少,备择集只有一个。设总评判的结果共有 $p$ 个,则备择集一般地可建立为

$$V=\{v_1,v_2,\cdots,v_p\}$$

(4) 一级模糊综合评判。由于每一因素都是由低一层次的若干因素决定的,所以每一因素的单因素评判,应是低一层次的多因素综合评判。第二层次的单因素评判矩阵为

$$R_i=\begin{bmatrix} r_{i11} & r_{i12} & \cdots & r_{i1p} \\ r_{i21} & r_{i22} & \cdots & r_{i2p} \\ \vdots & \vdots & & \vdots \\ r_{in1} & r_{in2} & \cdots & r_{inp} \end{bmatrix}$$

决定 $u_i$ 的 $u_{ij}$的因素有多少个,$R_i$ 矩阵便有多少行;备择集元素有多少个,$R_i$ 矩阵便有多少列。

于是,第二层次模糊综合评判集为

$$B_i=A_i\cdot R_i \tag{5-15}$$

即

$$B_i=(a_{i1},a_{i2},\cdots,a_{in})\cdot\begin{bmatrix} r_{i11} & r_{i12} & \cdots & r_{i1p} \\ r_{i21} & r_{i22} & \cdots & r_{i2p} \\ \vdots & \vdots & & \vdots \\ r_{in1} & r_{in2} & \cdots & r_{inp} \end{bmatrix}$$

$$=(b_{i1},\ b_{i2},\cdots,b_{ip})$$

(5) 二级模糊综合评判。一级模糊综合评判仅是对最低一层因素进行综合,实际上仅是上一层次的单因素评判。为了综合考虑所有因素的影响,还必须进行二级模糊综合评判,即对上一层次中各因素的影响进行综合。即第一层次的单因素评判矩阵为

$$R=\begin{bmatrix}B_1\\B_2\\\vdots\\B_m\end{bmatrix}=\begin{bmatrix}A_1\cdot R_1\\A_2\cdot R_2\\\vdots\\A_m\cdot R_m\end{bmatrix}$$

于是,二级模糊综合评判集为

$$B=A\cdot R=A\cdot\begin{bmatrix}A_1\cdot R_1\\A_2\cdot R_2\\\vdots\\A_m\cdot R_m\end{bmatrix}$$

$$=(b_1,b_2,\cdots,b_p)$$

(6) 求系统安全评价的总得分 $f$。$f$ 的计算式为

$$f=B\cdot S^{\mathrm{T}} \tag{5-16}$$

式中　$S^{\mathrm{T}}$——各级别的分值。

(7) 求综合评价系统的安全等级。综合评价系统的安全等级如表 5-9 所示。

**表 5-9　综合评价系统的安全等级**

| 系统安全得分 | >90 | 80~89 | 70~79 | 60~69 | 50~59 | <50 |
|---|---|---|---|---|---|---|
| 安全等级 | 很好 | 好 | 良好 | 中等 | 较差 | 差 |

5.4.3.2　模糊综合评价的应用实例

利用模糊综合评价法和层次分析法对某电解铝厂的安全状况进行评价。

(1) 电解铝生产安全评价指标体系的建立。根据指标体系的建立原则,结合电解铝生产的几个主要组成部分,确定电解铝生产的安全评价包括工作准备、电解作业、焙烧启动、处理漏槽、天车作业、抬母线作业 6 个方面,并将其作为评价体系的准则层。在准则层下又细化成 17 个不同的评价指标构成指标层,形成一个完整的电解铝生产安全评价指标体系,见表 5-10。

**表 5-10　电解铝生产安全评价指标体系**

<table>
<tr><td rowspan="18">电解铝生产安全综合评价指标</td><td>二级指标</td><td>三级指标</td></tr>
<tr><td rowspan="2">工作准备</td><td>劳保用品</td></tr>
<tr><td>物料、工器具的预热</td></tr>
<tr><td rowspan="6">电解作业</td><td>换　极</td></tr>
<tr><td>效应管理</td></tr>
<tr><td>极块运输</td></tr>
<tr><td>取电解质</td></tr>
<tr><td>电解槽绝缘</td></tr>
<tr><td>大修槽装炉</td></tr>
<tr><td rowspan="2">焙烧启动</td><td>软连接</td></tr>
<tr><td>抬电压</td></tr>
<tr><td rowspan="2">处理漏槽</td><td>阴极母线保护插板</td></tr>
<tr><td>降阳极</td></tr>
<tr><td rowspan="3">天车作业</td><td>吊具钢丝绳</td></tr>
<tr><td>安全装置</td></tr>
<tr><td>吊装作业组织</td></tr>
<tr><td rowspan="2">抬母线作业</td><td>母线提升机管理</td></tr>
<tr><td>母线提升作业组织</td></tr>
</table>

(2) 权重集的确立。对各级指标的权重集进行一致性检验。首先建立比例标度,依据两两比较的标度和判断原理,运用模糊数学理论,可得 1~9 的比例标度。按两两比较的结果构成的矩阵称作判断矩阵,为 $\boldsymbol{A}=[a_{ij}]_{n\times n}$。综合专家评判结果,电解铝 6 个二级指标的判断矩阵为

$$\boldsymbol{A}=\begin{bmatrix}1 & 1/4 & 1/2 & 1/2 & 1/3 & 1/2\\ 4 & 1 & 3 & 3 & 2 & 3\\ 2 & 1/3 & 1 & 1 & 1/2 & 1\\ 2 & 1/3 & 1 & 1 & 1/2 & 1\\ 3 & 1/2 & 2 & 2 & 1 & 2\\ 2 & 1/3 & 1 & 1 & 1/2 & 1\end{bmatrix}$$

用特征向量法计算权重,本次评价采用方根法进行计算:电解铝 6 个二级指标的权重为:$V_1=\sqrt[6]{1\times0.25\times0.5\times0.5\times0.33\times0.5}=0.47$,$V_2=2.45$,$V_3=0.83$,$V_4=0.83$,$V_5=1.51$,$V_6=0.83$。归一化后,二级指标的权重向量计为

$$V^{\mathrm{T}}=(0.07,0.35,0.12,0.12,0.22,0.12)$$

计算判断矩阵的最大特征根 $\lambda_{\max}$,最后进行判断矩阵的一致性检验。随机一致性指标 $RI$ 如表 5-11 所示。

**表 5-11　随机一致性指标 *RI***

| 矩阵阶数 | 1 | 2 | 3 | 4 | 5 | 6 | 7 | 8 | 9 | 10 | 11 | 12 |
|---|---|---|---|---|---|---|---|---|---|---|---|---|
| *RI* | 0 | 0 | 0.51 | 0.89 | 1.12 | 1.25 | 1.35 | 1.42 | 1.46 | 1.49 | 1.52 | 1.54 |

(3) 电解铝生产安全模糊综合评价的计算。建立因素集 $U$,令 $U=\{u_1,u_2,\cdots,u_m\}=\{$工作准备,电解作业,焙烧启动,处理漏槽,天车作业,抬母线作业$\}$,其中每个因素又可进一步细分成基础性要素,即 $u_1=(u_{11},u_{12},\cdots,u_{1n})=($劳保用品,物料、工器具的预热$)$,$u_2=(u_{21},u_{22},\cdots,u_{2n})=($换极,效应管理,极块运输,取电解质,大修槽装炉,电解槽绝缘$)$,$\cdots$,$u_m=(u_{m1},u_{m2},\cdots,u_{mn})$,这里 $m$ 为评价因素的个数,$n$ 为每个评价因素的分类指标数。然后建立 $U$ 的诸因素权重集。各层次评价指标的权重分配及其模糊关系综合矩阵见表 5-12。

**表 5-12　各层次评价指标的权重分配及其模糊关系综合矩阵**

| 评价因素 | | 评价子因素 | | 第 3 层次的模糊关系综合矩阵 $\underset{\sim}{R}_i$ | $\underset{\sim}{B}_i=\underset{\sim}{A}_i\cdot\underset{\sim}{R}_i$ |
|---|---|---|---|---|---|
| 内容 | 权重 | 内容 | 权重 | | |
| 工作准备 | 0.07 | 劳保用品 | $\underset{\sim}{A}_1=\begin{bmatrix}0.60\\0.40\end{bmatrix}^{\mathrm{T}}$ | $\underset{\sim}{R}_1=\begin{bmatrix}0.1 & 0.3 & 0.3 & 0.3 & 0.0\\0.0 & 0.1 & 0.3 & 0.4 & 0.2\end{bmatrix}$ | $\underset{\sim}{B}_1=\begin{bmatrix}0.06\\0.22\\0.30\\0.34\\0.08\end{bmatrix}$ |
| | | 物料、工器具的预热 | | | |
| 电解作业 | 0.35 | 换极 | $\underset{\sim}{A}_2=\begin{bmatrix}0.20\\0.20\\0.10\\0.15\\0.20\\0.15\end{bmatrix}$ | $\underset{\sim}{R}_2=\begin{bmatrix}0.2 & 0.3 & 0.3 & 0.2 & 0.0\\0.1 & 0.2 & 0.3 & 0.2 & 0.2\\0.0 & 0.2 & 0.4 & 0.3 & 0.1\\0.1 & 0.2 & 0.2 & 0.3 & 0.2\\0.2 & 0.1 & 0.3 & 0.3 & 0.1\\0.1 & 0.1 & 0.2 & 0.3 & 0.3\end{bmatrix}$ | $\underset{\sim}{B}_2=\begin{bmatrix}0.13\\0.19\\0.28\\0.26\\0.14\end{bmatrix}$ |
| | | 效应管理 | | | |
| | | 极块运输 | | | |
| | | 取电解质 | | | |
| | | 电解槽绝缘 | | | |
| | | 大修槽装炉 | | | |

续表 5-12

| 评价因素 | | 评价子因素 | | 第 3 层次的模糊关系综合矩阵 $\underset{\sim}{\boldsymbol{R}}_i$ | $\underset{\sim}{\boldsymbol{B}}_i=\underset{\sim}{\boldsymbol{A}}_i\cdot\underset{\sim}{\boldsymbol{R}}_i$ |
|---|---|---|---|---|---|
| 内容 | 权重 | 内　容 | 权　重 | | |
| 焙烧启动 | 0.12 | 软连接<br>抬电压 | $\underset{\sim}{\boldsymbol{A}}_3=\begin{bmatrix}0.50\\0.50\end{bmatrix}$ | $\underset{\sim}{\boldsymbol{R}}_3=\begin{bmatrix}0.0 & 0.2 & 0.3 & 0.4 & 0.1\\0.0 & 0.1 & 0.3 & 0.4 & 0.2\end{bmatrix}$ | $\underset{\sim}{\boldsymbol{B}}_3=\begin{bmatrix}0.00\\0.15\\0.30\\0.40\\0.15\end{bmatrix}$ |
| 处理漏槽 | 0.12 | 阴极母线保护插板<br>降阳极 | $\underset{\sim}{\boldsymbol{A}}_4=\begin{bmatrix}0.50\\0.50\end{bmatrix}$ | $\underset{\sim}{\boldsymbol{R}}_4=\begin{bmatrix}0.0 & 0.2 & 0.3 & 0.4 & 0.1\\0.0 & 0.1 & 0.3 & 0.5 & 0.1\end{bmatrix}$ | $\underset{\sim}{\boldsymbol{B}}_4=\begin{bmatrix}0.00\\0.15\\0.30\\0.45\\0.10\end{bmatrix}$ |
| 天车作业 | 0.22 | 安全装置<br>吊装作业组织 | $\underset{\sim}{\boldsymbol{A}}_5=\begin{bmatrix}0.35\\0.20\\0.45\end{bmatrix}$ | $\underset{\sim}{\boldsymbol{R}}_5=\begin{bmatrix}0.1 & 0.1 & 0.3 & 0.3 & 0.2\\0.2 & 0.2 & 0.3 & 0.2 & 0.1\\0.1 & 0.3 & 0.4 & 0.1 & 0.1\end{bmatrix}$ | $\underset{\sim}{\boldsymbol{B}}_5=\begin{bmatrix}0.12\\0.21\\0.34\\0.19\\0.14\end{bmatrix}$ |
| 抬母线作业 | 0.12 | 母线提升机管理<br>母线提升作业组织 | $\underset{\sim}{\boldsymbol{A}}_6=\begin{bmatrix}0.40\\0.60\end{bmatrix}$ | $\underset{\sim}{\boldsymbol{R}}_6=\begin{bmatrix}0.1 & 0.2 & 0.3 & 0.4 & 0.0\\0.0 & 0.2 & 0.4 & 0.3 & 0.1\end{bmatrix}$ | $\underset{\sim}{\boldsymbol{B}}_6=\begin{bmatrix}0.04\\0.20\\0.36\end{bmatrix}$ |

电解铝生产安全的模糊综合评价矩阵为

$$\underset{\sim}{\boldsymbol{B}}_i=\underset{\sim}{\boldsymbol{A}}_i\cdot\underset{\sim}{\boldsymbol{R}}_i$$

$$=[0.07\quad 0.35\quad 0.12\quad 0.12\quad 0.22\quad 0.12]\cdot\begin{bmatrix}0.06 & 0.22 & 0.30 & 0.34 & 0.08\\0.13 & 0.19 & 0.28 & 0.26 & 0.14\\0.00 & 0.15 & 0.30 & 0.40 & 0.15\\0.00 & 0.15 & 0.30 & 0.45 & 0.10\\0.12 & 0.21 & 0.6 & 0.19 & 0.14\\0.04 & 0.20 & 0.36 & 0.34 & 0.06\end{bmatrix}$$

$$=[0.081\quad 0.188\quad 0.309\quad 0.299\quad 0.123]$$

查表 5-13 可计算出电解铝生产安全总得分 $f$ 为

$$\begin{aligned}f&=e_1b_1+e_2b_2+e_3b_3+e_4b_4+e_5b_5\\&=35\times0.081+50\times0.188+65\times0.309+80\times0.299+95\times0.123\\&=67.965\end{aligned}$$

**表 5-13　安全级别赋分表**

| 安全级别 | 差 | 较差 | 中 | 较好 | 好 |
|---|---|---|---|---|---|
| 分　数 | 35 | 50 | 65 | 80 | 95 |

根据系统的总分，由表 5-9 可知该厂电解铝生产安全综合评价等级为“安全性一般”。该结果与实际情况相符。

### 5.4.4　安全投资效益评价

安全投资效益评价是安全评价技术的一个重要内容。提高安全水平,保障安全生产,必须有一定的财力作保证。由于我国目前还没有足够的资金用于安全技术改造,所以管好、用好有限资金,具有十分重要的意义。

最大的安全和最小费用从根本上说是矛盾的,事故损失和安全投资费用向相反的方向变化,即安全投资增加,事故损失下降,在某一点达到最佳值,此时总的费用最低。安全投资效益评价的目的,是提出最佳投资值,使安全的综合效益最好。

安全投资评价的基本思想是:事故的风险率和相应的安全费用向相反方向变化,在某个确定的安全费用下,可取得降低危险的最佳方案。

事故风险率 $R$ 的概念如前所述,它是事故发生概率 $Q$ 和事故严重程度 $S$ 的乘积,即

$$R=Q\cdot S \tag{5-17}$$

事故发生的概率可以由统计结果得到,或者由事故树分析求得,即作出伤亡事故发生的事故树图,确定各基本事件的发生概率,通过最小割集法、最小径集法或近似计算法求出顶上事件的发生概率。事故发生的严重程度可由事故发生后的损失衡量。事故损失是事故在各种严重程度下损失的平均值,即数学期望值,计算式为

$$S=\sum_{i=1}^{N}P_iU_i \tag{5-18}$$

式中　$P_i$——该事故处于各种严重度的概率;

$U_i$——同事故严重度有关的负效应,$U_i$ 的单位可以是损失工作日、经济损失等。$U_i$ 的值可参考表 5-14。

**表 5-14　各种严重程度下的负效应**

| 严重度分类 | 严重度 | 负效应 $U_i$ |
|---|---|---|
| 1 | 险　肇 | 20 |
| 2 | 暂时性失能伤害 | 45 |
| 3 | 永久性部分失能伤害 | 2500 |
| 4 | 永久性全失能伤害 | 21000 |

在难以利用式(5-18)时,也可用下式计算事故损失:

$$S=\frac{\sum_{i=1}^{N}U_i}{n} \tag{5-19}$$

当 $N=n$,$P=1/N$ 时,式(5-19)和式(5-18)相等。

例如,某事故 1 亿小时内出现 5 次,即在百万小时(Mh)内的发生率是 0.05,若期望值是 8 天(d)损失工作日,则风险率为

$$C=0.05\ 次/\mathrm{Mh}\times 8\ \mathrm{d}/次=0.4\ \mathrm{d}/\mathrm{Mh}$$

采取事故预防措施后,系统的风险率随之降低,降低后的系统风险率和初始风险率之差即为所取得的效益。安全投资效益评价的指标即为费用与效益之比,费用与效益比值越低越好。安全投资效益评价的目的是找出费用与效益比最小的安全措施。

安全投资效益评价的步骤如下:

(1) 根据过去事故资料,确定事故损失的数学期望值;

(2) 根据事故树计算事故发生概率;

(3) 根据式(5-17)计算事故风险率;

(4) 拟定改进方案,重新计算风险率;

(5) 进行投资效益评价,确定满足投资安全效益的最佳方案;

(6) 拟定多个顶上事件,对一种类型的事故进行全面评价。

例如,机械车间研磨作业,金属铁屑溅入人眼内是多发性事故,在作某些改进之前要进行安全投资效益评价,根据过去事故资料和经验总结,画出事故树如图 5-7 所示。

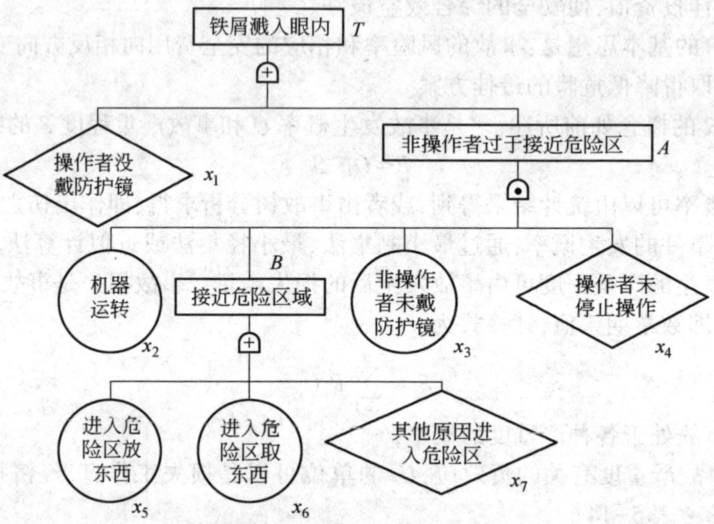


图 5-7　铁屑溅入眼内事故树

为了使安全措施有效,节省资金,进行安全投资效益评价。

(1) 计算事故严重度。根据事故记录,在研磨作业工作一百万小时内出现了 10 次事故。其中 7 次是险肇事故,2 次是暂时性失能伤害,1 次是永久性部分失能伤害。因此事故严重度为

$$S=\sum_{i=1}^{N}P_iU_i=\frac{7}{10}\times 20+\frac{2}{10}\times 345+\frac{1}{10}\times 2500=333$$

(2) 计算事故树顶上事件发生概率。假定各基本事件发生概率如表 5-15 所示,经计算可得顶上事件的发生概率为

$$Q=0.0522$$

**表 5-15　各基本事件发生概率**

| 基本事件 | $x_1$ | $x_2$ | $x_3$ | $x_4$ | $x_5$ | $x_6$ | $x_7$ |
|---|---|---|---|---|---|---|---|
| 发生概率 | 0.01 | 0.8 | 1.0 | 0.5 | 0.05 | 0.05 | 0.01 |

(3) 计算风险率。风险率 $R$ 为

$$R=Q\cdot S=0.0522\times 333=17.38$$

(4) 拟定改进方案,重新计算风险率。通过事故原因分析,从人、物、环境和管理等方面考虑预防事故发生的措施,降低事故的发生概率。对不同的方案作出经济损失、投资的计算。表 5-16 给出了三种方案。

表 5-16 三种改进方案

| 方案 | 措施 | 每1百万小时的费用 | 效果 |
|---|---|---|---|
| 1 | 在人临近机旁时保证操作者停止操作 | 20万元 | $x_4$ 事件概率降至0.05 |
| 2 | 将储存间从研磨作业区移开 | 15万元 | $x_5$、$x_6$ 事件概率降至0 |
| 3 | 1和2都考虑 | 25万元 | 1、2同时发生 |

采取以上措施后,风险率的值如表5-17所示。

表 5-17 事故风险率的变化

| 方案 | 顶上事件概率 | 事故严重度 | 风险率 $R$ |
|---|---|---|---|
| 1 | 0.0152 | 333 | 5.06 |
| 2 | 0.0150 | 333 | 5.00 |
| 3 | 0.0155 | 333 | 3.83 |

(5)进行安全投资效益评价。计算各方案所取得的效益和费用/效益比,显然,费用与效益比值越低越好。投资效益的比较方案如表5-18所示。

表 5-18 投资效益比较表

| 方案 | 费用/万元 | 初始风险 $R$ | 方案实施后风险 $R$ | 效益 | 费用/效益 |
|---|---|---|---|---|---|
| 1 | 20 | 17.82 | 5.06 | 12.76 | 1.57 |
| 2 | 15 | 17.82 | 5.00 | 12.82 | 1.17 |
| 3 | 25 | 17.82 | 3.83 | 13.99 | 1.79 |

由表5-18可知,方案2是投资效益最好的方案,但在实际选择投资方案时,要综合考虑经济、技术、社会影响和企业发展规划等因素,尽量防止人身伤亡事故发生。

(6)对该类事故进行全面评价。研磨作业往往不仅只有“铁屑溅进眼内”一种事故,还有“身体部位、衣服卷进运转的机器内”,“马达过热和研磨失误产生火花伤人”等。因此,防止这类事故,必须考虑多个事故作为顶上事件,进行全面评价。表5-19选择三个顶上事件,分别由多种比较方案构成,由此表可知第二个顶上事件中第一方案是最优的。

表 5-19 多个顶上事件的全面评价

| 顶上事件 | 方案 | 费用/万元 | 初始 $R$ | 改进后 $R$ | 效益 | 费用/效益 |
|---|---|---|---|---|---|---|
| 1 | 1 | 25 | 17.38 | 4.73 | 12.65 | 1.98 |
| | 2 | 15 | 17.38 | 4.65 | 12.73 | 1.18 |
| | 3 | 30 | 17.38 | 3.46 | 13.92 | 2.16 |
| 2 | 1 | 50 | 5.75 | 3.00 | 2.75 | 18.18 |
| | 2 | 100 | 5.75 | 2.00 | 5.75 | 26.66 |
| | 3 | 75 | 5.75 | 1.00 | 4.75 | 15.79 |
| 3 | 1 | 5 | 80 | 60 | 20 | 0.25 |
| | 2 | 90 | 80 | 40 | 40 | 2.25 |

## 习题和思考题

5-1　什么是系统安全评价？
5-2　安全评价有哪些类型？
5-3　简要说明安全评价的程序。
5-4　安全评价的方法有哪些？
5-5　运用作业条件的安全评价方法对某车间进行安全评价。
5-6　说明道化学公司火灾、爆炸指数评价法的步骤。
5-7　一般综合评价方法有哪些？
5-8　说明层次分析评价法的步骤。
5-9　说明二级模糊综合评价的数学模型。
5-10　安全投资效益评价的步骤如何？
5-11　通过查阅资料，试举一个安全评价的实例。

# 6 系统安全预测

## 6.1 安全预测概述

### 6.1.1 安全预测的定义

一切事物都是不断发展、变化的。在工作中,不仅要了解事物的过去、现在,而且更要认知事物的过去、现在和将来之间的联系、发展和变化,这样才能对事物未来可能出现的事件和问题作出科学的估量和表述,这就是预测。预测是人们对客观事物发展变化的一种认识和估计,是以反映客观实际的大量资料为依据,并且是在事物的有机联系中运用恰当的预测方法来进行具体测算的,因而是科学的。

安全预测是在分析、研究系统过去和现在安全资料的基础上,利用各种知识和科学方法,对系统未来的安全状况进行预测,预测系统的危险种类及危险程度,以便对事故进行预报和预防。通过安全预测可以掌握一个单位安全生产的发展趋势,为制定安全目标、安全管理措施和技术措施提供科学依据。因此,安全预测是现代安全管理的一项重要内容。

安全预测由四部分组成,即预测信息、预测分析、预测技术和预测结果。

(1) 预测信息。即在调查研究的基础上所掌握的反映过去、揭示未来的有关情报、数据和资料。

(2) 预测分析。就是将各方面的信息资料,经过比较核对、筛选和综合,进行科学的分析和计算。

(3) 预测技术。就是预测分析所用的科学方法和手段。

(4) 预测结果。就是在预测分析的基础上所获得的事物发展的趋势、程度、特点以及各种可能性结论。

### 6.1.2 安全预测的分类

(1) 按预测对象的范围分为:

1) 宏观预测。是指对整个行业、一个地区、一个企业的安全状况的预测。

2) 微观预测。是指对一个生产单位的生产系统或其子系统的安全状况的预测。

(2) 按时间长短分为:

1) 长期预测。是指对五年以上的安全状况的预测。它为安全管理方面的重大决策提供科学依据。

2) 中期预测。是指对一年以上五年以下的安全生产状态的预测。它是制定五年计划和任务的依据。

3) 短期预测。是指对一年以内的安全状态的预测。它是制定年度计划、季度计划以及规定短期发展任务的依据。

(3) 按所应用的原理分为:

1) 白色理论预测。用于预测的问题与所受影响因素已十分清楚的情况。

2) 灰色理论预测。也称为灰色系统预测,灰色系统既包含有已知信息又含有未知信息的系统。安全生产活动本身就是个灰色系统。

3）黑色理论预测。也称为黑箱系统或黑色系统预测。这种系统中所含的信息多为非确定的。

常用的安全预测方法有德尔菲预测法、回归分析预测法、马尔柯夫链预测法、灰色系统预测法。

### 6.1.3　安全预测的步骤

预测是对客观事物发展前景的一种探索性研究工作，它有一套科学的程序。预测对象不同，预测程序也不一样。一般说来，预测可分为4个阶段10个步骤，如图6-1所示。

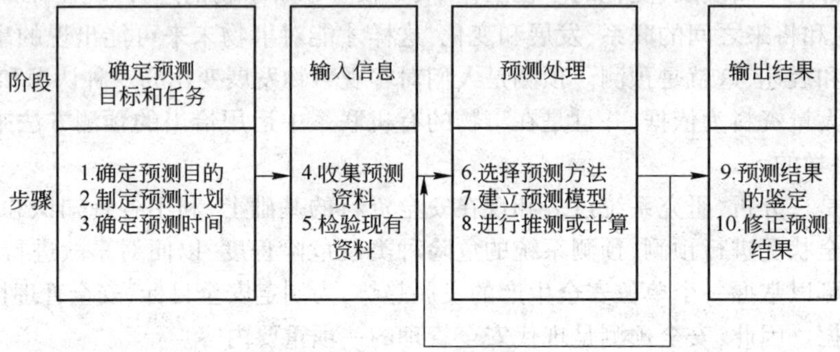


图6-1　预测程序图

（1）第一阶段：确定预测目标和任务。预测总是为一定的目标和任务服务，管理的目标和任务决定决策的目标和任务。目标清楚，任务明确，才能进行有效的预测。第一阶段有三个步骤：

1）确定预测目的。只有首先明确要解决什么问题而预测，才能确定收集什么资料，采取什么预测方法，应取得何种预测结果以及预测的重点在哪里等。

2）制定预测计划。预测计划是预测目的的具体化，主要是规划预测的具体工作，包括选择和安排预测人员、预测期限、预测经费、预测方法、情报获取的途径等。

3）确定预测时间。不仅要明确预测的初始时间，更重要的是根据预测的目的和预测对象的不同特点，明确预测本身是短期预测、中期预测还是长期预测。

（2）第二阶段：输入信息阶段。内容包括：

1）收集预测资料。预测的资料包括系统的内部资料和外部资料，如现场调查的资料、国外的情报资料等。

2）检验现有资料。对收集的资料要进行周密的分析检查，要检查资料的可靠性，去粗取精，去伪存真。

（3）第三阶段：预测处理阶段。这个阶段是预测程序的核心。根据收集的资料，应用一定的科学方法和逻辑推理，对事物未来的发展趋势进行预测。第三阶段分为三个步骤：

1）选择预测方法。选择预测方法应该根据预测目的、预测对象的特点、收集资料的情况、预测费用以及预测方法的应用范围等条件决定。有时还可以把几种预测方法结合起来，以提高预测的质量。

2）建立预测模型。通过分析资料和推理判断，揭示所预测对象的结构和变化规律，做出各种假设，最后制定并识别所预测对象的结构和变化模型，这是预测的关键。

3）进行推理和计算。根据预测模型进行推理或具体计算，求出初步结果，并考虑到模型中所没有包括的因素,对初步结果进行必要的调整。

(4) 第四阶段:输出结果阶段。这个阶段是预测程序中必不可少的一个阶段,它分为两个步骤:

1) 预测结果的鉴定。预测毕竟是对未来事件的设想和推测,人们认识的局限性、预测方法的不成熟、预测资料的不全面、预测人员的水平低等,都会降低预测结果的准确性,使预测结果往往与实际有出入,从而产生预测误差。因此,必须对预测结果进行鉴定,找出预测与实际之间误差的大小。

2) 修正预测结果。分析预测误差的目的在于观察预测结果与实际情况的偏离程度,并分析研究产生偏差的原因。如果是由于预测方法和预测模型的不完善造成的偏差,就需要修改方法,改进模型,重新计算。如果是由于不确定因素的影响,则应在修正预测结果的同时,估计不确定因素的影响程度。

## 6.2 德尔菲预测法

德尔菲预测法是在20世纪40年代发展起来的一种直观的预测方法。德尔菲这一名称起源于古希腊有关太阳神阿波罗的神话,德尔菲是希腊阿波罗神殿的所在地。传说中阿波罗具有预见未来的能力。因此,这种预测方法被命名为德尔菲预测法。1946年,美国兰德公司首次用这种方法来进行预测,后来该方法被迅速广泛采用。

德尔菲法是一种广为适用的方法。它既可以用于科技预测,也可以用于社会、经济预测;既可以用于短期预测,也可以用于长期预测。有的学者认为,德尔菲法是最可靠的技术预测方法。

德尔菲法之所以可使用在系统安全分析中,关键在于它能对大量非技术性的无法定量分析的因素做出概率估算,并将概率估算结果告诉专家,充分发挥信息反馈和信息控制的作用,使分散的评估意见逐次收敛,最后集中在协调一致的评估结果上。因此,德尔菲法的预测可信度比较高,在国外得到广泛应用。

### 6.2.1 德尔菲预测法的基本程序

德尔菲法的实质是利用专家的知识、经验、智慧等无法数量化而带来很大模糊性的信息,通过信息沟通与循环反馈,使预测意见趋于一致,逼近实际值,达到预测的目的。

德尔菲预测法的程序如图6-2所示,左列各框是管理小组工作,右列各框是应答专家的工作。

德尔菲预测法的步骤如下:

(1) 确定预测目标。目标选择应是本系统或专业中对发展规划有重大影响而且意见分歧较大的课题,预测期限以中、长期为宜。如工矿企业伤亡事故发展趋势预测。

(2) 成立管理小组。管理小组人数从两人至十几人不等,随工作量大小而定。其任务是:负责对利用德尔菲法进行预测的工作过程进行设计,提出可供选择的专家名单,搞好专家征询和轮间信息反馈工作,整理预测结果和写出预测报告书。

管理小组人员应该对德尔菲法的实质和过程有正确的理解,了解专家们的情况,具备必要的专业知识和统计学、数据处理等方面的知识。

(3) 选择专家。德尔菲法的主要工作之一是通过专家对未来事件作出概率估计,因此,专家选择是预测成败的关键。其主要要求有:

1) 要求专家总体的权威程度较高。

2) 专家的代表面应广泛。通常应包括技术专家、管理专家、情报专家和高层决策人员。

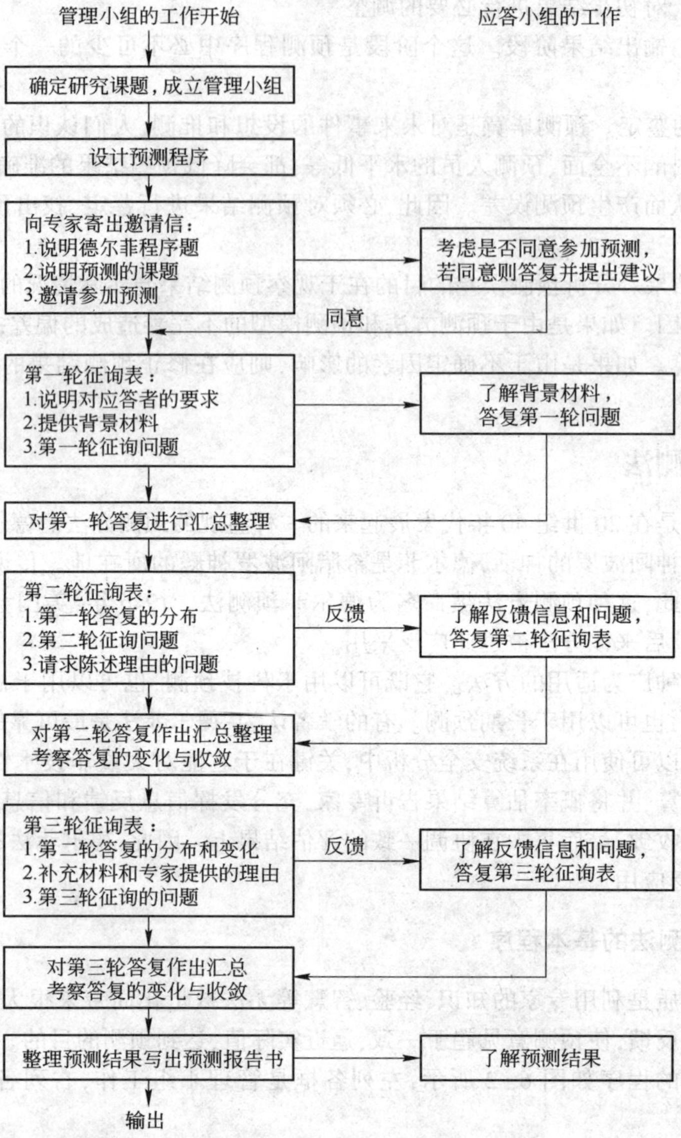


图 6-2　德尔菲预测法的程序

3）严格专家的推荐和审定程序。审定的主要内容是了解专家对预测目标的熟悉程度和是否有时间参加预测等。

4）专家人数要适当。人数过多，数据收集和处理工作量大，预测周期长，对结果准确度提高并不多，一般以 20~50 人为宜。大型预测可达到 100 人左右。

（4）设计评估意见征询表。德尔菲法的征询表没有统一的规定，但要求符合如下原则：

1）表格的每一栏目要紧扣预测目标。力求达到预测事件和专家所关心的问题的一致性。

2）表格简明扼要。设计得很好的表格通常是专家思考决断的时间长，应答填表时间短。填表时间一般以 2~4 h 为宜。

3）填表方式简单。对不同类型事件（如方针政策，技术途径，费用分析，关键技术的重要性、迫切性和可能性等）进行评估时，尽可能用数字和英文字母表示专家的评估结果。

（5）专家征询和轮间信息反馈。经典的德尔菲法一般分为3～4轮征询。在第一轮征询表中，给出一张空白的预测问题表，让专家填写应该预测的一些技术问题，应答者自由发挥，这样可以排除先入之见，但是常常过于分散，难以归纳。所以经常由管理小组预先拟定一个预测事件一览表，直接让专家评价，同时允许他们对此表进行补充和修改。

与预测的课题有关的大量技术政策和经济条件，不可能被所有应答者掌握，管理小组应尽可能把这方面的背景材料提供给专家们，尤其是在第一轮中，这方面信息力求详尽，同时也可以要求专家对不够完善、准确的以往数据提出补充和评价。

在征询表上，最常见的问题是要求专家对某项技术实现的日期作出预言。在一般情况下，专家回答的日期是实现与否可能性正好相当的日期。在某些情况下，常要求专家提供三个概率不同的日期，即不大可能实现——成功概率10%，实现与否可能性相等——成功概率50%，基本上可能实现——成功概率90%。当然也可选择其他类似概率。然后就可以整理专家应答结果的统计特性，各类日期的均值即可作为预测结果。

德尔菲法是一个可控制的组织集体思想交流的过程，使得由各个方面的专家组成的集体能作为一个整体来解答某个复杂问题。它有如下特点：

（1）匿名性。德尔菲法采用匿名函询的方式征求意见。应邀参加预测的专家互不相见，消除了心理因素的影响。专家可以参考前一轮的预测结果以修改自己的意见。由于匿名而无须担心会有损于自己的威望。

（2）反馈性。德尔菲法在预测过程中，要进行3～4轮征询专家意见。预测机构对每一轮的预测结果作出统计、汇总，提供有关专家的论证依据和资料，作为反馈材料发给每一位专家，供下一轮预测时参考。由于每一轮之间的反馈和信息沟通，可进行比较分析，因而能达到相互启发，提高预测准确度的目的。

（3）预测结果的统计特性。为了科学地综合专家们的预测意见和定量表示预测结果，德尔菲法采用了统计方法对专家意见进行处理。

### 6.2.2 专家意见的统计处理

#### 6.2.2.1 数量和时间答案的处理

当预测结果需要用数量或时间表示时，专家们的回答将是一系列可比较大小的数据或有前后顺序排列的时间。常用中位数和上、下四分点的方法，处理专家们的答案，求出预测的期望值和时间。

首先，把专家们的回答按从小到大的顺序排列。如当有 $n$ 个专家时，共有 $n$ 个（包括重复的）回答，排列如下：

$$x_1 \leqslant x_2 \leqslant \cdots \leqslant x_{n-1} \leqslant x_n$$

其中位数按下式计算

$$\bar{x}=\begin{cases} x_{k+1} & n=2k+1 \quad （奇数） \\ \dfrac{x_k+x_{k+1}}{2} & n=2k \quad （偶数） \end{cases} \tag{6-1}$$

式中 $\bar{x}$——中位数；

$x_k$——第 $k$ 个数据；

$x_{k+1}$——第 $k+1$ 个数据；

$k$——正整数。

上四分位点记为 $x_{上}$，其计算公式如下：

$$x_{上}=\begin{cases}x_{\frac{1}{2}(3k+3)} & n=2k+1,k\text{ 为奇数}\\ \dfrac{x_{\frac{3}{2}k+1}+x_{\frac{3}{2}k+2}}{2} & n=2k+1,k\text{ 为偶数}\\ x_{\frac{1}{2}(3k+1)} & n=2k,k\text{ 为奇数}\\ \dfrac{x_{\frac{3}{2}k}+x_{\frac{3}{2}k+1}}{2} & n=2k,k\text{ 为偶数}\end{cases}\tag{6-2}$$

下四分位点记为 $x_{下}$,其计算公式如下:

$$x_{下}=\begin{cases}x_{\frac{k+1}{2}} & n=2k+1,k\text{ 为奇数}\\ \dfrac{x_{\frac{k}{2}}+x_{\frac{k}{2}+1}}{2} & n=2k+1,k\text{ 为偶数}\\ x_{\frac{k+1}{2}} & n=2k,k\text{ 为奇数}\\ \dfrac{x_{\frac{k}{2}}+x_{\frac{k}{2}+1}}{2} & n=2k,k\text{ 为偶数}\end{cases}\tag{6-3}$$

**例 6.1**　某单位邀请 16 位专家对该单位某事件发生概率进行预测,得到 16 个数据,即 $n=16$,$n=2k$,$k=8$ 为偶数。由小到大将所得数据排列如表 6-1 所示。

**表 6-1　事件概率专家预测值**

| $n$ | 1 | 2 | 3 | 4 | 5 | 6 | 7 | 8 |
|---|---|---|---|---|---|---|---|---|
| 事件发生概率 $p$ | $1.35\times10^{-3}$ | $1.38\times10^{-3}$ | $1.40\times10^{-3}$ | $1.40\times10^{-3}$ | $1.40\times10^{-3}$ | $1.45\times10^{-3}$ | $1.47\times10^{-3}$ | $1.50\times10^{-3}$ |
| $n$ | 9 | 10 | 11 | 12 | 13 | 14 | 15 | 16 |
| 事件发生概率 $p$ | $1.50\times10^{-3}$ | $1.50\times10^{-3}$ | $1.50\times10^{-3}$ | $1.53\times10^{-3}$ | $1.55\times10^{-3}$ | $1.60\times10^{-3}$ | $1.60\times10^{-3}$ | $1.65\times10^{-3}$ |

**解:** $k=8$ 为正整数,$n=2k$ 为偶数,则中位数 $\bar{x}$ 为

$$\bar{x}=\frac{1}{2}(x_8+x_{8+1})=\frac{1}{2}(1.5+1.5)=1.5$$

由于 $k=8$ 是偶数,由式(6-2)中第 4 式,得 $\frac{3}{2}k=12$,$\frac{3}{2}k+1=13$,则上四分位点 $x_{上}$ 是第 12 个数与第 13 个数的平均值,即

$$x_{上4}=\frac{1}{2}(x_{12}+x_{13})=\frac{1}{2}(1.53+1.55)=1.54$$

由式(6-3)中的第 4 式,可得 $\frac{1}{2}k=4$,$\frac{1}{2}k+1=5$,可知下四分位点是第 4 个数与第 5 个数的平均值,即

$$x_{下4}=\frac{1}{2}(x_4+x_5)=\frac{1}{2}(1.40+1.40)=1.40$$

处理结果:

该事件发生概率期望值为

$$\hat{p}=\bar{x}\times10^{-3}=1.5\times10^{-3}$$

预测区间:

上限为 $p_{上}=1.54\times10^{-3}$

下限为 $p_{下}=1.40\times10^{-3}$

#### 6.2.2.2 等级比较答案的处理

在邀请专家进行安全预测的时候,常有对某些项目的重要性进行排序的要求。如为控制某种危险源,防止发生事故,可采取 a、b、c、d、e 五种措施;或在分析某一事故原因时,提出五种原因,现请专家从中选三种最有效措施或最主要原因,并对其排序。

对这种形式的问题,可采取评分法对应答问题进行处理。当要求对 $n$ 项排序时,首先请各位专家对项目按其重要性排序,被评为第一位的给 $n$ 分,第二位给 $n-1$ 分,最后一位即第 $n$ 位者给 1 分,然后按下列公式计算各目标的重要程度:

$$s_j = \sum_{i=1}^{n} B_i N_i \qquad j = 1,2,\cdots,m \tag{6-4}$$

$$k_j = \frac{s_j}{M\sum_{i=1}^{n} i} \qquad j = 1,2,\cdots,m \tag{6-5}$$

式中 $m$——参加比较的目标个数;

$s_j$——第 $j$ 个目标的总得分;

$k_j$——第 $j$ 个目标的得分比重( $\sum_{j=1}^{m} k_j = 1$ );

$n$——要求排序的项目个数;

$B_i$——排在第 $i$ 位项目的得分;

$M$——对问题作出回答的专家的人数;

$N_i$——赞同将某项目排在第 $i$ 位的人数。

**例 6.2** 某煤矿井下发生了火灾,大量煤炭正在燃烧,不仅造成大量经济损失,而且对矿井安全生产也构成了威胁。为消灭火灾,共提出了六个方案,如表 6-2 所示。现请 93 位专家从中选出三个方案并对其排序。

**表 6-2 灭火方案**

| 方 案 | 内 容 |
|---|---|
| a | 密闭火区,利用风压平衡法控制漏风 |
| b | 密闭火区,向火区内注水 |
| c | 密闭火区,向火区内注泥浆 |
| d | 密闭火区,向火区内注氮气 |
| e | 密闭火区,向火区内注凝胶 |
| f | 密闭火区,利用风压平衡法控制漏风并向火区注泥浆 |

**解**:将 a 项排在第一、二、三位的专家各为 71,15,2 人,即 $N_1 = 71, N_2 = 15, N_3 = 2$。要求从提出的方案中选 3 项即 $n = 3$,因此被排在第一、二、三位项目的得分应为:$B_1 = 3, B_2 = 2, B_3 = 1$。于是得

$$s_a = \sum_{1}^{3} B_i N_i = 3 \times 71 + 2 \times 15 + 1 \times 2 = 245$$

$$k_a = \frac{s_a}{M\sum_{i=1}^{n} i} = \frac{245}{93 \times (1 + 2 + 3)} = 0.44$$

用同样方法处理其他项目,所得结果如表 6-3 所示。

**表 6-3 项目处理结果**

| $s_i$ 项目得分 | $s_a=245$ | $s_b=36$ | $s_c=65$ | $s_d=5$ | $s_e=31$ | $s_f=168$ |
|---|---|---|---|---|---|---|
| $k_j$ 项目得分比重 | $k_a=0.44$ | $k_b=0.07$ | $k_c=0.12$ | $k_d=0.01$ | $k_e=0.06$ | $k_f=0.30$ |
| 项目得分比重排序 | Ⅰ | Ⅳ | Ⅲ | Ⅵ | Ⅴ | Ⅱ |

通过比较各项目得分比重 $k_j$，认为应采取的措施及其顺序为：a，f，c。即都需要密闭火区，综合采取风压平衡法控制漏风并向火区注泥浆。

## 6.3 回归分析法预测

### 6.3.1 回归分析法概述

企业或部门的安全状况与影响它的各种因素是一个密切联系的整体。而这个整体又具有相对稳定性和持续性，即时间序列平稳性。这样就可以抛开对逐个因素的分析，就其整体利用惯性原理，对企业或部门的安全状况进行预测提供了可能。

企业或部门的安全状况可以用一定时期内的伤亡人次数、千人死亡率、千人负伤率、百万吨产品死亡率等指标来表示。所有这些指标，都可以通过预测，对其未来的变化作出估计。

事物与事物之间往往存在着相互依存，相互制约的关系。这种关系大致可以分为两大类，一类是函数关系，另一类是相关关系。回归分析法是研究相关关系的一种数理统计方法。它通过一定的相关关系方程表达式，来研究变量之间的密切程度，从而可以从一个变量或几个变量的取值去预测或控制另一个变量的取值。

回归分析法具有预测结果比较接近实际，易于表示数据的离散性并给出预测区间等优点，适用于预测生产经营单位事故发生变化的趋势。

在具体研究变量之间的相关关系时，回归分析法一般分为两个步骤：

(1) 根据实验或观察数据，绘制散点图，大体确定变量之间的相关关系。

(2) 根据散点图初步确定的相关关系方程表达式的类型，建立经验回归方程，从而对变量之间的关系程度进行精确的计算与分析。

所谓散点图，就是利用有对应关系的两个变量分别作为坐标，且将这两个变量的统计值标在该坐标系中所成的图形。在绘制散点图之前，应先根据实验或观察取得一组互相对应的数据编制成数据表，然后根据散点图进行计算和分析。

相关关系的分类如下：

(1) 从相关的性质分为正相关和负相关。所谓正相关就是当一个现象的变量由小变大时，另一现象的变量也相应地由小变大；而负相关则不同，当一个现象的变量由小变大时，另一个现象的变量却是由大变小。

(2) 从影响因素的多少分为单相关和复相关。单相关是两个现象之间的关系；复相关则是多个现象之间的关系。

(3) 从相关的表现形式分为直线相关和曲线相关。

(4) 从相关紧密程度分为完全相关、不完全相关和不相关。完全相关为函数关系，相互关系十分确定；两现象各自独立，毫无关系则为不相关；在完全相关和不相关之间则为不完全相关。

回归分析预测法分为一元回归和多元回归，下面仅介绍一元线性回归法和一元非线性回归法。

## 6.3.2 一元线性回归法

### 6.3.2.1 回归直线方程及其求法

一元线性回归方程为直线方程:

$$y=a+bx \tag{6-6}$$

式中 $x$——自变量;

$y$——对应于自变量的因变量;

$a,b$——回归系数。

回归系数 $a$、$b$ 一般用最小二乘法求得。最小二乘法要求实际值 $y_i$ 和预测值$\bar{y}$差的平方和为最小,即 $\sum_{i=1}^{n}(y_i-\bar{y})^2$ 为最小值。

设有 $n$ 对 $x$ 与 $y$ 的数值,若 $y$ 的预测值以 $a+bx$ 代入,则此差的平方和成为 $a$ 与 $b$ 的函数,用 $W(a,b)$ 表示,即

$$W(a,b)=\sum(y-a-bx)^2 \tag{6-7}$$

为了使 $W(a,b)$ 成为最小,分别求 $W(a,b)$ 对 $a$ 及 $b$ 的偏导且令其等于0,整理后得

$$\begin{cases}\sum y=na+b\sum x\\ \sum xy=a\sum x+b\sum x^2\end{cases} \tag{6-8}$$

由上述方程可求得参数 $a$、$b$ 分别为

$$a=\frac{\sum x\sum xy-\sum x^2\sum y}{(\sum x)^2-n\sum x^2} \tag{6-9}$$

$$b=\frac{\sum x\sum y-n\sum xy}{(\sum x)^2-n\sum x^2} \tag{6-10}$$

一元线性回归用于生产经营单位事故趋势分析时,方程式中各变量代表的具体意义为:$x$ 代表时间顺序号;$y$ 代表事故数据;$n$ 代表事故数据总数。

**例 6.3** 现以某单位近10年来安全生产事故伤亡人数的统计数据(见表6-4),使用一元线性回归法预测事故的发展趋势。

**表 6-4 某单位近10年来安全生产事故伤亡人数统计**

| 时间顺序 $x$ | 伤亡人数 $y$ | $x^2$ | $xy$ | $y^2$ |
|---|---|---|---|---|
| 1 | 28 | 1 | 28 | 784 |
| 2 | 22 | 4 | 44 | 484 |
| 3 | 18 | 9 | 54 | 324 |
| 4 | 10 | 16 | 40 | 100 |
| 5 | 16 | 25 | 80 | 256 |
| 6 | 15 | 36 | 90 | 225 |
| 7 | 17 | 49 | 119 | 289 |
| 8 | 10 | 64 | 80 | 100 |
| 9 | 11 | 81 | 99 | 121 |
| 10 | 7 | 100 | 70 | 49 |
| $\sum x=55$ | $\sum y=154$ | $\sum x^2=385$ | $\sum xy=704$ | $\sum y^2=2732$ |

**解**：首先，根据伤亡人数的统计数值绘制散点图，得出伤亡人数与时间的关系为直线关系。然后，求出参数 $a$、$b$，即：

$$a=\frac{\sum x\sum xy-\sum x^2\sum y}{(\sum x)^2-n\sum x^2}=\frac{55\times704-385\times154}{55^2-10\times385}=24.93$$

$$b=\frac{\sum x\sum y-n\sum xy}{(\sum x)^2-n\sum x^2}=\frac{55\times154-10\times704}{55^2-10\times385}=-1.73$$

回归直线的方程为 $y=24.93-1.73x$。

在坐标中画出回归直线，如图 6-3 所示。

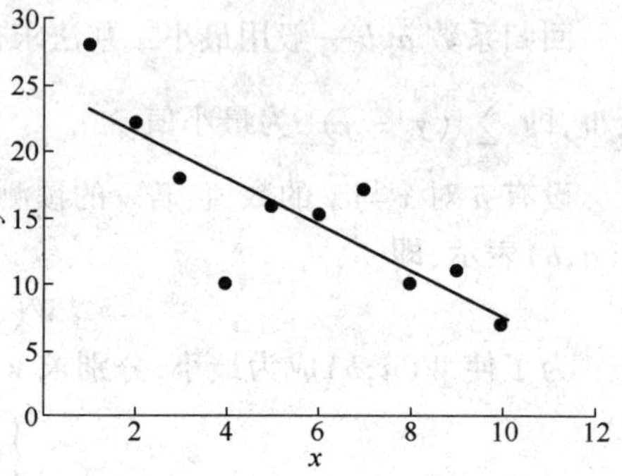

图 6-3　回归直线

6.3.2.2　相关系数

在回归分析中，还应研究计算得到的回归直线是否符合实际数据变化的趋势，即要求出相关系数 $r$，其计算公式为

$$r=\frac{L_{xy}}{\sqrt{L_{xx}L_{yy}}} \tag{6-11}$$

式中　$L_{xy}=\sum xy-\frac{1}{n}\sum x\sum y$；

$L_{xx}=\sum x^2-\frac{1}{n}(\sum x)^2$；

$L_{yy}=\sum y^2-\frac{1}{n}(\sum y)^2$。

相关系数 $r$ 取不同的数值时，分别表示实际数据和回归直线之间的不同符合情况。

(1) $r=0$ 时，表示回归直线不符合实际数据的变化情况。

(2) $0<|r|<1$ 时，表示回归直线在一定程度上符合实际数据的变化趋势。$|r|$ 越大，说明回归直线与实际数据变化趋势的符合程度越大；$|r|$ 越小，则符合程度越小。

(3) $|r|=1$ 时，表示回归直线完全符合实际数据的变化情况。

将表 6-4 中有关数据代入，得

$$L_{xy}=\sum xy-\frac{1}{n}\sum x\sum y=704-\frac{1}{10}\times55\times154=-143$$

$$L_{xx}=\sum x^2-\frac{1}{n}(\sum x)^2=385-\frac{1}{10}\times55^2=82.5$$

$$L_{yy}=\sum y^2-\frac{1}{n}(\sum y)^2=2732-\frac{1}{10}\times154^2=360.4$$

所以
$$r=\frac{L_{xy}}{\sqrt{L_{xx}L_{yy}}}=\frac{-143}{\sqrt{82.5\times360.4}}=-0.83$$

$|r|=0.83>0.6$，说明回归直线与实际数据的变化趋势基本相符合。

6.3.2.3　预测区间

在回归分析中，还应根据回归方程来预测 $y$ 的取值范围，即预测区间。当 $n$ 较大时，$y$ 的剩余均方差为

$$S_y=\sqrt{\frac{\sum(y-\bar{y})^2}{n-2}} \tag{6-12}$$

当 $x=x_0$ 时，相应的 $y_0$ 服从正态分布，则 $y_0$ 落在 $y_0\pm S_{y_0}$ 区间上的概率为 0.6827，落在 $y_0\pm 2S_{y_0}$ 区间上的概率为 0.9545，因此，可得到 $y$ 的预测区间为 $[y_0-2S_{y_0},y_0+2S_{y_0}]$，也可求出 $y$ 在某

区间内取值,相应 $x$ 在什么范围内。

在求出预测区间以后,可以作出预测带,如图 6-4 所示。

仍以前面的伤亡数据为例,说明预测区间的求法。

该例的回归直线方程为

$$y=24.93-1.73x$$

可以将表 6-4 中的 $x_i$ 分别代入方程求得 $y$ 的预测值,再以实际 $y_i$ 分别减去 $y$ 的预测值,即可计算得到

$$S_y=\sqrt{\frac{\sum(y-\bar{y})^2}{n-2}}=\sqrt{\frac{360.4}{10-2}}=6.71$$

据此可预测 $y$ 的取值范围。例如,设 $x=11$,则

$$y=24.93-1.73\times 11=5.9$$

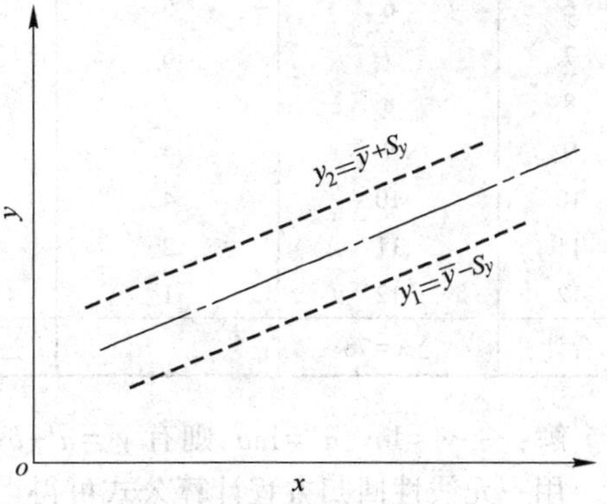


图 6-4 预测带

相应预测区间为:5.9±2×6.71=5.9± 13.42,即[-7.52,19.32],实际 $y$ 值落在 0~19.32 内的概率为 0.9545(因伤亡人数最小值为 0),或者 5.9±6.71,即[0,12.61]。

### 6.3.3 一元非线性回归法

非线性回归分析方法是通过一定的变换,将非线性问题转化为线性问题,然后利用线性回归的方法进行回归分析。

非线性回归曲线有很多种,选用哪一种曲线作为回归曲线则要根据实际数据在坐标系中的变化分布形状,也可根据专业知识确定分析曲线。

常用的非线性回归曲线有以下几种:

(1) 双曲线 $\frac{1}{y}=a+\frac{b}{x}$,令 $y'=\frac{1}{y}$,$x'=\frac{1}{x}$,则有 $y'=a+bx'$。

(2) 幂函数 $y=ax^b$,令 $y'=\lg y$,$x'=\lg x$,$a'=\lg a$,则有 $y'=a'+bx'$。

(3) 指数函数:

1) $y=ae^{bx}$,令 $y'=\ln y$,$a'=\ln a$,则有 $y'=a'+bx$。

2) $y=ae^{b/x}$,令 $y'=\ln y$,$x'=\frac{1}{x}$,$a'=\ln a$,则有 $y'=a'+bx'$。

(4) 对数函数 $y=a+b\lg x$,令 $x'=\lg x$,则有 $y=a+bx'$。

下面以指数函数 $y=ae^{bx}$ 为例,说明非线性曲线的回归方法。

**例 6.4** 某钢厂上一年的工伤人数的统计数据如表 6-5 所示,用指数函数 $y=ae^{bx}$ 进行回归分析。

**表 6-5 某钢厂上一年的工伤人数**

| 月 份 | 时间顺序号 $x$ | 工伤人数 $y$ | $y'$ | $x^2$ | $xy'$ | $y'^2$ |
|---|---|---|---|---|---|---|
| 1 | 1 | 15 | 2.708 | 1 | 2.708 | 7.333 |
| 2 | 2 | 12 | 2.485 | 4 | 4.970 | 6.175 |
| 3 | 3 | 7 | 1.946 | 9 | 5.838 | 3.787 |
| 4 | 4 | 6 | 1.792 | 16 | 7.168 | 3.211 |
| 5 | 5 | 4 | 1.386 | 25 | 6.930 | 1.931 |

续表 6-5

| 月份 | 时间顺序号 $x$ | 工伤人数 $y$ | $y'$ | $x^2$ | $xy'$ | $y'^2$ |
|---|---|---|---|---|---|---|
| 6 | 6 | 5 | 1.609 | 36 | 9.654 | 2.589 |
| 7 | 7 | 6 | 1.792 | 49 | 12.54 | 3.211 |
| 8 | 8 | 7 | 1.946 | 64 | 15.57 | 3.78 |
| 9 | 9 | 4 | 1.386 | 81 | 12.47 | 7.0 |
| 10 | 10 | 4 | 1.386 | 100 | 13.86 | 1.921 |
| 11 | 11 | 2 | 0.693 | 121 | 7.623 | 0.480 |
| 12 | 12 | 1 | 0 | 144 | 0 | 0 |
| 合计 | $\sum x=78$ |  | $\sum y'=19.129$ | $\sum x^2=650$ | $\sum xy'=99.337$ | $\sum y'^2=36.336$ |

**解**：令 $y'=\ln y, a'=\ln a$，则有 $y'=a'+bx$

用一元线性回归方程计算公式可得

$$a'=\frac{\sum x\sum xy'-\sum x^2\sum y'}{(\sum x)^2-n\sum x^2}=\frac{78\times 99.337-650\times 19.129}{78^2-12\times 650}=2.37$$

$$b=\frac{\sum x\sum y'-n\sum xy'}{(\sum x)^2-n\sum x^2}=\frac{78\times 19.129-12\times 99.337}{78^2-12\times 650}=-0.175$$

由 $a'=\ln a$ 得 $a=e^{a'}=e^{2.73}=15.34$

故指数回归曲线方程为 $y=15.34e^{-0.175x}$

回归曲线如图 6-5 所示。

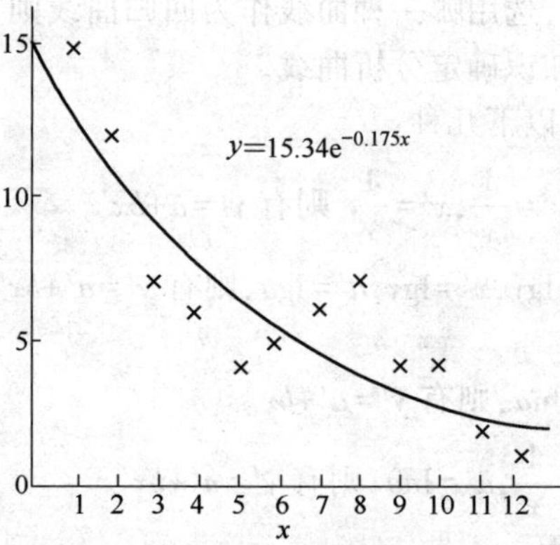


图 6-5 回归曲线图

计算相关系数 $r$：

$$L_{xy'}=\sum xy'-\frac{1}{n}\sum x\sum y'=99.337-\frac{1}{12}\times 78\times 19.129\approx -25$$

$$L_{xx}=\sum x^2-\frac{1}{n}(\sum x)^2=649-\frac{1}{12}\times 78^2\approx 143$$

$$L_{y'y'}=\sum y'^2-\frac{1}{n}(\sum y')^2=36.336-\frac{1}{12}\times 19.129^2\approx 5.84$$

$$r=\frac{L_{xy'}}{\sqrt{L_{xx}L_{y'y'}}}=\frac{-25}{\sqrt{143\times 5.84}}=-0.87$$

$r=-0.87$，说明用指数曲线进行回归分析，在一定程度上反映了该厂实际工伤人数的变化趋势。还可以进一步求出 $y$ 的预测区间，计算方法与一元线性回归中的方法相同。

根据过去的事故变化情况和事故统计数据，进行回归分析，应用得到的回归曲线方程，可以预测判断下一阶段的事故变化趋势，以指导下一步的安全工作。

## 6.4 马尔柯夫链预测法

### 6.4.1 马尔柯夫链概述

如果事物的发展过程及状态只与事物当时的状态有关，而与以前状态无关时，则此事物的发展变化称为马尔柯夫链。

如果系统的安全状况具有马尔柯夫性质，且一种状态转变为另一种状态的规律又是可知的，那么可以利用马尔柯夫链的概念进行计算和分析，来预测未来特定时刻的系统安全状态。

马尔柯夫链是表征一个系统在变化过程中的特性状态，可用一组随时间进程而变化的变量来描述。如果系统在任何时刻上的状态是随机的，则变化过程是个随机过程，当时刻 $t$ 变到时刻 $t+1$，状态变量从某个取值变到另一个取值，系统就实现了状态转移。例如，某地区每年的气候按一定的指标可分为旱、涝两种状态之一，则状态的转移就有四种情形：由旱到旱、由旱到涝、由涝到旱以及由涝到涝。究竟在 $t_n$ 时刻发生哪一种状态完全是随机的，这种过程可用图 6-6 所示的状态转移图来表示。显然，在这种状态转移过程中，$t_n$ 时刻的状态只与 $t_{n-1}$ 时刻的状态有关，而与 $t_{n-1}$ 时刻以前的状态无关。

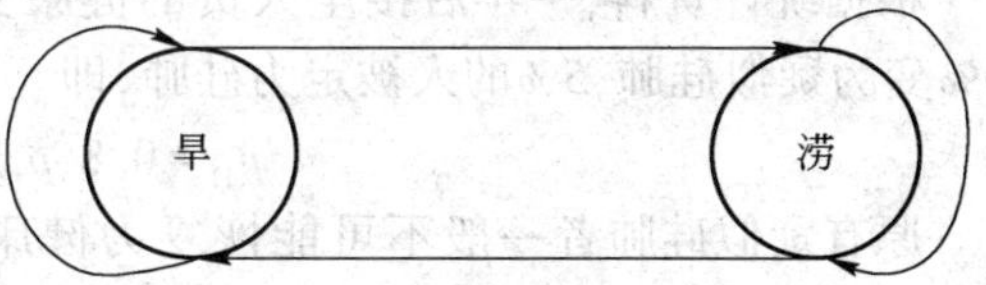

图 6-6 旱涝状态转移图

### 6.4.2 状态转移概率矩阵及其性质

系统在状态转移过程中的可能性的大小，用转移概率来描述。

马尔柯夫链计算所使用的基本公式如下：

已知的初始状态向量为

$$\boldsymbol{s}^{(0)}=[s_1^{(0)},s_2^{(0)},s_3^{(0)},\cdots,s_n^{(0)}] \tag{6-13}$$

状态转移概率矩阵为

$$\boldsymbol{p}=\begin{bmatrix} p_{11} & p_{12} & \cdots & p_{1n} \\ p_{21} & p_{22} & \cdots & p_{2n} \\ \vdots & \vdots & & \vdots \\ p_{n1} & p_{n2} & \cdots & p_{nn} \end{bmatrix} \tag{6-14}$$

状态转移概率矩阵是一个 $n$ 阶方阵，它满足概率矩阵的一般性质，即有：

(1) $0\leqslant p_{ij}\leqslant 1$；

(2) $\sum\limits_{j=1}^{n} p_{ij}=1$。

满足这两个性质的行向量称为概率向量。

状态转移概率矩阵的所有行向量都是概率向量；反之，所有行向量都是由概率向量组成的矩阵，即为概率矩阵。

### 6.4.3 安全预测

在已知初始状态向量和转移概率矩阵后，可对系统的安全状态进行预测。

系统一次转移向量 $\boldsymbol{s}^{(1)}$ 为

$$\boldsymbol{s}^{(1)}=\boldsymbol{s}^{(0)}\boldsymbol{p} \tag{6-15}$$

二次转移向量 $\boldsymbol{s}^{(2)}$ 为

$$\boldsymbol{s}^{(2)}=\boldsymbol{s}^{(1)}\boldsymbol{p}=\boldsymbol{s}^{(0)}\boldsymbol{p}^{2} \tag{6-16}$$

类似地

$$\boldsymbol{s}^{(k+1)}=\boldsymbol{s}^{(0)}\boldsymbol{p}^{k+1} \tag{6-17}$$

**例 6.5**　某单位对 1000 名接触硅尘人员进行健康检查时，发现职工的健康状况分布如表 6-6 所示。

**表 6-6　本年度接尘职工的健康状况**

| 健康状况 | 健　康 | 疑似硅肺 | 硅　肺 |
|---|---|---|---|
| 代表符号 | $s_1^{(0)}$ | $s_2^{(0)}$ | $s_3^{(0)}$ |
| 人　数 | 800 | 150 | 50 |

根据统计资料，一年后接尘人员的健康变化规律为：健康人员继续保持健康者剩 80%，有 15%变为疑似硅肺，5%的人被定为硅肺，即

$$p_{11}=0.8, p_{12}=0.15, p_{13}=0.05$$

原有疑似硅肺者一般不可能恢复为健康者，仍保持原状者为 80%，有 20%被正式定为硅肺，即

$$p_{21}=0, p_{22}=0.8, p_{23}=0.2$$

硅肺患者一般不可能恢复为健康或返回疑似硅肺，即

$$p_{31}=0, p_{32}=0, p_{33}=1$$

因此，状态转移矩阵为

$$\boldsymbol{p}=\begin{bmatrix} 0.8 & 0.15 & 0.05 \\ 0 & 0.8 & 0.2 \\ 0 & 0 & 1 \end{bmatrix}$$

试预测一年后接尘人员的健康状况。

**解**：一次转移量为

$$\boldsymbol{s}^{(1)}=\boldsymbol{s}^{(0)}\boldsymbol{p}=[s_1^{(0)}\ s_2^{(0)}\ s_3^{(0)}]\begin{bmatrix} p_{11} & p_{12} & p_{13} \\ p_{21} & p_{22} & p_{23} \\ p_{31} & p_{32} & p_{33} \end{bmatrix}$$

$$=[800\quad 150\quad 50]\begin{bmatrix} 0.8 & 0.15 & 0.05 \\ 0 & 0.8 & 0.2 \\ 0 & 0 & 1 \end{bmatrix}$$

$$=[640\quad 240\quad 120]$$

因此，一年后接尘人员的健康状况如表 6-7 所示。

**表 6-7　预测一年后接尘职工的健康状况**

| 健康状况 | 健　康 | 疑似硅肺 | 硅　肺 | 合　计 |
|---|---|---|---|---|
| 代表符号 | $s_1^{(0)}$ | $s_2^{(0)}$ | $s_3^{(0)}$ | $\sum s_i^{(1)}$ |
| 人　数 | 640 | 240 | 120 | 1000 |

一年后,该单位接尘职工仍然健康者为 640 人,疑似硅肺者 240 人,被确定为硅肺者 120 人。预测表明,该单位硅肺发展速度快,必须加强防尘工作和医疗卫生工作。

## 6.5 灰色系统预测法

灰色系统是邓聚龙教授提出的一种新的系统理论。利用灰色系统理论预测的主要优点是通过一系列数据生成方法,如直接累加法、移动平均法、加权累加法、自适应性累加法等,将根本没有规律的、杂乱无章的或规律性不强的一组原始数据变得具有明显的规律性,解决了数学界一直认为不能解决的微分方程建模问题。

灰色系统预测是从灰色系统的建模、关联度及残差辨识的思想出发,所获得的关于预测的概念、观点与方法。将灰色系统理论用于厂矿企业事故预测,一般选用 GM(1,1) 模型,它是一阶的一个变量的微分方程模型。

### 6.5.1 灰色系统预测建模方法

设原始离散数据序列为 $x^{(0)}=\{x_1^{(0)},x_2^{(0)},x_3^{(0)},\cdots,x_n^{(0)}\}$,其中 $n$ 为序列长度,对其进行一次累加生成处理后得

$$x_k^{(1)}=\sum_{j=1}^{k}x_j^{(0)} \qquad k=1,2,\cdots,n \tag{6-18}$$

则以生成序列 $x^{(1)}=\{x_1^{(1)},x_2^{(1)},x_3^{(1)},\cdots,x_n^{(1)}\}$ 为基础建立灰色的生成模型为

$$\frac{\mathrm{d}x^{(1)}}{\mathrm{d}t}+\alpha x^{(1)}=u \tag{6-19}$$

称为一阶灰色微分方程,记为 GM(1,1)。式中,$\alpha$、$u$ 为待辨识参数。

设参数向量 $\hat{\boldsymbol{\alpha}}=[\alpha u]^{\mathrm{T}}$,$\boldsymbol{y}_n=[x_2^{(0)},x_3^{(0)},\cdots,x_n^{(0)}]^{\mathrm{T}}$ 和

$$\boldsymbol{B}=\begin{bmatrix}-(x_2^{(1)}+x_1^{(1)})/2 & 1\\ \vdots & \vdots\\ -(x_n^{(1)}+x_{n-1}^{(1)})/2 & 1\end{bmatrix}$$

则由下式求得方程的最小二乘解:

$$\hat{\boldsymbol{\alpha}}=(\boldsymbol{B}^{\mathrm{T}}\boldsymbol{B})^{-1}\boldsymbol{B}^{\mathrm{T}}\boldsymbol{y}_n \tag{6-20}$$

时间响应方程(即式(6-19)的解)为

$$\hat{x}_t^{(1)}=(x_1^{(1)}-u/\alpha)\mathrm{e}^{-\alpha t}+u/\alpha \tag{6-21}$$

离散响应方程为

$$\hat{x}_{k+1}^{(1)}=(x_1^{(1)}-u/\alpha)\mathrm{e}^{-\alpha k}+u/\alpha \tag{6-22}$$

式中,$x_1^{(1)}=x_1^{(0)}$。

将 $\hat{x}_{k+1}^{(1)}$ 的值作累减还原,即得到原始数据的估计值:

$$\hat{x}_{k+1}^{(0)}=\hat{x}_{k+1}^{(1)}-\hat{x}_k^{(1)} \tag{6-23}$$

GM(1,1)模型的拟合残差中往往还有一部分动态有效信息,可以通过建立残差 GM(1,1)模型对原模型进行修正。

记残差 $\varepsilon_k^{(1)}=x_k^{(1)}-\hat{x}_k^{(1)}$ 组成的序列为

$$\boldsymbol{\varepsilon}^{(1)}=\{\varepsilon_1^{(1)},\varepsilon_2^{(1)},\cdots,\varepsilon_{n'}^{(1)}\},\text{一般 } n'\leqslant n。$$

用上述方法建立累加残差生成模型:

$$\hat{\varepsilon}_{k+1}^{(1)}=(\varepsilon_1^{(1)}-u_1/\alpha_1)\mathrm{e}^{-\alpha_1 k}+u_1/\alpha_1 \tag{6-24}$$

式中，$\alpha_1$ 和 $u_1$ 为残差模型参数。

累减后得 $\varepsilon^{(1)}$ 的还原估计值：

$$\hat{\varepsilon}_{k+1}^{(1)}=(\varepsilon_1^{(1)}-u_1/\alpha_1)(\mathrm{e}^{-\alpha_1(k+1)}-\mathrm{e}^{-\alpha_1(k+1)})+u_1/\alpha_1 \tag{6-25}$$

若残差模型是对第 $m$ 个残差开始进行拟合的，则修正后的生成模型为

$$\hat{x}_{k+1}^{(1)}=(x_1^{(0)}-u/\alpha)\mathrm{e}^{-\alpha k}+u/\alpha,k<m$$

$$\hat{x}_{k+1}^{(1)}=(x_1^{(0)}-u/\alpha)\mathrm{e}^{-\alpha k}+u/\alpha+\varepsilon_m^{(1)},k=m$$

$$\hat{x}_{k+1}^{(1)}=(x_1^{(0)}-u/\alpha)\mathrm{e}^{-\alpha k}+u/\alpha+(\varepsilon_m^{(1)}-u_1/\alpha_1)(\mathrm{e}^{-\alpha_1(k-m+1)}-\mathrm{e}^{-\alpha_1(k-m)}),k>m$$

### 6.5.2　预测模型的后验差检验

可以用关联度及后验差对预测模型进行检验，下面介绍后验差检验。记 0 阶残差为

$$\varepsilon_i^{(0)}=x_i^{(0)}-\hat{x}_i^{(0)} \qquad i=1,2,\cdots,n$$

式中，$\hat{x}_i^{(0)}$ 是通过预测模型得到的预测值。

残差均值为

$$\bar{\varepsilon}=\frac{1}{n}\sum_{i=1}^{n}\varepsilon_i^{(0)}$$

残差方差为

$$s_1^2=\frac{1}{n}\sum_{i=1}^{n}(\varepsilon_i^{(0)}-\bar{\varepsilon})^2$$

原始数据均值为

$$\bar{x}=\frac{1}{n}\sum_{i=1}^{n}x_i^{(0)}$$

原始数据方差为

$$s_2^2=\frac{1}{n}\sum_{i=1}^{n}(x_i^{(0)}-\bar{x})^2$$

为此可计算后验差检验指标：

后验差比值 $c$ 为

$$c=s_1/s_2 \tag{6-26}$$

小误差概率 $p$ 为

$$p=p\{|\varepsilon_i^{(0)}-\bar{\varepsilon}|<0.6745s_2\} \tag{6-27}$$

按照上述两指标，可从表 6-8 中查出精度检验等级。

**表 6-8　精度检验等级**

| 预测精度等级 | $p$ | $c$ |
|---|---|---|
| 好(good) | >0.95 | <0.35 |
| 合格(qualified) | >0.80 | <0.50 |
| 勉强(just mark) | >0.70 | <0.45 |
| 不合格(unqualified) | ≤0.70 | ≥0.65 |

### 6.5.3　灰色系统预测举例

**例 6.6**　某单位近 9 年的千人负伤率如表 6-9 所示，用灰色系统预测法 GM(1,1) 预测该单

位未来两年的千人负伤率,并对预测精度进行后验差检验。

**表 6-9 某单位近 9 年的千人负伤率** (‰)

| 序 号 | 1 | 2 | 3 | 4 | 5 | 6 | 7 | 8 | 9 |
|---|---|---|---|---|---|---|---|---|---|
| 千人负伤率 | 56.165 | 55.65 | 49.525 | 34.585 | 14.405 | 9.525 | 8.97 | 6.475 | 4.11 |

**解**:由直接累加法可以得到:

$$x^{(0)}=[56.165\quad 55.65\quad 49.525\quad 34.585\quad \cdots\quad 4.11]$$

$$x^{(1)}=[56.165\quad 111.815\quad 161.34\quad 195.925\quad \cdots\quad 239.41]$$

第一步,建立数据矩阵 $\boldsymbol{B}$,$\boldsymbol{y}_n$:

$$\boldsymbol{B}=\begin{bmatrix}-83.99 & 1\\ -136.5775 & 1\\ \vdots & \vdots\\ -237.355 & 1\end{bmatrix}$$

$$\boldsymbol{y}_n=[55.65\quad 49.525\quad 34.585\quad 14.405\quad \cdots\quad 4.11]^{\mathrm{T}}$$

第二步,计算 $(\boldsymbol{B}^{\mathrm{T}}\boldsymbol{B})^{-1}$:

$$\boldsymbol{B}^{\mathrm{T}}\boldsymbol{B}=\begin{bmatrix}305661.7 & -1511.1775\\ -1511.1775 & 8\end{bmatrix}$$

$$(\boldsymbol{B}^{\mathrm{T}}\boldsymbol{B})^{-1}=\begin{bmatrix}4.9494\times10^{-5} & 9.3493\times10^{-3}\\ 9.3493\times10^{-3} & 1.8910475\end{bmatrix}$$

第三步,计算 $\hat{\boldsymbol{\alpha}}$:

$$\hat{\boldsymbol{\alpha}}=(\boldsymbol{B}^{\mathrm{T}}\boldsymbol{B})^{-1}\boldsymbol{B}^{\mathrm{T}}\boldsymbol{y}_n$$

$$\hat{\boldsymbol{\alpha}}=\begin{bmatrix}4.9494\times10^{-5} & 9.3493\times10^{-3}\\ 9.3493\times10^{-3} & 1.8910475\end{bmatrix}\begin{bmatrix}-27081.32\\ 183.245\end{bmatrix}$$

$$\hat{\boldsymbol{\alpha}}=\begin{bmatrix}\alpha\\ u\end{bmatrix}=\begin{bmatrix}0.37285\\ 93.3336\end{bmatrix}$$

因此,$\alpha=0.37285$,$u=93.336$。

第四步,进行灰色系统预测计算:

$$\hat{x}_{k+1}^{(1)}=250.331-194.16\mathrm{e}^{-0.37285k}$$

$$\hat{x}_{k+1}^{(0)}=\hat{x}_{k+1}^{(1)}-\hat{x}_{k}^{(1)}$$

计算可以得到该单位未来两年的千人负伤率分别为 3.06 和 2.11。其计算结果如表 6-10 所示。

**表 6-10 计算结果**

| 序 号 | $x^{(0)}$ | $x^{(1)}$ | 灰色预测 | | |
|---|---|---|---|---|---|
| | | | $\hat{x}^{(1)}$ | $\hat{x}^{(0)}$ | $\hat{\varepsilon}^{(0)}$ |
| 1 | 56.165 | 56.165 | 56.156 | 56.165 | 0 |
| 2 | 55.65 | 111.815 | 116.594 | 60.429 | -4.779 |
| 3 | 49.525 | 161.34 | 158.215 | 41.621 | 7.904 |
| 4 | 34.585 | 195.925 | 186.883 | 28.668 | 5.917 |

续表 6-10

| 序　号 | $x^{(0)}$ | $x^{(1)}$ | 灰色预测 | | |
|---|---|---|---|---|---|
| | | | $\hat{x}^{(1)}$ | $\hat{x}^{(0)}$ | $\hat{\varepsilon}^{(0)}$ |
| 5 | 14.405 | 210.33 | 206.628 | 19.745 | -5.34 |
| 6 | 9.525 | 219.855 | 220.228 | 13.60 | -4.075 |
| 7 | 8.970 | 228.825 | 229.595 | 9.367 | -0.397 |
| 8 | 6.475 | 235.30 | 260.047 | 6.452 | 0.023 |
| 9 | 4.110 | 239.41 | 240.491 | 4.444 | -0.334 |
| 10 | | | 243.551 | 3.06 | |
| 11 | | | 245.660 | 2.11 | |

第五步，进行后验差检验：

$$\varepsilon_i^{(0)} = x_i^{(0)} - \hat{x}_i^{(0)} \qquad i = 1, 2, \cdots, n$$

$$\overline{\varepsilon}^{(0)} = 0.4408, s_1 = 4.1589$$

$$\overline{x}^{(0)} = 26.60, s_2 = 21.00$$

$$c = s_1/s_2 = 0.198 < 0.35$$

$$p = p\{|\varepsilon_i^{(0)} - \overline{\varepsilon}^{(0)}| < 0.6745 s_2\} = 1 > 0.95$$

对照表 6-8，该灰色系统预测拟合精度为好，预测结果正确可靠。

## 习题和思考题

6-1　什么是预测，什么是安全预测？

6-2　安全预测的步骤是什么？

6-3　简述德尔菲预测法的步骤和特点。

6-4　说明回归分析法预测的主要步骤。

6-5　马尔柯夫链的状态转移矩阵有什么特点？

6-6　简述灰色系统预测 GM(1,1)模型计算的主要步骤。

# 7 安全决策

## 7.1 安全决策概述

### 7.1.1 安全决策的定义

事件的发生受许多确定和不确定因素的影响,这时决策就起了很大的作用。决策在人们的生活、工作中随时都会遇到。有些决策是简单的、容易的,例如出门未听天气预报,要不要带雨具;到服装店买衣服,就会遇到衣服的样式、衣料、颜色、价钱、耐用以及舒适等一系列问题,从中做出决策。有些决策是复杂的、困难的,例如能源开发、经济发展战略和计划以及战争与和平等。

什么是决策?决策可以理解为从拟定的若干个欲采用方案中选定最优方案,这就要求人们的选择和判断尽可能地符合客观实际。要做到这一点,决策者应尽可能真实地了解问题的背景、环境和发展变化规律,占有详细的信息资料和正确地掌握决策方法。因此,决策指人们在求生存与发展过程中,以对事物发展规律及主客观条件的认识为依据,寻求并实现某种最佳(满意)准则和行动方案而进行的活动。

安全决策就是针对生产活动中需要解决的特定安全问题,根据安全法律法规、标准、规范等的要求,运用现代科学技术知识和安全科学的理论与方法,提出各种安全措施方案,经过分析、论证与评价,从中选择最优方案并予以实施的过程。

管理就是决策,现代安全管理主要就是解决安全决策的问题。在现代安全管理中,面对许多安全生产问题,要求领导者能统观全局,立足改革,不失时机地做出可行和有效的决策,以实现安全生产的目标。

### 7.1.2 决策的类型

决策的分类方法很多,一般决策问题根据决策系统的约束性与随机性原理(即其自然状态的确定与否)可分为确定型决策和非确定型决策。

(1) 确定型决策。确定型决策是在一种已知的完全确定的自然状态下,选择满足目标要求的最优方案。

确定型决策问题一般应具备以下四个条件:

1) 存在着决策者希望达到的一个明确目标(收益大或损失小);

2) 只存在一个确定的自然状态;

3) 存在着可供决策者选择的两个或两个以上的抉择方案;

4) 不同的决策方案在确定的状态下的益损值(利益或损失)可以计算出来。

(2) 非确定型决策。当决策问题有两种以上自然状态,哪种可能发生是不确定的,在此情况下的决策称为非确定型决策。

非确定型决策又可分为两类:当决策问题自然状态的概率能确定,即是在概率基础上做决策,但要冒一定的风险,这种决策称为风险型决策。如果自然状态的概率不能确定,即没有任何有关每一自然状态可能发生的信息,在此情况下的决策就称为完全不确定型决策。

风险型决策问题通常要具备如下五个条件:

1）存在着决策者希望达到的一个明确目标；

2）存在着决策者无法控制的两种或两种以上的自然状态；

3）存在着可供决策者选择的两个或两个以上的抉择方案；

4）不同的抉择方案在不同自然状态下的益损值可以计算出来；

5）每种自然状态出现的概率可以估算出来。

### 7.1.3 安全决策的种类

在安全管理决策中，由于决策目标的性质、决策的层次和要求的差别，决策的种类很多。为了便于决策，必须决定在什么层次上进行，也就是说，一定要划定决策者与被决策者对象的范围以及它们相互作用构成的决策系统与外界的联系（即外界有物质、能量和信息的交换）。下面介绍几种常见的安全决策种类。

（1）系统安全管理决策。是指解决全局性重大问题的高层决策，主要解决安全方针、政策、规划、安全管理体制、法规、监督监察及推进安全事业发展等方面的决策。这类决策是基础性决策，涉及的范围广、影响时间长。

（2）工程项目建设的安全决策。为了保证新建、改建、扩建的工程项目能安全地投入生产，对工程项目设计进行安全论证、审核与安全评价方面的决策。这里涉及厂址选择、厂房布局、厂房结构、工艺过程、设备布置、物资贮运、厂内交通、防火防爆等一系列问题，必须对其一一做出决策。

（3）企业安全管理决策。主要是为健全、改善和加强企业的安全管理所进行的计划、组织、协调、控制以及预测和预防事故等方面的决策。

预测和预防事故是安全管理决策的主要课题之一。导致事故发生的直接原因是设备的不安全状态、人的不安全行为和作业环境不良。预防事故的对策是采取有效的技术措施，加强安全教育和加强安全管理。

（4）事故处理决策。主要是在事故发生之后采取的处置方法、调查、分析等的对策。事故处置方法决策必须迅速、果断，虽不能万无一失，也要尽可能完善，因为稍有差错就可能使事故灾害扩大，造成更大的损失。

### 7.1.4 决策的要素

决策的要素有：决策单元、准则体系、决策结构和环境、决策规则等。

（1）决策单元和决策者。决策单元是决策的主体，包括决策者及共同完成决策分析研究的决策分析者，以及用以进行信息处理的设备。它们的工作是接受任务、输入信息、生成信息和加工成智能信息，从而产生决策。

决策者是指对所研究问题有权利、有能力做出最终判断与选择的个人或集体。其主要职责在于提出问题，规定总任务和总需求，确定价值判断和决策规划，提供倾向性意见，抉择最终方案并组织实施。

（2）准则（指标）体系。对一个有待决策的问题，必须首先定义它的准则。在现实决策问题中，准则常具有层次结构，包含有目标和属性两类，形成多层次的准则体系，如图 7-1 所示。

准则体系最上层的总准则只有一个，一般比较宏观、笼统、抽象，不便于量化、测算、比较、判断。为此要将总准则分解为各级子准则，直到相当具体、直观，并可以直接或间接地用备选方案本身的属性（性能、参数）来表征的层次为止。在层次结构中，下层的准则比上层的准则更加明确具体并便于比较、判断和测算，它们可作为达到上层准则的某种手段。下层子准则集合一定要保证上层准则的实现,子准则之间可能一致,亦可能相互矛盾,但要与总准则相协调,并尽量减少冗余。

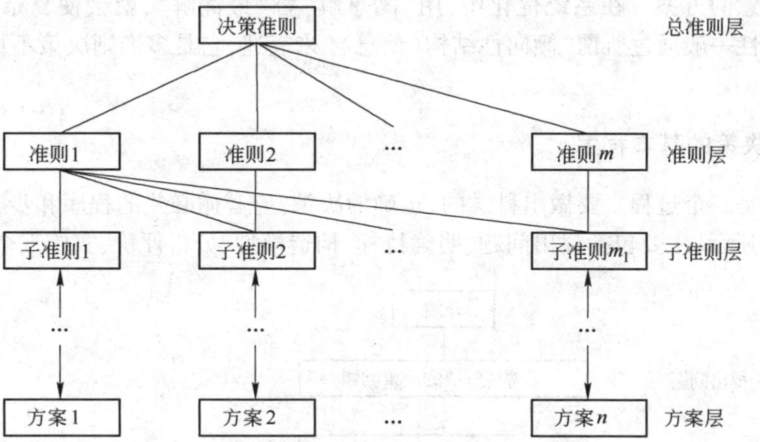


图 7-1 准则体系的层次结构

设定准则体系是为了评价、选择备选方案,所以准则体系最低层是直接或间接表征方案性能、参数的属性层。应当尽量选择属性值能够直接表征与之联系的达到程度的属性;否则,只好选用间接表征与之联系的达到程度的代用属性。代用属性与相应目标之间的关系表现为间接关系,其中隐含有决策人的价值判断。例如,用武器系统操作人员的文化程度与是否需要专门培训来表征武器系统的使用方便性(目标要求),就是一种代用属性。它隐含着下述价值判断:操作人员文化程度愈低,武器系统使用方便性愈好。

(3) 决策结构和环境。决策的结构和环境属于决策的客观态势(情况)。为阐明决策态势,必须尽量清楚地识别决策问题(系统)的组成、结构和边界以及所处的环境条件。它需要标明决策问题的输入类型和数量,决策变量(备选方案)集和属性集以及测量它们的标度类型,决策变量(方案)和属性间以及属性与准则间的关系。

决策变量又称可控(受控)变量,它是决策(评价)的客观对象。在自然系统中,决策变量集常以表征系统主要特征的一组性能、参数形式出现,由它们可以组合出无限多个备选方案,方案是连续型,其范围由一组约束条件所限制。而在实际(社会)系统中,例如安全系统的因变量之间,变量与属性之间的结构过于复杂,有许多是半结构化甚至非结构化形式,尚难以给予形式化的表述,所以决策变量常以有限个离散的备选方案的形式出现。决策变量的这两种类型(连续、离散),导致了两类不同的决策方法,前者称为多目标决策,后者称为多属性决策,两者又统称为多准则决策。

决策的环境条件可区分为确定性和非确定性两大类。由于决策是面向未来发生事件所作的抉择,所以决策的环境条件都带有不确定性,只是在很多情况下,正常环境出现的概率很大,非正常条件发生的可能性很小(即近似认为是小概率事件),而认为环境条件是确定的。

(4) 决策规则。决策就是要从众多的备选方案中选择一个用以付诸实施的方案,作为最终的抉择。在作出最终抉择的过程中,要按照多准则问题方案的全部属性值的大小进行排序,从而依序择优。这种促使方案完全序列化的规则,便称为决策规则。决策规则一般粗分为两大类:最优规则和满意规则。最优规则是使方案完全序列化的规则,只有在单准则决策问题中,方案集才是完全有序的,因此,总能够从中选中最优方案。

然而在多准则决策问题中，方案集是不完全有序的，准则之间往往存在矛盾性，不可公度性（各准则的量纲不同），所以，各个准则均最优的方案一般是不存在的。因而，只能在满意规则下寻求决策者满意的方案。在系统优化中，用“满意解”替“最优解”，就会使复杂问题大大简化。决策者的满意性一般通过所谓“倾向性结构（信息）”来表述，它是多准则决策不可缺少的重要组成部分。

### 7.1.5　安全决策的基本程序

决策本身是一个过程。要做出科学的、正确的决策，应遵循必要的程序和步骤。典型的决策过程如图 7-2 所示，主要包括提出问题、明确目标、构造模型、分析评价、实施五个阶段。

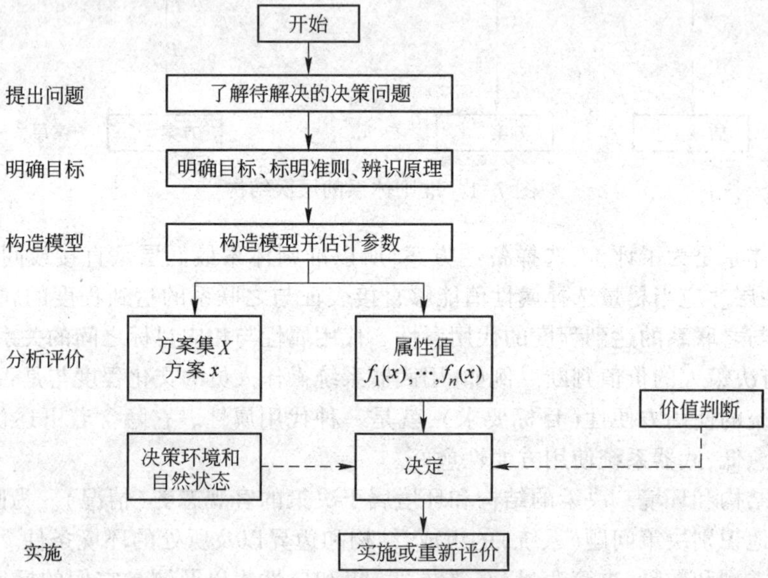


图 7-2　典型的决策过程

安全决策与通常的决策过程一样，应按一定的程序和步骤进行。不同的是，在进行安全决策时，应根据安全问题的特点，确定各个步骤的具体内容。

（1）确定决策目标。决策过程首先需要明确目标，也就是要明确要解决的问题。决策目标也就是所需要解决的问题，正确地确定目标是决策分析的关键。对安全而言，安全决策所涉及的主要问题就是保证人们的生产安全、生活安全和生存安全。但是这样的目标所涉及的范围和内容太大了，以至于无法操作，应进一步界定、分解和量化。

安全问题寓于生产过程之中，因此安全决策所涉及的主要问题就是保证安全生产。安全生产是一个总目标，它可以分解为预防事故发生、消除职业病和改善劳动条件三个基本目标。而且，对已分解的目标，还应根据行业的不同、现实条件的不同（如经济保证、技术水平、管理水平等）、边界约束条件的不同区分目标的实现层次及内涵。

另外，对决策目标应有明确的指标要求。对于技术问题，应有风险率、严重度、可靠度系数以及事故率、时间域和空间域等具体量化指标；对于难以量化的定性目标，则应尽可能加以具体说明。

（2）目标分类。安全生产是一个总目标，对于具体行业或具体单位来讲，安全生产问题是多方面的。决策目标在尽可能详尽地列出之后，应把所有目标划分为必须目标和期望目标。也就是说,哪些目标必须达到,哪些目标希望达到应该分类明确。

决策目标应有明确的指标要求,如事故发生概率、严重度、损失率以及时间指标、技术指标等,作为以后实施决策过程中的检验标准。对于难以量化的目标,也要尽可能加以具体说明。

(3) 制定对策方案。在目标确定之后应进行技术性论证,其目的是寻求对实施手段与途径的战术性的决策。在这个过程中,决策人员应用现代科学理论与技术对达到目标的手段进行调查研究、预测分析,进行详细的技术设计,拟出几个可供选择的方案。

(4) 分析与评价对策方案。各种对策方案制定出以后,就可根据目标进行分析与评价。首先根据总目标和指标将那些不能完成必须目标的方案舍弃掉,将那些能够完成必须目标的方案保留下来。再用期望目标去衡量,考虑到每个方案达到每个期望目标的程度,可用加权法来划分,求出每个方案的期望值权重,期望值权重大者,应为最优先的备选方案。

(5) 备选决策提案。能够达到必须目标,并且对完成期望目标取得最大权重数的对策方案,称为备选决策提案。备选决策提案不一定是最后决策方案,需要经过技术评价和潜在问题分析(主要是不良影响分析),做进一步的慎重研究。

(6) 技术评价与潜在问题分析。技术评价一般要考虑备选决策提案对自然和社会环境的各种影响所导致的安全对策问题,应侧重在安全评价、对系统中固有的或潜在的危险及其严重程度进行分析和评估。对安全决策提案要注意以下几个方面:

1) 人身安全方面。是否有造成工伤的危险、中毒的危险,有无生命危险,有无职业病和后遗症的危险,是否会加重人的疲劳,是否会带来精神紧张等。

2) 人的精神和思想方面。是否会造成人的思想观念的变化,是否会造成人的兴趣爱好和娱乐方式的变化,是否造成人的情绪和感情方面的变化,是否对个人生活和家庭生活产生影响,导致不安全感和束缚感等。

3) 人的行动方面。能否造成生活方式的变化(多样化或单一化),能否影响生活的时间划分(劳动时间、休息时间、学习时间、家庭生活时间)等。

总之,对备选决策方案,决策者要向自己提出"假如采用这个方案,将要产生什么样的结果","假如采用这个方案,可能导致哪些不良后果和错误"等问题。从一连串的提问中,发现各种可行方案的不良后果,把它们一一列出,并进行比较,以决定取舍。

(7) 实施与反馈。决策是为了实施,为了使决策方案在实施中取得满意的效果,执行时要制订规划和进程计划,健全机构,组织力量,落实负责部门与人员,及时检查与反馈实施情况,使决策方案在实施中趋于完善并达到期望的效果。

## 7.2 安全决策方法

安全决策是一门交叉学科,既含有从运筹学、概率论、控制论、模糊数学等引入的数学方法,也有从安全心理学、行为科学、计算机科学、信息科学引入的各种社会、技术科学。多属性决策问题可分为确定性和非确定性两类,决策方法有确定性多属性决策方法、定性与定量相结合的决策方法和模糊多属性决策方法等。

### 7.2.1 ABC 分析法

ABC 分析法又叫主次图法、排列图、巴雷托图等,它的基础可溯自巴雷托分析(Parteo analysis)。巴雷托得出了收入与人口的规律,即占人口比重不大(20%)的少数人的收入占总收入的大部分(80%),而大多数人(80%)的收入只占总收入的很小部分(20%),所得分布不平等。他提出了"关键的少数和次要的多数"原理,用来表示这种财富分配不平等现象的统计图表称为巴雷托曲线分布图。

ABC 分析法运用在安全管理上,就是应用"许多事故原因中的少数原因带来较大的损失"的法则,根据统计分析资料,按照不同的指标和风险率进行分类与排列,找出其中主要危险或管理薄弱环节,针对不同的危险特性,实行不同的管理方法和控制方法,以便集中力量解决主要问题。

ABC 分析法用图形表示即巴雷托图,如图 7-3 所示。该图是一个坐标曲线图,其横坐标 $x$ 为所要分析的对象,如某一系统中各组成部分的故障模式、某一失效部件的各种原因等,纵坐标为横坐标所标示的分析对象的量值,如失效系统中各组成部分事故相对频率、某一失效系统和部件的各种原因的时间或财产损失等。

某单位因安全管理的缺陷造成的事故统计数据如表 7-1 所示,ABC 分析图如图 7-3 所示。

**表 7-1　某单位安全管理缺陷造成的事故统计数据**

| 事故类型 | 事故数 | 相对频率/% | 累积相对频率/% |
|---|---|---|---|
| 违反操作规程 | 6258 | 67.02 | 67.02 |
| 现场缺乏检查 | 1050 | 11.24 | 78.26 |
| 不懂操作技术 | 735 | 7.87 | 86.11 |
| 违反劳动纪律 | 329 | 3.53 | 89.66 |
| 劳动组织不合理 | 301 | 3.22 | 92.88 |
| 操作错误 | 272 | 2.91 | 95.79 |
| 指挥错误 | 143 | 1.53 | 97.32 |
| 规章制度不健全 | 137 | 1.47 | 98.29 |
| 没有安全规程 | 113 | 1.21 | 100 |
| 总　计 | 9338 | 100 | |

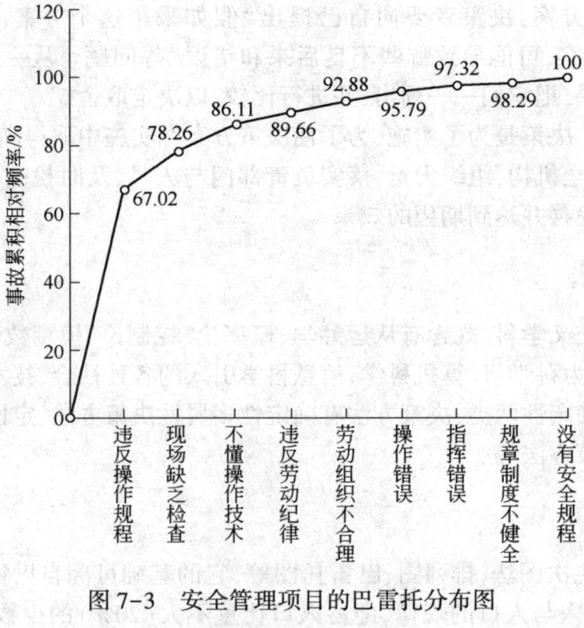


图 7-3　安全管理项目的巴雷托分布图

根据图 7-3 中的巴雷托曲线对应(纵坐标)的百分比,就可查出关键因素和部件。通常将占累加百分数 0~90% 的部分或因素称为主要因素或主要部位,其余 10%(即 90%~100%)这部分称为次要因素或次要部位。0~80%的部分或因素称为关键因素或关键部位，即A类（如图中违反操作规程和现场缺乏检查两项），80%~90%的部分或因素划为B类（即图中不懂操作技术和违反劳动纪律两项），余下部分或因素划为C类。

在安全管理上，若不作分析图，也可参考表7-2来划分A、B、C的类别。

**表7-2 划分A、B、C类别的参考因素**

| 因素 | A | B | C |
|---|---|---|---|
| 事故严重度 | 可造成人员死亡 | 可造成人员严重伤害、严重职业病 | 可能造成轻伤 |
| 对系统影响程度 | 整个系统或两个以上的子系统损坏 | 某子系统损坏或功能丧失 | 对系统无多大影响 |
| 财产损失 | 可能造成严重的损失 | 可能造成较大的损失 | 可能造成轻微的损失 |
| 事故概率 | 容易发生 | 可能发生 | 不大可能发生 |
| 对策的难度 | 很难防止或投资很大、费时很多 | 能够防止，投资中等，费时不很多 | 易于防止，投资不大，费时少 |

### 7.2.2 评分法

评分法根据预先规定的评分标准对各方案所能达到的指标进行定量计算、比较，从而达到对各个方案排序的目的。如果有多个决策（评价）目标，则先分别对各个目标评分，再经处理求得方案的总分。

(1) 评分标准。一般分五个等级：优、良、中、差、最差。“理想状态”取最高分（5分），“不能用”取最低分（1分），“中间状态”分别取4分（良好）、3分（可用）、2分（勉强可用）。当然也可按7个等级评分，这要视决策方案多少及其之间的差别大小和决策者的要求而定。

(2) 评分方法。采用专家打分的方法，即以专家根据评价目标对各个抉择方案评分，然后取其平均值或除去最大、最小值后的平均值作为分值。

(3) 评价指标体系。评价指标一般包括三个方面的内容：技术指标、经济指标和社会指标。对于安全问题决策，要解决某个安全问题，若有几个不同的技术方案，则其评价指标体系的技术指标大致有：技术先进性、可靠性、安全性、维修性、可操作性等；经济指标大致有成本、质量、原材料、周期、时间等；社会指标大致有劳动条件、环境、习惯、道德伦理等。要注意指标数不宜过多，否则不但难以突出主要因素，不易分清主次，同时还会给参加评价的人员造成极大的心理负担，评价结果反而不能反映实际情况。

(4) 加权系数。由于各评价指标的重要程度不一样，必须给每个评价指标一个加权系数。为了便于计算，一般取各个评价指标的加权系数 $g_i$ 之和为1。加权系数值可由经验确定或用判别表法计算。

判别表如表7-3所示，将评价指标的重要性两两比较，同等重要的各给2分；某一项比另一项重要则分别给3分和1分；某一项比另一项重要得多，则分别给4分和0分。将对比的给分填入表中。

**表7-3 加权系数判别计算表**

| 被比者<br>比较者 | $A$ | $B$ | $C$ | $D$ | $k_i$ | $g_i = k_i / \sum_{i=1}^{4} k_i$ |
|---|---|---|---|---|---|---|
| $A$ | | 1 | 0 | 1 | 2 | 0.083 |
| $B$ | 3 | | 1 | 2 | 6 | 0.250 |

续表 7-3

| 被比者 / 比较者 | $A$ | $B$ | $C$ | $D$ | $k_i$ | $g_i = k_i / \sum_{i=1}^{4} k_i$ |
|---|---|---|---|---|---|---|
| $C$ | 4 | 3 | | 3 | 10 | 0.417 |
| $D$ | 3 | 2 | 1 | | 6 | 0.250 |
| 重要程度排序 $C>B, D>A$ | | | | | $\sum_{i=1}^{4} k_i = 24$ | $\sum_{i=1}^{4} g_i = 1.0$ |

计算各评价目标加权数公式为

$$g_i = k_i / \sum_{i=1}^{n} k_i \tag{7-1}$$

式中 $k_i$——各评价指标的总分；

$n$——评价指标数。

当指标较多时，比较过程应十分冷静、细致，否则会引起混乱，陷入自相矛盾的境地。

另一种办法是对多个指标不一对一地逐个对比，而是只依次对两个指标做一次比较。如表7-4所示，按从上到下的顺序，对上下两个相邻指标进行比较。先比较指标 $A$ 和 $B$，认为 $A$ 的重要性是 $B$ 的两倍，而 $B$ 的重要性是 $C$ 的一半，这样一直进行到底。

**表 7-4　重要程度比较表**

| 指　标 | 暂定重要程度 | 修正重要程度 | 加权系数 |
|---|---|---|---|
| $A$ | 2.0 | 1.0 | 0.235 |
| $B$ | 0.5 | 0.75 | 0.176 |
| $C$ | 1.5 | 1.5 | 0.353 |
| $D$ | — | 1.0 | 0.235 |
| 重要程度排序 $C>A=D>B$ | | $\sum_{i=1}^{n} k_i = 4.25$ | $\sum_{i=1}^{n} g_i = 1.0$ |

若把最后一项指标 $D$ 的数值假定为 1.0，因为它上面的指标 $C$ 是 $D$ 的 1.5 倍，因此，修正的重要度即为原来的 1.5 倍（$D \times C = 1 \times 1.5 = 1.5$）。指标 $C$ 上面的指标 $B$ 是 $C$ 的一半，故修正重要度为 0.75（$C \times B = 1.5 \times 0.5 = 0.75$）。指标 $B$ 上面的指标 $A$ 是 $B$ 的 2 倍，故修正的重要度为 1（$B \times A = 0.5 \times 2 = 1.0$）。由此看出，指标 $C$ 最重要，其次是 $A$、$D$ 同等重要，最不重要的是 $B$。

最后求各修正程度系数之和，并以其和除以各修正重要程度系数即得到各指标的加权系数。

与前一种方法相比，这种方法可用较少的判断次数来确定重要程度，但主观因素也更强一些。

(5) 定性目标的定量处理。有些指标如美观、舒适等，很难定量表示，一般只能用很好、好、较好、一般、差，或是优、良、中、及格、不及格等定性语言来表示。这时可规定一个相应的数量等级，如很好或优给 5 分，好或良给 4 分，差或不及格给 1 分。

但应注意，诸如美观、舒适之类指标，不同的人有不同的感受。如尺寸较大的椅子，对形体高大的人认为舒适，而对形体矮小的人感觉可能相反。对美观更是如此。因此，他们对同一事物可能给出不同的评分。这时可用概率决策方法来处理，求其期望价值 $E(V)$。

$$E(V) = \sum_{i=1}^{n} P_i V_i \tag{7-2}$$

式中 $V_i$——目标 $i$ 可能有的价值；

$P_i$——特定价值发生的概率；

$n$——目标数。

(6) 计算总分。计算总分有很多方法,有分值相加法、分值相乘法、均值法、相对值法、有效值法等,如表 7-5 所示,可根据具体情况选用。总分或有效值高者为较佳方案。

**表 7-5　总分积分方法**

| 方　法 | 公　式 | 公 式 号 | 备　注 |
|---|---|---|---|
| 分值相加法 | $Q=\sum_{i=1}^{n}k_i$ | 式(7-3) | 计算简单,直观 |
| 分值相乘法 | $Q=\prod_{i=1}^{n}k_i$ | 式(7-4) | 各方案总分相差大,便于比较 |
| 均值法 | $Q=\frac{1}{n}\sum_{i=1}^{n}k_i$ | 式(7-5) | 计算较简单,直观 |
| 相对值法 | $Q=\frac{\sum_{i=1}^{n}k_i}{nQ_0}$ | 式(7-6) | $Q\leqslant1$,能看出与理想方案的差距 |
| 有效值法(加权计分法) | $N=\sum_{i=1}^{n}k_ig_i$ | 式(7-7) | 总分中考虑各评价目标的重要度 |

注:$Q$ 为方案总分值;$N$ 为有效值;$n$ 为评价目标数;$k_i$ 为各评价目标的评分值;$g_i$ 为各评价目标的加权系数;$Q_0$ 为理想方案总分值。

### 7.2.3　重要度系统评分法

上述评分法适用于同一层次的评价对象,若用它们去评价多层次的复杂体系时,则存在着一定的困难。例如图 7-4 中,对象 $F_{11}$ 与 $F_{32}$ 就很难比较,原因是不同层次的上下对象之间,由于其目的不同,因而其作用与性质也就有所差别,存在着一定的不可比性,如果再要评出一个数量的差异来就更加困难了。为了克服这一困难,可按照重要度体系图进行评分。

具体做法是:首先只对重要度体系图中的同一指标体系的底层对象评分,有几个不同指标的底层对象就评几次分,如图 7-4 所示的虚线方框中的($F_{11}$、$F_{12}$、$F_{13}$)、($F_{21}$、$F_{22}$)、($F_{31}$、$F_{32}$、$F_{33}$、$F_{34}$);然后再对中间层($F_1$、$F_2$、$F_3$)评分。显然,每次评分中的指标对象都有同一目的,因为都是从上一层的一个直接的指标对象分出,故可比性强。另外,又由于每次评分时组内的对象个数少,通常可采用直接评分法,这样可使评分者易于准确地表达自己的意见,因而比较简单明了。评分结果标注于相应的对象之后,用 $f_i$ 及 $f_{ij}$ 表示。

下面分别介绍各对象的最终评分值的计算方法。

(1) 把每一个虚线方框内的得分归一化。用 $\overline{f_i}$ 与 $\overline{f_{ij}}$ 来表示各相应对象的归一化,其结果为

$$\overline{f_1}=\frac{f_1}{f_1+f_2+f_3},\quad \overline{f_2}=\frac{f_2}{f_1+f_2+f_3}$$

$$\overline{f_3}=\frac{f_3}{f_1+f_2+f_3},\quad \overline{f_{11}}=\frac{f_{11}}{f_{11}+f_{12}+f_{13}}$$

$$\overline{f_{12}}=\frac{f_{12}}{f_{11}+f_{12}+f_{13}},\quad \overline{f_{13}}=\frac{f_{13}}{f_{11}+f_{12}+f_{13}}$$

其他依此类推。

(2) 计算各对象的最终得分。用 $f_i'$ 与 $f_{ij}'$ 来表示各相应对象的最终得分,其计算公式如下:

$$f_{ij}'=\overline{f_i}\,\overline{f_{ij}} \tag{7-8}$$

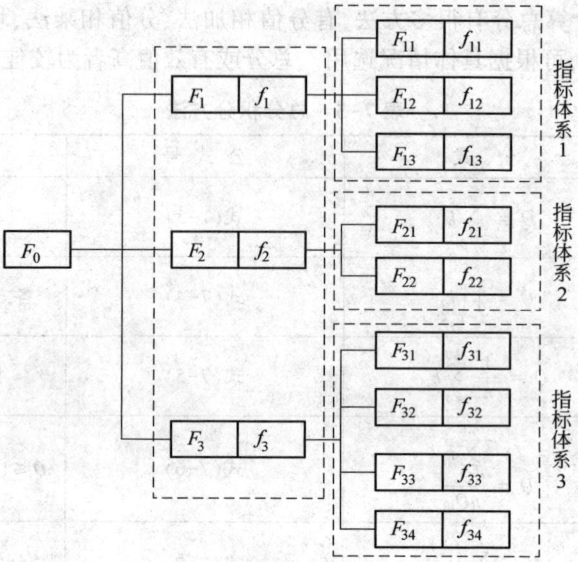


图 7-4　重要度体系评分图

例如，对象 $F_{31}$、$F_{12}$ 的得分分别为

$$f'_{31}=\overline{f_3}\,\overline{f_{31}},\quad f'_{12}=\overline{f_1}\,\overline{f_{12}}$$

下面计算几个对象得分。根据图 7-4，设 $F_1$ 得 6 分，$F_2$ 得 9 分，$F_3$ 得 11 分。首先归一化得

$$\overline{f_1}=\frac{6}{6+9+11}=0.23$$

$$\overline{f_2}=\frac{9}{6+9+11}=0.346$$

$$\overline{f_3}=\frac{11}{6+9+11}=0.423$$

为了说明问题，只算 $F_1$ 下层对象得分。应该注意，下层对象的得分之和，应等于上层对象的得分。这样 $F_{11}$ 得 2 分，$F_{12}$ 得 3 分，$F_{13}$ 得 1 分，然后归一化得

$$\overline{f_{11}}=\frac{2}{2+3+1}=0.333$$

$$\overline{f_{12}}=\frac{3}{2+3+1}=0.5$$

$$\overline{f_{13}}=\frac{1}{2+3+1}=0.167$$

然后根据式(7-8)计算各对象的最终得分为

$$F_{11}:f'_{11}=\overline{f_1}\,\overline{f_{11}}=0.23\times0.333=0.077$$

$$F_{12}:f'_{12}=\overline{f_1}\,\overline{f_{12}}=0.23\times0.5=0.115$$

$$F_{13}:f'_{13}=\overline{f_1}\,\overline{f_{13}}=0.23\times0.167=0.038$$

用同样的方法可以算出 $F_2$ 和 $F_3$ 的下层各对象的得分。

### 7.2.4　决策树法

决策树是决策过程的一种有序的概率图解表示，因此，决策树分析决策方法又称概率分析决

策方法，是风险型决策中的基本方法之一。决策树法是一种演绎性方法，它将决策对象按其因果关系分解成连续的层次与单元，以图的形式进行决策分析。由于这种决策图形似树枝，故俗称“决策树”。

7.2.4.1 决策树的结构

决策树的结构如图 7-5 所示，图中符号说明如下：

方块(□)表示决策点，从它引出的分枝叫做方案分枝，分枝数即为可能的行动方案数。

圆圈(○)表示方案节点(也称自然状态点)，从它引出的分枝叫做概率分枝，每条分枝的上面注明了自然状态(客观条件)及其概率值，分枝数即为可能出现的自然状态数。

三角(△)表示结果节点(也称“末梢”)，它旁边的数值是每一方案在相应状态下的收益值。

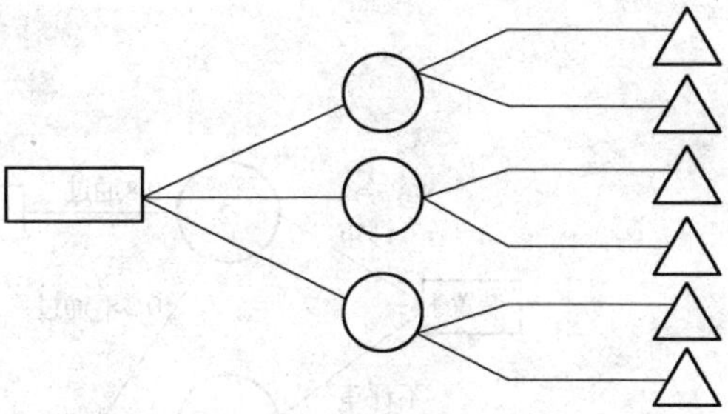

图 7-5 决策树示意图

7.2.4.2 决策步骤

首先根据问题绘制决策树，然后由右向左逐一进行分析，根据概率分枝的概率值和相应结果节点的收益值，计算各概率点的收益期望值，并分别标在各概率点上，再根据概率点期望值的大小，找出最优方案。

7.2.4.3 决策树分析法的优点

(1) 决策树能显示出决策过程，不但能统观决策过程的全局，而且能在此基础上系统地对决策过程进行合理的分析，集思广益，便于做出正确决策。

(2) 决策树显示把一系列具体风险的决策环节联系成一个统一的整体，有利于在决策过程中周密思考，能看出未来发展的几个步骤，易于比较各种方案的优劣。

(3) 决策树法既可进行定性分析，也可进行定量分析。

7.2.4.4 应用举例

某厂因生产上需要，考虑自行研制一个新的安全装置。首先，这个研制项目是否要向上级公司申报，如果准备申报，则需要申报的费用为 5000 元，不准备申报，则可省去这笔费用，这一事件决策者完全可以决定，这是一个主观抉择环节。如果决定向上申报，上级公司批准的概率为 0.8，而不批准的概率为 0.2，这种不能由决策者自身抉择的环节称为客观随机抉择环节。接下来是采取“本厂独立完成”形式还是由“外厂协作完成”形式来研制这一安全装置，这也是主观抉择的环节。每种形式都有失败可能，如果研制成功(无论哪一种形式)，能有 6 万元的效益；若采用“独立完成”形式，则研制费用为 2.5 万元，成功概率为 0.7，失败概率为 0.3；若采用“外厂协作”形式，则支付研制费用为 4 万元，成功概率为 0.9，失败概率为 0.1。

首先画决策树，如图 7-6 所示。然后根据上述数据计算各结果点的收益值(收益=效益-费用)，并填在“△”符号旁。

独立研制成功的效益：60-5-25=30(千元)

独立研制失败的收益：0-5-25=-30(千元)

协作研制成功的收益：60-5- 40 =15(千元)

协作研制失败的收益：0-5- 40=-45(千元)

按照期望值公式计算期望价值：

期望公式为

$$E(V)=\sum_{i=1}^{n}P_iV_i \tag{7-9}$$

式中　$V_i$——事件 $i$ 的条件值；

$P_i$——特定事件 $i$ 的发生概率；

$n$——事件总数。

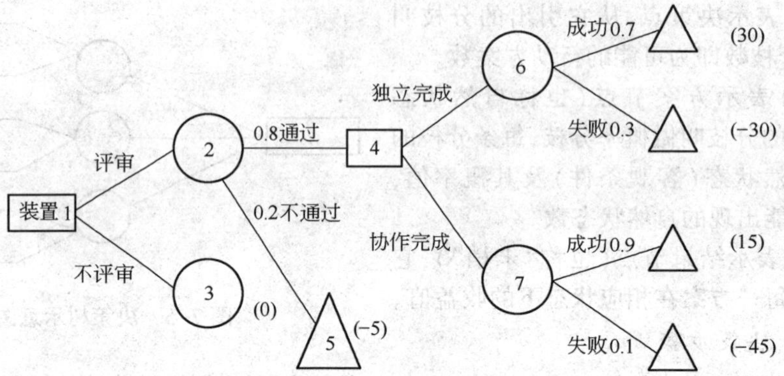


图 7-6　决策树图

独立研制成功的期望值为

$$E(V_6)=0.7\times30+0.3\times(-30)=12$$

协作研制成功的期望值为

$$E(V_7)=0.9\times15+0.1\times(-45)=9$$

根据期望值决策准则，决策目标是受益最大，则采用期望值最大的行为方案，如果决策目标是损失最小，则选定期望值最小的行动方案。本例选用期望值最大者，即选用独立研制形式。接下来在节点 4 处填入 12 数值，在下方结果点 5 旁填入−5（申报费），计算申报环节的期望值为

$$E(V_2)=0.8\times12+0.2\times(-5)=8.6$$

### 7.2.5　技术经济评价法

技术经济评价法的特点是对抉择方案进行技术经济综合评价时，不但考虑各评价指标的加权系数，而且所取的技术价和经济价都是相对于理想状态的相对值，这样更便于决策时判断和选择，也利于方案的改进。

#### 7.2.5.1　技术评价

技术评价的步骤如下：

(1) 确定评价的技术性能项目。

(2) 确定评价指标的重要程度。在众多的技术指标中，要明确哪些是必须满足的，低于或高于该指标就不合格，即所谓固定要求；哪些是可以给出一个允许范围的，也即有一个最低要求；哪些只是一种尽可能考虑的愿望，即使达不到，也不影响根本性质，即希望的要求。明确了各项具体指标就为确定评价指标的重要程度创造了有利条件。

(3) 分项进行技术指标评价。即采用本节中的评分法进行。

(4) 进行技术指标总评价。在分项评分的基础上，进行总的评价，即各技术指标的评分值与加权系数乘积之和与最高分（理想方案）的比值。

$$W_t = \frac{\sum_{i=1}^{n} V_i q_i / n}{V_{max} \sum_{i=1}^{n} g_i} = \frac{\sum_{i=1}^{n} V_i}{n V_{max}} \tag{7-10}$$

式中 $W_t$——技术价；

$V_i$——各技术评价指标的评分值；

$g_i$——各技术评价指标的加权系数，即 $\sum_{i=1}^{n} g_i = 1$；

$V_{max}$——最高分值(理想方案，5分制的5分)；

$n$——技术评价指标数。

技术价 $W_t$ 值越高，方案的技术性能越好，理想方案的技术价为1；$W_t<0.6$ 表示方案不可取。

#### 7.2.5.2 经济评价

经济评价的步骤如下：

(1) 按成本分析的方法，求出各方案制造费用 $C_i$。

(2) 确定该方案理想制造费用 $C_I$。通常理想的制造费是允许制造费用 $C$ 的0.7倍。允许制造费用可按下式计算：

$$C = \frac{C_{M \cdot min}}{\beta} \tag{7-11}$$

$$\beta = \frac{C_s}{C_i} = \frac{\text{标准价格}}{\text{制造费用}}$$

式中 $C_{M \cdot min}$——合适的市场价格；

$C_s$——标准价格，是研制费用、制造费用、行政管理费用、销售费用、盈利和税金的总和。

(3) 确定经济价：

$$\beta = \frac{C_I}{C_i} = \frac{0.7C}{C_i} \tag{7-12}$$

经济价 $W_w$ 值越大，经济效果越好。理想方案的经济价为1，表示实际生产成本等于理想成本。$W_w$ 的许用值为0.7，此时，实际生产成本等于允许成本。

#### 7.2.5.3 技术经济综合评价

可用计算或图法处理技术价和经济价，来进行技术经济综合评价。

(1) 相对价：

均值法
$$W = \frac{1}{2}(W_t + W_w) \tag{7-13}$$

双曲线法
$$W = \sqrt{W_t + W_w} \tag{7-14}$$

相对价 $W$ 值大，方案的技术经济综合性能好，一般应取 $W>0.65$。当 $W_t$、$W_w$ 两项中有一项数值较小时，用双曲线法能使 $W$ 值明显变小，更便于对方案的决策。

(2) 优度图。优度图如图7-7所示。

图中横坐标为技术指标价 $W_t$，纵坐标为经济价 $W_w$。每个方案的 $W_{ti}$、$W_{wi}$ 值构成 $S_i$，$S_i$ 的位置反映此方案的优度。当 $W_t$、$W_w$ 值均等于1时的交点 $S_I$ 是理想优度，表示技术经济综合指标的理想值。$OS_I$ 连线称为“开发线”，线上各点 $W_t = W_w$。$S_i$ 点离 $S_I$ 点越近，表示技术经济指标越高，离开发线越近，说明技术经济综合性能越好。

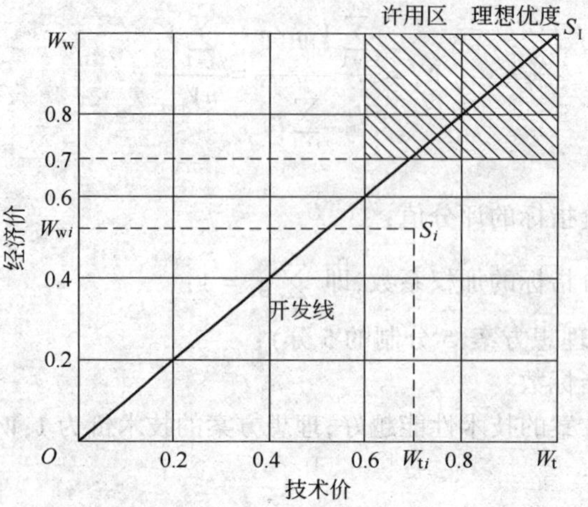


图 7-7　优度图

## 7.3　安全决策支持系统

### 7.3.1　安全决策支持系统概述

#### 7.3.1.1　决策支持系统的定义及分类

决策支持系统(decision support system,DSS)是辅助决策者通过数据、模型和知识,以人机交互方式进行半结构化或非结构化决策的计算机应用系统。它是管理信息系统(MIS)向更高一级发展而产生的先进信息管理系统。它为决策者提供分析问题、建立模型、模拟决策过程和方案的环境,调用各种信息资源和分析工具,帮助决策者提高决策水平和质量。

决策按照其性质可分为以下三类:

(1) 结构化决策。它是指对某一决策过程的环境及规则,能用确定的模型或语言描述,以适当的算法产生决策方案,并能从多种方案中选择最优解的决策。

(2) 非结构化决策。它是指决策过程复杂,不可能用确定的模型和语言来描述其决策过程,更无所谓最优解的决策。

(3) 半结构化决策。它是介于以上二者之间的决策,这类决策可以建立适当的算法产生决策方案,使决策方案中得到较优的解。

非结构化和半结构化决策一般用于一个组织的中、高管理层,其决策者一方面需要根据经验进行分析判断,另一方面也需要借助计算机为决策提供各种辅助信息,及时做出正确有效的决策。

#### 7.3.1.2　决策支持系统的发展过程

自从 20 世纪 70 年代决策支持系统概念被提出以来,决策支持系统已经得到很大的发展。

1980 年 Sprague 提出了决策支持系统三部件结构(对话部件、数据部件、模型部件),明确了决策支持系统的基本组成,极大地推动了决策支持系统的发展。

20 世纪 80 年代末 90 年代初,决策支持系统开始与专家系统(expert system,ES)相结合,形成智能决策支持系统(intelligent decision support system,IDSS)。智能决策支持系统充分发挥了专家系统以知识推理形式解决定性分析问题的特点,又发挥了决策支持系统以模型计算为核心的解决定量分析问题的特点,充分做到了定性分析和定量分析的有机结合,使得解决问题的能力和范围得到了很大发展。智能决策支持系统是决策支持系统发展的一个新阶段。20 世纪 90 年代中期出现了数据仓库(data warehouse,DW)、联机分析处理(on-line analysis processing,OLAP)和数据挖掘(data mining,DM)新技术,DW+OLAP+DM 逐渐形成新决策支持系统的概念,为此,将智能决策支持系统称为传统决策支持系统。新决策支持系统的特点是从数据中获取辅助决策信息和知识,完全不同于传统决策支持系统用模型和知识辅助决策。传统决策支持系统和新决策支持系统是两种不同的辅助决策方式,两者不能相互代替,更应该是互相结合。

把数据仓库、联机分析处理、数据挖掘、模型库、数据库、知识库结合起来形成的决策支持系统,即将传统决策支持系统和新决策支持系统结合起来的决策支持系统是更高级形式的决策支持系统,成为综合决策支持系统(synthetic decision support system,SDSS)。综合决策支持系统发挥了传统决策支持系统和新决策支持系统的辅助决策优势,能实现更有效的辅助决策。综合决策支持系统是今后的发展方向。

由于 Internet 的普及,网络环境的决策支持系统将以新的结构形式出现。决策支持系统的决策资源,如数据资源、模型资源、知识资源,将作为共享资源,以服务器的形式在网络上提供并发共享服务,为决策支持系统开辟一条新路。网络环境的决策支持系统是决策支持系统的发展方向。

知识经济时代的管理——知识管理(knowledge management,KM)与新一代 Internet 技术——网格计算,都与决策支持系统有一定的关系。知识管理系统强调知识共享,网格计算强调资源共享。决策支持系统是利用共享的决策资源(数据、模型、知识)辅助解决各类决策问题,基于数据仓库的新决策支持系统是知识管理的应用技术基础。在网络环境下的综合决策支持系统将建立在网格计算的基础上,充分利用网格上的共享决策资源,达到随机应变的决策支持。

#### 7.3.1.3　决策支持系统的组成

决策支持系统主要由四个部分组成,即数据部分、模型部分、推理部分和人机交互部分。

(1) 数据部分是一个数据库信息;

(2) 模型部分包括模型库(MB)及其管理系统(MBMS);

(3) 推理部分由知识库(KB)、知识库管理系统(KBMS)和推理机组成;

(4) 人机交互部分是决策支持系统的人机交互界面,用以接收和检验用户请求,调用系统内部功能软件为决策服务,使模型运行、数据调用和知识推理达到有机地统一,有效地解决决策问题。

#### 7.3.1.4　决策支持系统的特征

决策支持系统主要有以下几个特征:

(1) 对决策者提供支持,而不是代替他们的判断;

(2) 支持解决半结构化和非结构化决策问题;

(3) 支持决策过程的各阶段;

(4) 支持决策者的决策风格和方法,改善个人与组织的效能;

(5) 支持所有管理层次的决策,进行不同层次间的沟通和协调;

(6) 易于为非计算机专业人员以交互对话方式使用;

(7) 要由用户通过对问题的洞察和判断来加以控制;

(8) 强调对环境及用户决策方法改变的灵活性及适应性。

### 7.3.2　决策支持系统的功能及结构

#### 7.3.2.1　决策支持系统的功能

决策支持系统的功能主要有以下几个方面:

(1) 决策目标、参数和概率的规定;
(2) 数据检索和管理;
(3) 决策方案的生成;
(4) 决策方案后果的推理;
(5) 语言、数值和图形信息的显示和吸收;
(6) 方案后果的评价;
(7) 决策的解释和执行;
(8) 战略构成。

7.3.2.2　决策支持系统的结构

(1) “用户界面-数据-模型”框架。包含用户界面、数据和模型三个子系统,如图 7-8 所示。

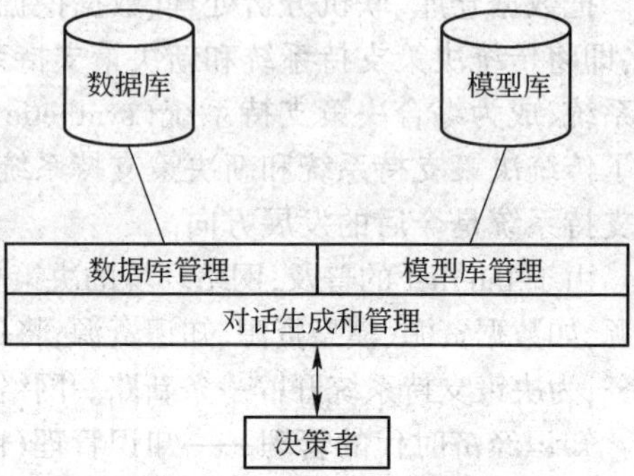

图 7-8　两库一体化结构

(2) “用户界面-知识-问题”框架。包含语言系统(language system,LS)、知识系统(knowledge system,KS)和问题处理系统(problem process system,PPS)三个部分。其中,语言系统实际就是用户界面系统(computer human interface,CHI),如图 7-9 所示。

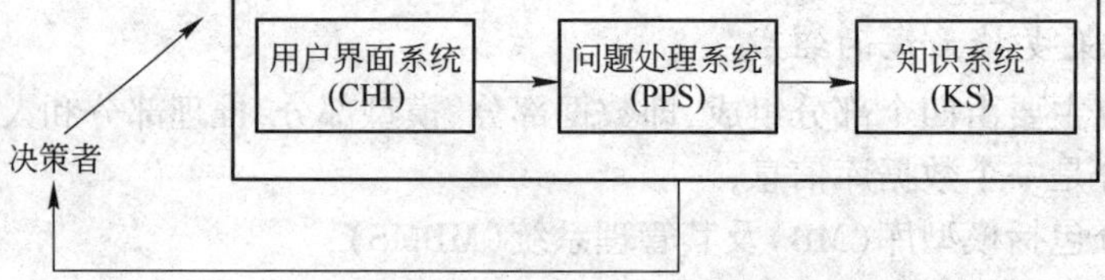

图 7-9　“语言-知识-问题处理”框架

(3) 三库一体化框架。数据库、模型库和知识库结合在一起。其结构如图 7-10 所示。

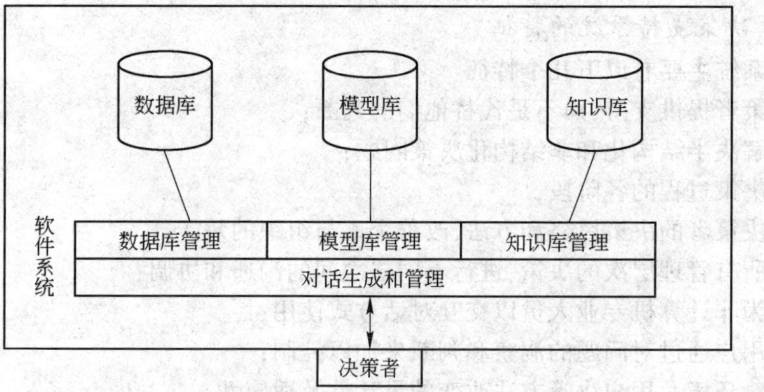

图 7-10　三库一体化结构

(4) 工具箱(toolbox)结构。常见于一些决策支持系统和办公自动化系统中。其结构如图 7-11 所示。

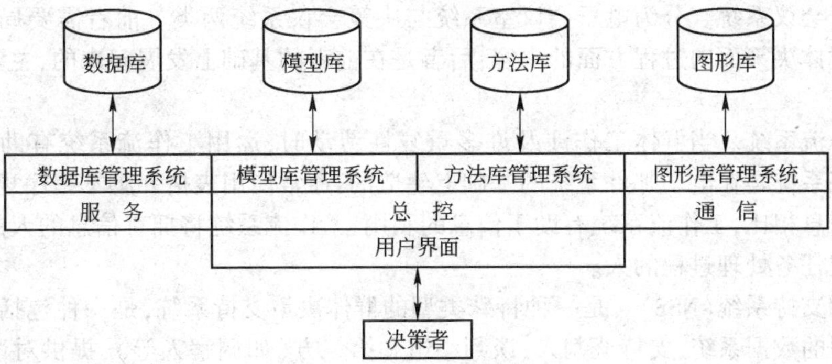


图 7-11　工具箱结构

### 7.3.3　群体决策支持系统

#### 7.3.3.1　群体决策支持系统的定义

早期的决策支持系统是单一决策，而绝大多数情况下是多人决策，即群策群力。群体(group)决策支持系统(GDSS)是指在决策支持系统的设计、结构和用途上都反映出群体的各个成员相互影响并且做出特定决策的决策方式。

群体决策支持系统的群体决策过程包括沟通，文件共享，构造群体活动的模型，集成多个人观点为群体观点，利用不同人的知识结构，将任务分解为子任务，并行解决等。

群体决策支持系统利用通信技术、计算机技术、决策支持技术(包括议程设置、人工智能和自动推理技术、决策模型方法)、结构化的群体决策方法(如德尔菲法等)。GDSS 将这些技术结合起来，使问题的求解条理化、系统化。

#### 7.3.3.2　群体决策支持系统的结构

GDSS 有四种不同的拓扑结构类型：决策室(包括公共大屏幕和椅子)、局域决策网、传真会议(包括两处摄像机)、远程决策。

#### 7.3.3.3　群体决策支持系统的特点

与传统的会议决策或传递式群体决策相比，GDSS 有以下一些特点：

(1) 不受时间与空间的限制；

(2) 群体的参与可以增加成员的工作热情；

(3) 能让决策者相互之间便捷地交流信息与共享信息，减少片面性；

(4) 决策者可克服消极的心理影响，无保留地发表自己的意见；

(5) 能集思广益，激发决策者思路，使问题的方案尽可能趋于完美；

(6) 可防止小集体主义及个性对决策结果的影响；

(7) 可提高决策群体成员对决策结果的满意程度和置信度；

(8) 群体越大效果越显著。

从理论上讲，GDSS 对群体决策是非常有益的手段，但它涉及的面很广。GDSS 要面对不同风格与偏好的个人，要综合决策科学、人工智能、计算机网络、运筹学、数据库技术、心理学及行为科学等多种学科的理论、方法与技术。因此，研究与开发实用的 GDSS 难度非常大。

#### 7.3.3.4　群体决策支持系统的类型

自 20 世纪 90 年代后期，比较流行的 GDSS 有：

(1) 电子会议系统。分为电子会议室系统与决策会议系统两类。前者需要局域网连接，软件主要支持群体决策面向过程方面的内容；后者是在前者的基础上发展起来的，主要任务是投票支持。

(2) 工作流系统。当群体工作涉及许多重复性劳动时，运用工作流系统有助于提高效率。大多数工作流系统是在电子邮件系统的基础上建造的，通常使用表格和脚本程序规定工作路线。

与传统信息相比，工作流系统有助于信息的利用，工作流系统将拥有信息的人的有关信息传送给定义指定任务处理过程的人。

(3) 谈判支持系统(NSS)。是一种特殊类型的群体决策支持系统，是一种包括计算机硬件、软件、人、过程的数据系统，支持谈判人、谈判小组和第三方(如调解人等)，提供对谈判的建议解决方案或谈判过程的支持环境。

NSS 可分为谈判驱动的 NSS 和谈判过程支持的 NSS 两类，使用各种模型提供支持。随着电子商务的全球化，已经出现基于 Web 的 NSS。

## 7.3.4　智能决策支持系统

### 7.3.4.1　智能决策支持系统概述

智能决策支持系统是人工智能(artificial intelligence，AI)和 DSS 相结合，应用专家系统(expert system，ES)技术，使 DSS 能够更充分地应用人类的知识，如关于决策问题的描述性知识，决策过程中的过程性知识，求解问题的推理性知识，通过逻辑推理来帮助解决复杂的决策问题的辅助决策系统。

IDSS 的概念最早由美国学者波恩切克(Bonczek)等人于 20 世纪 80 年代提出，它既能处理定量问题，又能处理定性问题。IDSS 的核心思想是将 AI 与其他相关科学成果相结合，使 DSS 具有人工智能。

人工智能应用的两大分支是专家系统和人工神经网络(artificial neural network，ANN)。IDSS 是在传统 DSS 的基础上结合人工智能技术而形成的。但在 ES 中知识获取困难，人们将 ES 和传统 DSS 结合而形成了 IDSS。IDSS 在结构上增设了知识库、推理机与问题处理系统。人机对话部分还加入了自然语言处理功能。人工神经网络通过采用物理可实现的器件或采用计算机来模拟人体中神经网络的某些结构与功能，它模拟人的神经元结构，构造人工神经元，吸取了生物神经网络的部分优点。与专家系统相比，人工神经网络具有良好的自组织、自学习和自适应能力，因而特别适用于处理复杂问题或开放系统。

IDSS 的决策过程是定性推理与定量模型相结合，互相补充、反复推敲的过程，因而它能解决一个复杂的半结构与非半结构相混杂的决策问题。

### 7.3.4.2　智能决策支持系统的结构

较完整与典型的 DSS 结构是在传统三库 DSS 的基础上增设知识库与推理机，在人机对话子系统加入自然语言处理系统 (LS)，与四库之间插入问题处理系统(PSS)而构成的四库系统结构。其系统结构如图 7-12 所示。

(1) 人机接口。四库系统的智能人机接口接受用自然语言或接近自然语言的方式表达的决策问题及决策目标，较大程度地改变了人机界面的性能。

(2) 处理系统。问题处理系统处于 IDSS 的中心位置，是联系人与机器及所存储的求解资源的桥梁，主要由问题分析器与问题求解器两部分组成。

(3) 知识库子系统。知识库子系统的组成可分为三部分：知识库管理系统、知识库及推理机。

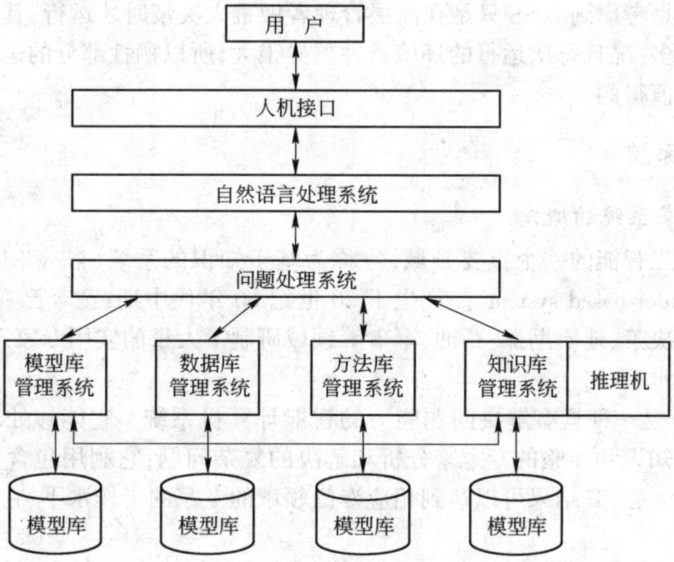


图 7-12 IDSS 四库系统结构图

1) 知识库管理系统。功能主要有两个:一是回答对知识库知识增、删、改等知识维护的请求;二是回答决策过程中问题分析与判断所需知识的请求。

2) 知识库。知识库是知识库子系统的核心。

知识库中存储的是那些既不能用数据表示,也不能用模型方法描述的专家知识和经验,也就是决策专家的决策知识和经验知识,同时也包括一些特定问题领域的专门知识。

知识库中的知识表示是为描述世界所作的一组约定,是知识的符号化过程。对于同一知识,可有不同的知识表示形式,知识的表示形式直接影响推理方式,并在很大程度上决定着一个系统的能力和通用性,是知识库系统研究的一个重要课题。

知识库包含事实库和规则库两部分。例如:事实库中存放了“任务 A 是紧急订货”、“任务 B 是出口任务”那样的事实。规则库中存放着“IF 任务 $i$ 是紧急订货,and 任务 $i$ 是出口任务,THEN 任务 $i$ 按最优先安排计划”、“IF 任务 $i$ 是紧急订货,THEN 任务 $i$ 按优先安排计划”那样的规则。

3) 推理机。推理是指从已知事实推出新事实(结论)的过程。推理机是一组程序,它针对用户问题去处理知识库(规则和事实)。

推理原理为:若事实 M 为真,且有一规则“TF M THEN N”存在,则 N 为真。

因此,如果事实“任务 A 是紧急订货”为真,且有一规则“IF 任务 $i$ 是紧急订货 THEN 任务 $i$ 按优先安排计划”存在,则任务 A 就应优先安排计划。

#### 7.3.4.3 智能决策支持系统的特点

(1) 基于成熟的技术,容易构造出实用系统;

(2) 充分利用了各层次的信息资源;

(3) 基于规则的表达方式,使用户易于掌握使用;

(4) 具有很强的模块化特性,并且模块重用性好,系统的开发成本低;

(5) 系统的各部分组合灵活,可实现强大功能,并且易于维护;

(6) 系统可迅速采用先进的支撑技术,如 AI 技术等。

#### 7.3.4.4 智能决策支持系统的运行效率

由于在 IDSS 的运行过程中,各模块要反复调用上层的桥梁,比起直接采用低层调用的方式,运行效率要低。但是考虑到 IDSS 只是在高层管理者做重大决策时才运行，其运行频率与其他信息系统相比要低得多，况且每次运行的环境条件差异很大，所以牺牲部分的运行效率以换取系统维护的效率是完全值得的。

## 7.3.5 安全专家系统

### 7.3.5.1 专家系统的概念

专家系统是人工智能的一个重要领域，也称为基于知识的系统（knowledge based system）或基于规则的系统（ruler-based system）。产生于 20 世纪 60 年代中期，至今已在医疗诊断、化学工程、语言识别、金融决策、地质勘探、石油、军事等领域研制了大量的实用专家系统，有些达到甚至超过同领域专家的水平。

专家系统（ES）是一种具有解决问题能力的智能计算机系统。它能够处理现实世界中需要由具有专门领域的知识和经验的专家来分析和解决的复杂问题；它利用包含有专家推理方法的计算机模型来求解问题，其结果可以达到相应专门领域的专家的工作水平；它是一种具有智能特征的系统。

### 7.3.5.2 专家系统的构成

一个专家系统至少由四部分构成，包括知识库、推理机制、知识获取工具和人机接口。在专家系统中，知识库和推理机制是专家系统的关键部件。

知识库中储存有专家系统求解问题所需的事实和经验。这里需要解决如何以计算机能够处理的形式来表达知识的问题。

推理机制包括知识库管理系统和推理机。知识库管理系统能够按要求自动地控制、扩展更新知识库中的知识，按照推理过程的需求去搜索适用的知识，能对知识库中的知识作正确的解释。推理机在问题求解过程中生成并控制推理的过程，使用知识库中的知识。推理机应包括推理知识、控制策略和解释生成器。

知识获取部分是专家系统的一个辅助功能，它主要解决如何从相关专家处获得知识，并为知识库和推理机所用。

人机接口是用户与计算机系统交互的窗口。要求它尽可能符合人的思维和问题求解过程，使用尽可能接近自然语言的语言以方便用户使用。其结构图如图 7-13 所示。

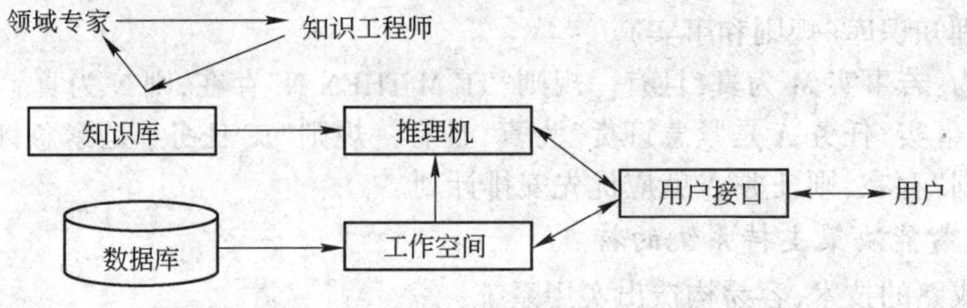


图 7-13 专家系统框图

### 7.3.5.3 专家系统的特征

（1）专家系统针对某一特定领域中的问题，通过对知识的解释、推理过程来行使专家的职能，完成类似专家的推理过程。决策支持系统则对管理决策的某个或某几个阶段进行模拟分析，给出运行结果作为决策的依据。数据处理程序则完成确定业务处理范围的结构化操作，为管理决策提供必需的信息。

(2) 专家系统虽然也会涉及数学计算,但更重要的是通过符号处理来解决决策过程中十分困难的问题。而传统的计算机程序和决策支持系统只能处理数学和字母。

(3) 专家系统可以同时处理不同精确度的数据,解决的办法是使用状况概率等。传统的计算机程序和决策支持系统则处理相同精确度的数据。

(4) 专家系统的运行结果是以定性为主,辅以定量,这个结果不是一个简单的答案,还富有关于这个答案的解释和建议。

(5) 传统的程序和决策支持系统只执行预先确定的路径,这个路径只有一个解。专家系统则对求解问题的路径无确定性,但是最终能得到结果。

(6) 专家系统可以把新的知识不断地加入现有知识库,以修改原有知识,具有自学习功能。

(7) 专家系统是以数据驱动,而不是控制指令驱动。操作时以搜索为主而不是以计算为主。

#### 7.3.5.4 专家系统的优缺点

(1) 由于专家系统汇集相关领域的众多专家的知识和经验,因而由非专家可以去完成过去只有专家才能完成的工作。

(2) 专家系统解决的问题可以不受周围环境、时间和空间的影响。

(3) 能够提高工作效率,带来巨大经济效益。

但是目前来说,专家系统还不是一个相对成熟的系统工具,还存在着相当多的问题。主要问题是:

(1) 寻找好的专家,获取专家知识较困难,难以开发出令人满意的专家系统;

(2) 开发费用昂贵,一般企业难以承担;

(3) 技术条件的限制,如适用于一般用途的计算机硬、软件系统有待进一步加强;

(4) 专家系统的可靠性、适用性要经过较长时间才能得到判断。

#### 7.3.5.5 事故预测专家系统

专家系统的应用领域非常广泛,可实现诊断、解释、设计、计划、预测、控制等功能。事故预测专家系统是运用专家知识处理困难的事故预测问题。以最聪明、最有经验的预测者的大脑思维过程为模型,即依据专家经验构造模型。该系统由数据库、模型库、方法库和知识库开发系统、推理机、解释系统以及人机接口对话系统所组成,通过人机智能接口会话系统,用户和专家可方便地对各库进行更新、查询、扩充和修改等。

## 习题和思考题

7-1 什么是安全决策?

7-2 安全决策的种类都有哪些?

7-3 安全决策的基本程序是什么?

7-4 简述评分法决策的主要步骤。

7-5 说明决策树法的决策步骤。

7-6 安全决策的方法有哪些?

7-7 什么是决策支持系统,其组成结构有哪些?

7-8 专家系统的优缺点有哪些?

# 8 安全系统工程应用实例

安全系统工程是一门应用性很强的科学技术学科，广泛应用于各个领域。在现在的生产中，事故高发点主要集中在矿山、建筑施工、危险化学品、冶金、交通运输等领域。运用安全系统工程的原理和方法，可以对生产中的安全问题进行定性和定量的分析、评价及预测，并采取综合安全措施进行预防和控制，使发生安全生产事故的可能性减少到最低限度，从而达到最佳安全状态。

## 8.1 安全系统工程在矿山中的应用

### 8.1.1 矿山安全现状及主要事故类型

近年来，我国矿山重大事故频发，伤亡巨大和经济损失惨重。这已经引起社会的强烈反响。我国正处于工业化进程中，对矿产资源的需求将不断增加。一方面，矿山安全压力不断加大；另一方面，矿山安全事故预警与防治技术相对于矿山开采技术来说处于相对落后状态，因此导致矿山安全生产形势依然严峻。我国 2003 年共发生一次死亡 30 人以上特别重大事故 14 起，死亡 818 人，其中矿山（煤矿）占 7 起（占总事故的 50%），死亡 360 人（占总死亡人数的 44%）。2006 年，全国矿山共发生重大事故 41 起，特大事故 6 起，共死亡 1004 人。2007 年，全国矿山事故导致死亡的人数为 5974 人；2008 年，仅煤矿就发生重、特大事故 38 起，死亡 707 人。

矿山生产由于受地质条件、作业方式等因素的影响，安全生产事故多集中于冒顶片帮事故、爆炸事故、火灾事故、水灾事故、有害气体中毒事故、露天矿边坡事故、尾矿库事故等。

### 8.1.2 事故树分析法在斜井跑车事故分析中的应用

斜井提升是矿山常用的提升方式，它具有设备简单、投资少、见效快的优点，但如果在操作、管理等方面存在缺陷，就容易发生事故，造成危害。因此，斜井提升事故是矿山发生的主要安全事故之一。

#### 8.1.2.1 事故树编制

通过对多起矿山斜井跑车（只考虑矿车，不考虑人车）以及跑车导致的伤害事故原因的分析，找出影响斜井跑车事故发生的基本原因事件有 32 个。根据基本原因事件发生的逻辑关系，构建如图 8-1 所示的事故树图。

进一步对斜井跑车伤害进行分析，如果斜井管理不严格执行“行车不行人，行人不行车”的制度，或发生跑车时未能做出准确的判断，就会引发人员伤亡。斜井跑车伤害事故树如图 8-2 所示。

#### 8.1.2.2 事故树定性分析

A 求解最小割集

运用布尔代数法求得斜井跑车事故的最小割集共有 23×2=46 个，即：

$K_1=\{x_1,x_3,x_4\}$；$K_2=\{x_1,x_5\}$；$K_3=\{x_1,x_6\}$；$K_4=\{x_1,x_7\}$；$K_5=\{x_1,x_8\}$；$K_6=\{x_1,x_9\}$；$K_7=\{x_1,x_{10}\}$；$K_8=\{x_1,x_{11}\}$；$K_9=\{x_1,x_{12},x_{13}\}$；$K_{10}=\{x_1,x_{12},x_{14}\}$；$K_{11}=\{x_1,x_{12},x_{15}\}$；…；$K_{43}=\{x_2,x_{27}\}$；$K_{44}=\{x_2,x_{28},x_{29},x_{30}\}$；$K_{45}=\{x_2,x_{28},x_{29},x_{31}\}$；$K_{46}=\{x_2,x_{28},x_{29},x_{32}\}$

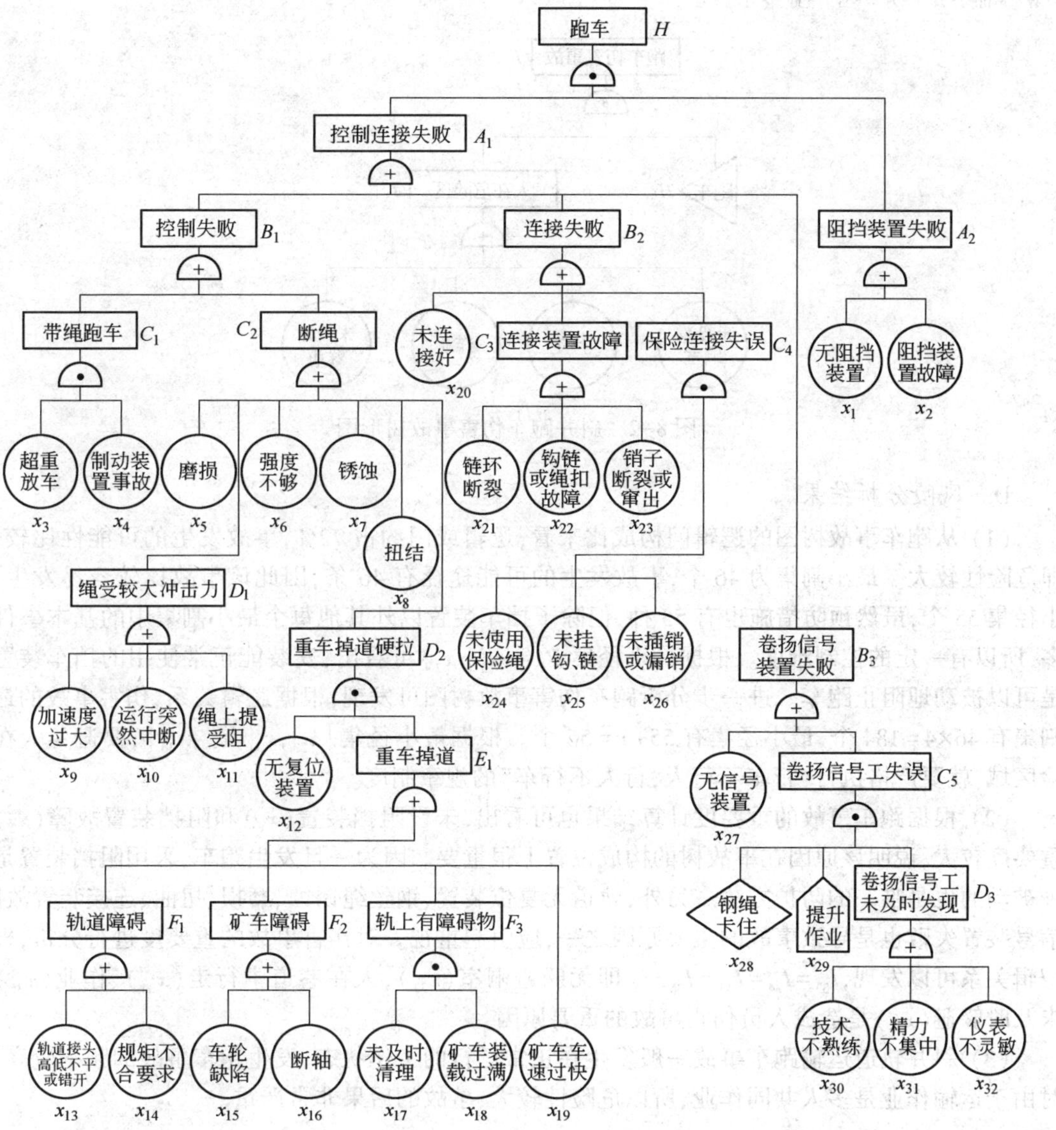


图 8-1 矿山斜井跑车事故树

B 求解最小径集

采用对偶树法求得斜井跑车事故的最小径集共 1+6×9=55 个，即：

$P_1=\{x_1,x_2\}$；$P_2=\{x_3,x_5,x_6,x_7,x_8,x_9,x_{10},x_{11},x_{12},x_{20},x_{21},x_{22},x_{23},x_{24},x_{27},x_{28}\}$；…；$P_{55}=\{x_4,x_5,x_6,x_7,x_8,x_9,x_{10},x_{11},x_{13},x_{14},x_{15},x_{16},x_{18},x_{19},x_{20},x_{21},x_{22},x_{23},x_{24},x_{27},x_{28}\}$

C 求基本事件结构重要度

由于斜井跑车事故树的最小割集的个数比最小径集少，且每个最小割集中基本事件较少，所以采用求最小割集的结构重要度。

求得的基本事件的结构重要度大小顺序为：

$I_1=I_2>I_{12}>I_5=I_6=I_7=I_8=I_9=I_{10}=I_{11}=I_{20}=I_{21}=I_{22}=I_{23}=I_{27}>I_3=I_4=I_{13}=I_{14}=I_{15}=I_{16}=I_{19}>I_{28}>I_{29}$

$>I_{17}=I_{18}=I_{24}=I_{25}=I_{26}=I_{30}=I_{31}=I_{32}$

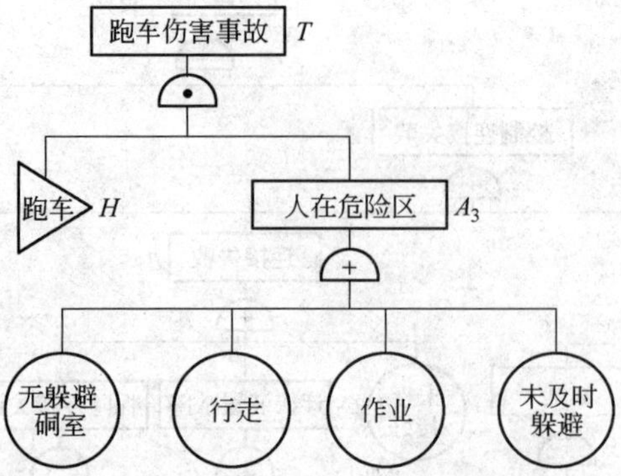


图 8-2　斜井跑车伤害事故树形图

D　风险分析结果

(1) 从跑车事故树图的逻辑门构成比来看,逻辑或门约占 72%,事故发生的可能性比较大,即危险性较大。最小割集为 46 个,事故发生的可能途径有 46 条,因此该事故比较容易发生;最小径集 55 个,虽然预防措施也有 55 种,但除了挡车装置以外其他每个最小割集中的基本事件太多,所以有一定的控制难度。根据最小径集 $P_1=\{x_1,\ x_2\}$ 可看出,安装能正常使用的挡车装置还是可以被动地阻止跑车。进一步分析跑车伤害事故树图可发现,根据逻辑关系,伤害事故的最小割集有 46×4＝184 个,最小径集有 55+1＝56 个。根据最小径集 $\{x_{33},x_{34},x_{35},x_{36}\}$,要避免人在危险区域,就要严格执行"行车不行人,行人不行车"的规章制度。

(2) 根据跑车事故的重要度计算结果也可看出,未设阻挡装置($x_1$)和阻挡装置故障($x_2$)的重要度较大,说明该原因在事故树的构成位置上很重要。因为一旦发生跑车,采用阻挡装置是一种被动的也是唯一的防护方法。另外,轨道无复位装置、钢丝绳锈蚀、磨损、扭曲、连接装置故障、信号装置失败也是导致事故的主要原因之一,应引起重视。对伤害事故的重要度进行分析,根据逻辑关系可以发现,$I_{33}=I_{34}=I_{35}=I_{36}>I_1$ 即无躲避硐室($x_{33}$),人在巷道中行走($x_{34}$)、作业($x_{35}$)和未及时躲避($x_{36}$)是造成人员伤亡事故的重要原因。

(3) 斜井轨道运输跑车事故一般发生在正常运行的工作状态,发生跑车事故的频率较高,同时由于运输作业是多人共同作业,所以危险性较大,事故的后果非常严重。

8.1.2.3　安全对策

防止跑车伤害事故的措施有:防止发生跑车;一旦发生跑车时要避免事故扩大,尤其是避免人员伤害。采取的安全措施主要有:

(1) 严格执行井筒"行车不行人,行人不行车"制度,并在遇到紧急情况下,能做出正确的判断和行动,以减少事故的发生。下部及中间车场须设躲避硐室。

(2) 上部和中间车场,装设阻车器或挡车栏,在车辆通过时打开,通过后关闭。因为一旦发生跑车,采用挡(阻)车装置是唯一的,也是一种被动的防护方法。因而挡车装置的性能及可靠性直接影响防护的成功与否。故在斜井运输中应实行"一坡三挡",并且定期检查,以便可靠地保护该区段内的跑车。

(3) 在条件允许的情况下井口尽量使用甩车场,以避免平车场容易跑车的缺点。

(4) 把钩工要经过培训、考试合格后才能上岗。要严格按操作规程进行操作,每次开车前必须检查牵引车数、钩头及各车的连接和转载等情况,确认无误后方可发出开车信号。

(5) 加强钢丝绳的检查、维护,防止断绳事故。三链环与插销等连接装置要符合要求,不合格的不得使用。

(6) 钢丝绳与矿车及矿车之间的连接都要使用不能自行脱落的连接装置。常用的有保险插销、自锁插销及带锁口圈的矿车连接器等。井筒倾角超过12°时,还应装保险绳。

(7) 严禁超重放车,卷扬机制动装置要可靠,防止飞车。

(8) 加强矿车的检查和维护,发现底盘有开焊和裂纹的矿车,要停止使用。

(9) 轨道要符合质量标准,对于长期失修以及因矿山压力造成的巷道断面小、底鼓而致轨道质量不符合要求,应严格把好设计关,合理布置运输巷道,在正常运输生产中加强维护和维修,使轨道质量符合标准化要求。严禁在轨道上乱扔、乱丢废弃物品(如钢材、木材、矸石等),并及时检查和清理堆积物,以防矿车掉道或运行时跳动。

(10) 要安设电灯、电话、电铃等信号装置并按规定要求使用。保证卷扬机及仪表、监视及信号系统完好有效,发现问题及时停机处理。

### 8.1.3　模糊综合评价在尾矿库安全评价中的应用

尾矿库是一个复杂系统,其安全状况不仅关系到矿山企业的安全生产,而且涉及尾矿库下游的人民生命财产安全和周边环境。2008年9月8日上午,山西省襄汾县新塔矿业有限公司尾矿库发生溃堤事故。约20万方混杂着矿渣的泥水从100多米高的半山腰狂泻而下,顷刻间吞没了1.5 km长、数百米宽的地带,其中包括新塔矿业公司办公楼、部分民居和一个乡村集市,造成276人死亡。因此,定期对尾矿库进行安全评价能提高尾矿库的安全管理水平,对发现的事故隐患及时进行整改,确保尾矿库安全。

(1) 评价指标体系的建立。根据安全评价指标体系的建立原则,结合尾矿库的实际情况,建立了如图8-3所示的安全评价指标体系。

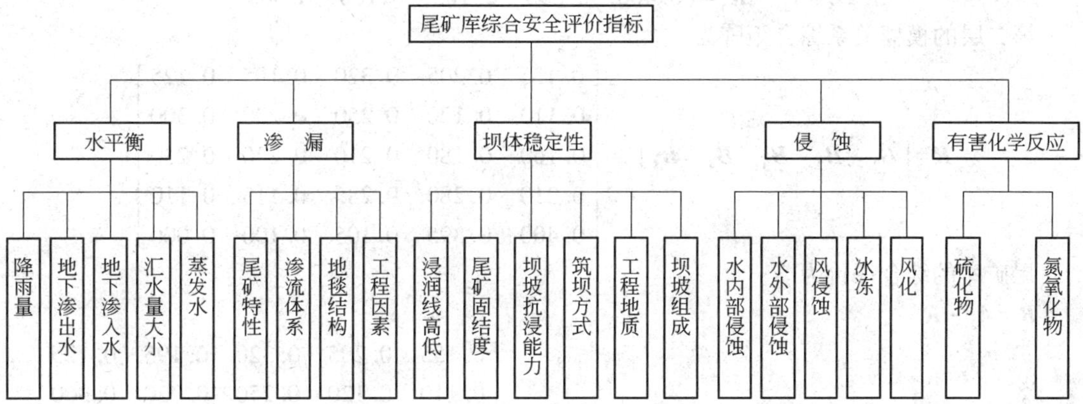


图8-3　尾矿库综合安全评价指标

(2) 各层评价指标的权重分配。采用专家评分法确定各评价指标的权重。第二层评价指标体系的权重分配为 $A_2=\{a_1,a_2,a_3,a_4,a_5\}=\{0.2,0.45,0.1,0.15,0.1\}$,第三层评价指标体系的权重分配为

$$A_{31}=\{a_{11},a_{12},a_{13},a_{14},a_{15}\}=\{0.15,0.5,0.2,0.1,0.05\},$$

$$A_{32}=\{a_{21},a_{22},a_{23},a_{24}\}=\{0.3,0.2,0.2,0.3\},$$

$$A_{33}=\{a_{31},a_{32},a_{33},a_{34},a_{35},a_{36}\}=\{0.3,0.1,0.1,0.1,0.25,0.15\},$$

$A_{34}=\{a_{41},a_{42},a_{43},a_{44},a_{45}\}=\{0.3,0.25,0.1,0.1,0.25\}$，

$A_{35}=\{a_{51},a_{52}\}=\{0.95,0.05\}$。

(3) 模糊关系综合矩阵 $\boldsymbol{R}$ 的建立。根据现场检查和评价，得到尾矿库的第三层次模糊关系综合矩阵 $\boldsymbol{R}$：

$$\boldsymbol{R}_1=\begin{bmatrix}0.100 & 0.200 & 0.200 & 0.300 & 0.200\\0.100 & 0.200 & 0.400 & 0.200 & 0.100\\0.300 & 0.300 & 0.200 & 0.100 & 0.100\\0.200 & 0.100 & 0.300 & 0.200 & 0.200\\0.200 & 0.100 & 0.400 & 0.200 & 0.100\end{bmatrix}\quad \boldsymbol{R}_2=\begin{bmatrix}0.000 & 0.100 & 0.100 & 0.200 & 0.600\\0.200 & 0.100 & 0.200 & 0.300 & 0.200\\0.200 & 0.200 & 0.300 & 0.200 & 0.100\\0.100 & 0.100 & 0.400 & 0.200 & 0.200\end{bmatrix}$$

$$\boldsymbol{R}_3=\begin{bmatrix}0.300 & 0.200 & 0.100 & 0.300 & 0.100\\0.100 & 0.100 & 0.200 & 0.100 & 0.500\\0.000 & 0.200 & 0.200 & 0.300 & 0.300\\0.200 & 0.100 & 0.500 & 0.100 & 0.100\\0.100 & 0.200 & 0.300 & 0.200 & 0.200\\0.100 & 0.200 & 0.100 & 0.200 & 0.400\end{bmatrix}\quad \boldsymbol{R}_4=\begin{bmatrix}0.200 & 0.300 & 0.300 & 0.100 & 0.100\\0.300 & 0.200 & 0.300 & 0.100 & 0.100\\0.200 & 0.400 & 0.100 & 0.200 & 0.100\\0.200 & 0.200 & 0.300 & 0.100 & 0.200\\0.100 & 0.300 & 0.400 & 0.100 & 0.100\end{bmatrix}$$

$$\boldsymbol{R}_5=\begin{bmatrix}0.400 & 0.400 & 0.100 & 0.100 & 0.000\\0.400 & 0.300 & 0.200 & 0.100 & 0.000\end{bmatrix}$$

(4) 综合评价结果的计算。计算每个因素的综合评价结果：

$$\boldsymbol{B}_1=A_{31}\cdot\boldsymbol{R}_1=(0.155\quad 0.205\quad 0.320\quad 0.195\quad 0.125)$$
$$\boldsymbol{B}_2=A_{32}\cdot\boldsymbol{R}_2=(0.110\quad 0.120\quad 0.250\quad 0.220\quad 0.300)$$
$$\boldsymbol{B}_3=A_{33}\cdot\boldsymbol{R}_3=(0.160\quad 0.180\quad 0.210\quad 0.220\quad 0.230)$$
$$\boldsymbol{B}_4=A_{34}\cdot\boldsymbol{R}_4=(0.210\quad 0.280\quad 0.285\quad 0.115\quad 0.110)$$
$$\boldsymbol{B}_5=A_{35}\cdot\boldsymbol{R}_5=(0.400\quad 0.395\quad 0.105\quad 0.100\quad 0.000)$$

第二层的模糊关系综合矩阵为

$$\boldsymbol{R}=[\boldsymbol{B}_1\quad \boldsymbol{B}_2\quad \boldsymbol{B}_3\quad \boldsymbol{B}_4\quad \boldsymbol{B}_5]^{\mathrm{T}}=\begin{bmatrix}0.155 & 0.205 & 0.320 & 0.195 & 0.125\\0.110 & 0.120 & 0.250 & 0.220 & 0.300\\0.160 & 0.180 & 0.210 & 0.220 & 0.230\\0.210 & 0.280 & 0.285 & 0.115 & 0.110\\0.400 & 0.395 & 0.105 & 0.100 & 0.000\end{bmatrix}$$

尾矿库的综合评价为

$$\boldsymbol{B}=A_2\cdot\boldsymbol{R}$$

$$=[0.200\quad 0.450\quad 0.100\quad 0.150\quad 0.100]\cdot\begin{bmatrix}0.155 & 0.205 & 0.320 & 0.195 & 0.125\\0.110 & 0.120 & 0.250 & 0.220 & 0.300\\0.160 & 0.180 & 0.210 & 0.220 & 0.230\\0.210 & 0.280 & 0.285 & 0.115 & 0.110\\0.400 & 0.395 & 0.105 & 0.100 & 0.000\end{bmatrix}$$

$$=[0.1685\quad 0.1940\quad 0.2455\quad 0.1845\quad 0.2075]$$

系统的总得分为

$$f=e_1b_1+e_2b_2+e_3b_3+e_4b_4+e_5b_5$$
$$=30\times0.1685+45\times0.1940+65\times0.2455+80\times0.1845+95\times0.2075=64.215$$

根据计算结果，该尾矿库的综合安全评价等级为“中”。

### 8.1.4 安全检查表在小煤矿安全评价中的应用

安全检查表通常用于检查各种安全规范和标准的执行情况,既可用于简单的快速分析,也可用于更深层次的分析,它是识别已知危险的有效方法。

8.1.4.1 评价情况

按照《河北省小煤矿安全评价办法及标准》(试行),煤矿安全程度评价包括10个单项,即:安全机构及人员资质、安全管理、通风、瓦斯、爆破、防尘防火、防治水、电气、开采、提升运输。以某煤矿为例,对其10个单项的评分如表8-1所示。

**表8-1 某煤矿10个单项评分表**

| 评价项目 | 评价内容 | 标准分 | 单项折合分 | 存在问题及扣分原因 |
|---|---|---|---|---|
| 安全机构人员资质 | 安全管理机构设置、安全管理人员、特种作业人员资质、职工安全培训、煤矿救护 | 100 | 91 | 按矿井三班实际生产需要,应配备3名电钳工,实际只有1名扣4分;无培训过程,也无上年培训结果存档扣5分 |
| 安全管理 | 安全专篇、安全制度、图纸、操作规程、作业规程、安全措施 | 100 | 88 | 安全办公会议制度落实不好扣2分;安全目标管理制度没有落实扣2分;安全隐患排查报告制度没有落实扣2分;安全技术规程措施审批制度没有落实扣2分;爆破器材使用管理制度没有落实扣2分;没有根据季节的变化修改年度灾害预防处理计划扣2分 |
| 通风 | 通风系统、通风设施、局部通风 | 100 | 73 | 通风机房内没有轴承温度计、水柱计、电流表、电压表、没有运转记录扣10分;总回风道通总进风道1密闭漏风扣2分;局部通风机没有风电闭锁,不符合《河北省小煤矿安全评价办法及标准》第三项第4款的规定扣15分 |
| 瓦斯 | 瓦斯管理、突出矿井管理与通风抽放 | 100 | 64.35 | 执行"一炮三检测",记录不全扣10分;井下检查瓦斯牌板只反映一班检查数字,一班检查数字也缺2次检查还没人员签字扣15分;突出矿井管理与瓦斯抽放为缺项 |
| 爆破 | 爆破器材、井下爆破 | 100 | 75 | 爆破作业地点使用铁芯爆破母线扣5分;现场检查时爆破作业地点无炸药、雷管分装箱扣5分;爆破作业地点无爆破说明书扣10分;无洒水降尘设施,爆破前后20 m内无法降尘扣5分 |
| 防尘防火 | 矿井防尘、防火灭火 | 100 | 60 | 有防尘供水管路,掘进工作面未按规定安设水幕扣5分;采掘工作面没有安装隔爆设施扣20分;采掘工作面没有湿式打眼扣5分;井下没有定期测尘扣5分;地面矿灯房没有灭火器材扣5分 |
| 防水治水 | 技术管理,井下、地面防水治水 | 100 | 80 | 在采掘工程平面图上,没有标注历年采空区及隔离煤柱扣5分;在采掘工程平面图上,没有标注采空区积水及影响范围扣5分;没有备用排水管路扣10分 |
| 电气 | 供电、电气设备和保护、照明通信及信号 | 100 | 60 | 矿井主通风机为单回路供电扣5分;由地面架空线路引入井下的通信线路没有装设防雷电装置扣10分;上口往下20 m处电缆接线盒不合格扣5分;井下配电点低压开关内短路保护用的是200A保险片保险太大扣5分;下车场无信号灯,绞车房无信号按钮扣10分;地面没有与井下直通电话扣5分 |

续表 8-1

| 评价项目 | 评价内容 | 标准分 | 单项折合分 | 存在问题及扣分原因 |
|---|---|---|---|---|
| 开　采 | 安全出口及采煤、顶板管理、采掘机械、巷道维修 | 100 | 62 | 作业规程、安全技术措施的贯彻没有签名记录扣5分;掘进工作面的净端面尺寸与作业规程要求不符扣12分;主井一处高度1.45 m,不符合《煤矿安全规程》第二十一条第1款规定扣2分;采掘机械为缺项;安全出口及采煤为缺项 |
| 提升运输 | 提升、斜巷及平巷运输、机车和胶带输送机运输 | 100 | 56.25 | 使用的是11.4 kW内齿轮绞车,选型不合理扣5分;斜井绞车房没有信号按钮,下车场无信号装置扣10分;斜井没有设置"一坡三挡"扣15分;暗斜井没有"行人不开车,开车不行人"的警示牌扣5分;机车和胶带输送机为缺项 |

小煤矿安全评价标准设3个层次,分为10个专项、106个小项。每个专项均为100分,专项内有缺项的其专项分数按下列公式计算:

$$单项折合分数=\frac{单项标准分}{(单项标准分-缺项分数)}\times本单项评估实际得分$$

如没有缺项,专项折合分数就是其实际得分。评价项目如缺小项或小项内缺少内容,按规定必须有的,按评分办法评分;可以没有的,不扣分。

煤矿安全评价等级分为四类:

(1) A类(好)煤矿。安全评价得分为900分及以上,且10个专项得分都必须高于80分;

(2) B类(一般)煤矿。安全评价得分为750分及以上,且10个专项得分都必须高于65分;

(3) C类(差)煤矿。安全评价得分为600分及以上,且10个专项得分都必须高于50分;

(4) D类(不合格)煤矿。安全评价得分为600分及以下。

煤矿安全评价得分在600分及以上,只要该煤矿10个专项中有1项得分低于50分(含50分),即为D类煤矿。

以上述某煤矿为例,提升运输单项折合分数如下:单项标准分=100,缺项分数=20,实际得分=45,代入公式得出该项分数为56.25。同理计算出开采和瓦斯的单项折合分数分别为62,64.35。其余无缺项的实际得分就是它的单项折合分。10个单项折合分数之和就是安全评价得分708.61。所以该煤矿为C类煤矿。经计算分析,河北省承德市鹰手营子矿区内的63个煤矿中,没有A类矿井,有1个B类煤矿,58个C类煤矿,4个D类煤矿。

8.1.4.2　*煤矿安全现状分析*

依据《河北省小煤矿安全评价办法及标准》(试行)和《煤矿安全规程》,用安全检查表对河北省承德市鹰手营子矿区煤矿的安全现状进行综合评价,发现存在以下问题:

(1) 大多数矿井的特种作业人员虽然是持证上岗,但其数量不能满足矿井安全生产的要求。

(2) 培训方面应有当年安全培训计划,培训情况和考核结果存档。评价发现多数有培训计划,但是没有考核结果存档。

(3) 安全措施方面,应有年度灾害预防处理计划并贯彻落实。但是矿井灾害预防与处理计划没有修改过,不能适应季度灾害变化的预防要求。

(4) 矿井通风方面,有部分煤矿通风机房内没有轴承温度计、水柱计,没有运转记录,未配备高、中、低速风表,井下通风设施(如门、密闭)质量较差,没有测定外部漏风率。有少数矿备用风机能力与在用的主要通风机能力不匹配。

(5) 瓦斯管理方面,部分煤矿没有执行“一炮三检制”并且缺少记录。

(6) 爆破方面,大部分矿井使用铁芯爆破母线,现场检查无炸药、雷管分装箱,无爆破说明书。

(7) 防尘防火方面,没有冲刷巷道和定期测尘,部分煤矿没有安设水幕,采掘工作面没有湿式打眼和使用水炮泥,灭火器材数量不够。

(8) 防水治水方面,防水治水系统不完善。

(9) 电气方面,矿井主要通风机为单回路供电,电气设备和通信设备不完善。

(10) 在开采方面,主斜井局部高度不够,采掘工作面支护不符合作业规程要求。

(11) 提升运输方面,部分矿井提升装置没有限速保护、松绳保护、闸间隙保护,装置没有警铃,少数矿井主斜井斜巷内防跑车装置不起作用。

(12) 在煤矿安全评价过程中发现有相当部分的煤矿,生产技术资料,特别是通风系统图、采掘工程平面图、井上下对照图、供电系统图不完善并且填绘不及时,同时也不能利用图纸指导安全矿井生产。

#### 8.1.4.3 安全评价对煤矿安全的促进作用

通过煤矿安全程度的评价,有力地促进了煤矿企业安全生产面貌的改变。具体体现在以下几个方面:

(1) 矿井瓦斯等级管理更加明确。通过这次煤矿安全评价,促使矿井委托煤科总院抚顺分院进行瓦斯等级鉴定,鉴定等级均为低瓦斯矿,开采以来均未发生过煤与瓦斯突出危险。这就在很大程度上减少了上级主管部门对高瓦斯矿井监察的工作量。

(2) 强化了安全管理措施的贯彻和落实。通过安全程度评价,强化了安全管理措施的贯彻和落实。

(3) 完善和规范了矿井生产技术资料。通过安全程度评价,使绝大多数矿井的技术资料和规范化迈进了很大一步,能够做到真正地利用生产技术资料直到矿井安全生产。

(4) 为对企业实施安全监察和管理提供依据。通过煤矿安全评价,为煤矿安全生产管理部门对企业实施监察。通过这次安全评价,使煤矿安全生产管理部门在下一阶段,能够有目的、有重点地对少数煤矿进行安全监察。

(5) 强化国家法律、法规对企业的作用。按照国家颁发的有关法律法规,煤矿安全程度评价由经过国家认证的具有资质的中介机构负责进行,通过这次开展煤矿安全程度评价,中介机构充分地认识到国家不断地加大对安全生产管理的监督力度,作为煤矿生产企业,只有在国家的大政方针指导下,搞好企业安全生产,加大安全投入,合理、合法开采才能取得更好的经济效益。

## 8.2 安全系统工程在建筑施工中的应用

### 8.2.1 建筑施工安全现状及主要事故类型

我国的工程建设规模巨大,但建设管理水平、施工水平及技术水平参差不齐,安全生产的管理和职工安全教育滞后,建筑职工尤其是农民工安全素质较低,因此,当前建筑行业的安全形势非常严峻。

我国建筑业从业人数在20世纪90年代初为2500万人,到2003年已达3893万人。建筑业属于高危险行业,每年因安全生产事故导致的伤亡人数仅次于采矿业。据统计,2001年建筑施工发生事故1004起,死亡1045人;2003年发生事故1278起,死亡1512人;2005年全国建筑业(包括铁道、交通、水利等专业工程)共发生事故2288起,死亡2607人,其中,房屋建筑和市政工程共发生建筑施工事故 1015 起,死亡 1193 人(其中共发生建筑施工一次死亡 3 人以上重大事故 43 起,死亡 170 人);2006 年发生事故 888 起,死亡 1048 人;2007 年发生事故 859 起,死亡 1012 起。近年来,建筑伤亡事故一直维持在较高水平。

根据对统计资料的分析,建筑施工伤亡事故主要集中在高处坠落、触电、坍塌、物体打击和机具伤害五个方面。如在 2006 年全国建筑施工事故中,高处坠落导致的安全事故占 46%,触电导致的安全事故占 14%,坍塌导致的安全事故占 13%,物体打击导致的安全事故占 11%,机具伤害占 6%,这五类伤亡事故约占总伤亡事故的 90%。

### 8.2.2 事故树分析法在高空吊架坠落伤亡事故中的应用

高空吊架是机械设备检修、建筑安装检修及竖井安装检修等常用的临时简便方法。由于高空吊架使用很不规范及违章操作等,致使吊架倾翻坠落而引起伤亡事故屡次发生。为了预防和减少高空吊架坠落伤亡事故,对引起高空吊架坠落伤亡事故的原因进行系统分析,并提出相应的预防措施是必要的。

#### 8.2.2.1 事故原因分析

事故案例:某日 15 时左右,某机修厂吴某等 3 人修理起吊行车,因吊架倾翻坠落,造成吴某坠落在水泥地面上的抓斗上,头被抓斗臂上锐物刺破颅骨,当场死亡。

事故的主要经过:事故当天起吊行车发生故障,厂调度室安排工人吴某等 3 人对行车进行修理。他们使用吊架搭台修理行车,工作到中午 11 点多钟,被请去喝酒吃饭。饭后,吴某等 3 人又回厂修理行车,3 人同时爬上吊架工作,吊架用的吊绳是旧棕绳,使用前未做详细检查,作业前有两人提出要系安全带,但未被采纳。为抢进度,吊架上同时有 3 人工作,工作约 15 分钟,吊绳突然断裂,吊台倾翻。吴某掉在水泥地面上的抓斗上,头被抓斗臂上的锐物刺破颅骨,当场死亡;另 2 人落在地面的砂堆上幸而无恙。

事故发生后,厂领导非常重视,进行了认真细致的分析和善后处理。分析认为此次事故属人为责任事故。造成事故的主要原因有:

(1) 中午吃饭喝了酒,严重违反了“严禁酒后上班”的规定;

(2) 工作麻痹大意,工作前未仔细检查吊绳;

(3) 工作时没穿戴劳保用品,未系安全带;

(4) 对安全组织计划不严,片面追求赶时间,忽视安全生产。

进一步分析还可以看出,引起吊架倾翻坠落除了吊绳拉断外,滑轮拴挂不牢固或滑轮故障等均有可能导致吊架倾翻坠落。引起滑轮拴挂不牢固的主要原因可能是挂点不当或挂的吊绳不合格等,引起滑轮故障的原因可能是滑轮本身结构有缺陷,吊架超荷载或不合安全要求等。

#### 8.2.2.2 故障树编制

根据上述分析,编制高空吊架坠落伤亡的事故树如图 8-4 所示。从图 8-4 中可以看出,引起吊架坠落伤亡事故的基本原因事件有 9 个,即 $x_1 \sim x_9$。在引起高空吊架坠落伤亡事故中,这些基本事件有些出现过,有些还未曾出现。

#### 8.2.2.3 定性分析

对图 8-4 中的事故树结构进行适当简化后,求出其最小割集,并确定各基本原因事件的重要度及最小径集。

(1) 最小割集。最小割集代表了系统的危险性,采用布尔代数法计算:

$$T = a_0 \cdot T_1 = a_0 x_1 T_2 T_3 = a_0 x_1 (T_6 + T_4 + T_5)(x_8 + x_9)$$

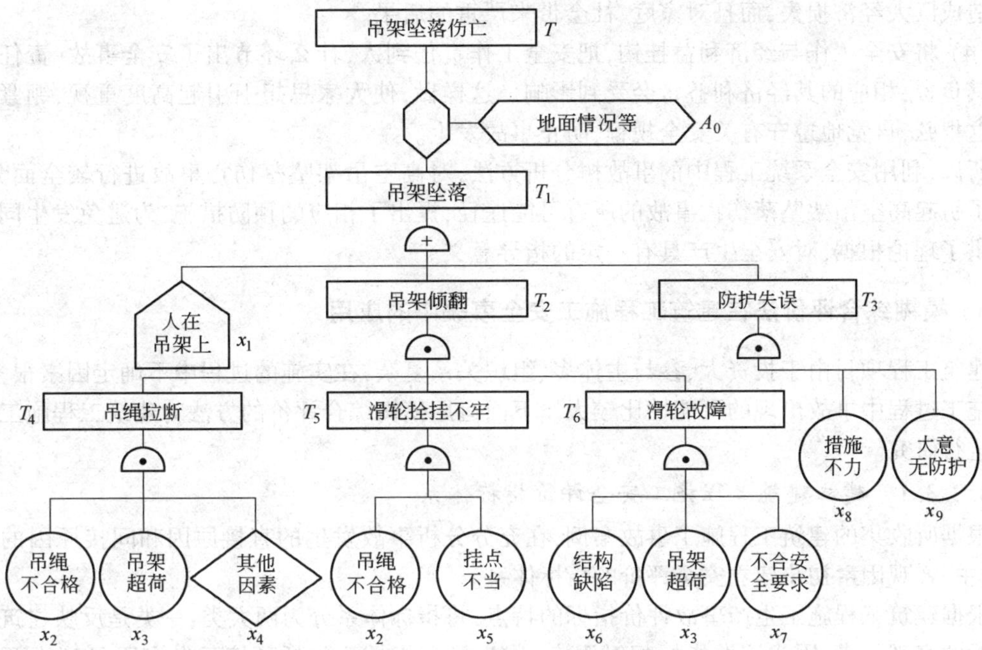


图 8-4 吊架坠落伤亡事故树

$$=a_0x_1(x_2+x_3+x_4+x_2+x_5+x_6+x_3+x_7)(x_8+x_9)$$

将其展开化简后，可得到最小割集 12 组，分别为$(a_0,x_1,x_2,x_8)$、$(a_0,x_1,x_4,x_8)$、$(a_0,x_1,x_5,x_8)$、$(a_0,x_1,x_6,x_8)$、$(a_0,x_1,x_3,x_8)$、$(a_0,x_1,x_7,x_8)$、$(a_0,x_1,x_2,x_9)$、$(a_0,x_1,x_4,x_9)$、$(a_0,x_1,x_5,x_9)$、$(a_0,x_1,x_6,x_9)$、$(a_0,x_1,x_3,x_9)$、$(a_0,x_1,x_7,x_9)$。这表明了导致从高空吊架上坠落伤亡有 12 种途径。

(2) 基本事件结构重要度。由于每组最小割集均包含 4 个基本事件，因此基本事件结构重要度，由基本事件在最小割集中出现的次数多少来确定。从上述的最小割集中可知，条件 $a_0$ 和基本事件 $x_1$ 在每组中均出现，各出现 12 次，$x_8$ 和 $x_9$ 各出现 6 次，$x_2,x_3,x_4,x_5,x_6,x_7$ 各出现 2 次，因此，基本事件结构重要顺序为 $a_0=x_1>x_8=x_9>x_2=x_3=x_4=x_5=x_6=x_7$。

(3) 最小径集。最小径集代表了系统的安全性，告诉我们应采取哪些预防措施，避免顶上事件发生。可利用事故树的对偶性求得成功树，再利用布尔代数求成功树的最小割集。

$$T=a_0T_1=a_0(x_1+T_2+T_3)=a_0x_1+a_0T_1T_5T_6+a_0x_8x_9$$
$$=a_0x_1+a_0x_2x_3x_4x_5x_6x_7+a_0x_8x_9$$

得到最小径集 3 组，分别为$(a_0,x_1)$、$(a_0,x_2,x_3,x_4,x_5,x_6,x_7)$、$(a_0,x_8,x_9)$。

#### 8.2.2.4 预防措施

根据上述事故树分析，为了预防和避免同类事故的发生，应采取以下预防措施：

(1) 严格执行安全规程，仔细检查工具和设备，及时排除事故隐患。如使用吊绳一定要仔细检查，吊绳的强度要符合安全要求，吊架不允许超载等。

(2) 加强对职工的安全教育，使大家认识到生产必须安全，工作时穿戴好劳保用品。安全人员应加强检查，工人没有穿戴合适的劳保用品不能上岗作业。

(3) 各级领导及安全工作者，应摆正安全工作的位置，不能片面追求经济效益，而忽视安全工作。应该始终如一地贯彻“安全第一，预防为主”的工作方针，明白安全事故的发生不仅会给企业造成巨大经济损失,而且对家庭、社会带来严重的后果。

(4) 将安全工作与经济利益挂钩,把安全工作责任到人,什么环节出了安全事故,责任人就得对其负责,相应的其经济利益将会受到影响。这样做,使大家思想上引起高度重视,绷紧安全生产这根弦,自觉地遵守有关安全规程,防止事故发生。

所以,利用安全系统工程中的事故树分析方法,对高空吊架坠落伤亡事故进行较全面分析,找出了引起高空吊架坠落伤亡事故的所有可能途径,提出了相应的预防措施,为避免发生同类事故提供了理论根据,对安全生产具有一定的指导意义。

### 8.2.3　模糊综合评价法在建筑工程施工安全事故中的应用

建筑工程项目由于投资大、参与主体多、组织关系复杂,在实施的过程中不确定因素很多,所以其施工过程中事故出现的可能性比较大。下面运用模糊综合评价的方法对建筑工程施工安全评价进行研究。

#### 8.2.3.1　建立建筑工程施工安全评价指标体系

根据所收集的建筑工程施工事故案例,在充分分析事故发生的直接原因和间接原因的基础上,按主、客观因素初步建立安全评价的指标体系。

根据建筑工程施工生产事故评价指标的特点,将指标体系分为两大类:一类是反映建筑工程施工时的客观因素,因为该类指标相对固定,称为静态指标。包括环境复杂和不可抗力两个指标。另一类指标是与建筑工程施工事故发生率密切相关的指标,即随着施工现场的事故风险率的变化,各个指标值的权重会随之发生变化,该类指标称为动态指标。包括地质勘探、设计因素、施工工艺、安全管理、工人操作、设备质量以及政府主管部门监督七个指标。经综合分析,确定最终的评价指标如图 8-5 所示。

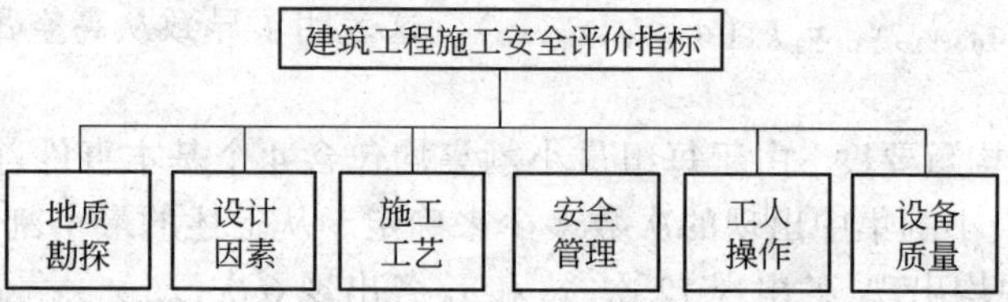


图 8-5　建筑工程施工安全评价指标图

#### 8.2.3.2　建筑工程施工事故的模糊综合安全评价

A　确定隶属函数

应用模糊数学方法的关键在于建立符合实际的隶属函数,采用指派方法确定隶属函数。对评价集{好,中,差} = $\{v_1, v_2, v_3\}$ 的隶属函数为:

(1) 对 $v_1$ 的隶属函数 $\mu_1(x)$ 为

$$\mu_1(x)=\begin{cases}0 & x\in[0,85]\\ \dfrac{1}{1+5.263(x-85)^{-2}} & x\in(85,95]\\ \dfrac{x}{100} & x\in(95,100]\end{cases}$$

(2) 对 $v_2$ 的隶属函数 $\mu_2(x)$ 为

$$\mu_2(x)=\frac{1}{1+0.04(x-75)^2}\qquad x[0,100]$$

(3) 对 $v_3$ 的隶属函数 $\mu_3(x)$ 为

$$\mu_3(x)=\begin{cases}0 & x\in[0,65] \\ \dfrac{1}{1+0.021(x-65)^2} & x\in(65,95] \\ 1-\dfrac{x}{100} & x\in(95,100]\end{cases}$$

B 实例分析

a 对已完工施工项目进行安全评价

这是一起卷扬提升机吊篮坠落致人死亡事故。事故的直接原因是吊篮突然从高空坠落,乘坐吊篮的施工人员无法脱身而坠落死亡。事故的间接原因有三个:施工工艺存在缺陷、操作不当、安全管理不善。

根据事故发生的间接原因,首先由专家对每个评价指标按照其优劣程度进行打分,满分为100分。如表8-2所示。

**表8-2 专家打分法**

| 指标 / 分值 | 安全管理 | 施工工艺 | 工人操作 | 工程设计 | 设备质量 | 地质勘察 |
|---|---|---|---|---|---|---|
| 专家打分 | 45 | 45 | 45 | 80 | 90 | 70 |

根据前面所确定的隶属函数以及表8-2中的评分值,确定每一个评价指标相对于三个评价等级好、中和差的隶属度,得到模糊关系矩阵为

$$\boldsymbol{R}=\begin{bmatrix}0 & 0.036 & 0 \\ 0 & 0.036 & 0 \\ 0 & 0.036 & 0 \\ 0 & 0.5 & 0.17 \\ 0.95 & 0.06 & 0.05 \\ 0 & 0.5 & 0.7\end{bmatrix}$$

专家评分法确定评价指标权重为

$$A=\{0.434,\ 0.253,\ 0.106,\ 0.084,\ 0.076,\ 0.047\}$$

计算模糊综合评判指标 $B$ 为

$$B=A\cdot\boldsymbol{R}=\{0.073,\ 0.086,\ 0.086\}$$

按照最大原则取0.086对应的安全状况隶属区间为“中差”,因此判断该工程的风险等级为高,属于危险状态,很有可能发生事故。而该工程确实发生过事故,这说明对建筑工程施工安全评价采用模糊综合评价方法是可行的。

b 对某拟建工程项目进行安全事故预防

首先由专家对拟建工程项目的每个评价指标按照其优劣程度进行打分,满分为100分,如表8-3所示。

**表8-3 专家打分法**

| 指标 / 分值 | 安全管理 | 施工工艺 | 工人操作 | 工程设计 | 设备质量 | 地质勘察 |
|---|---|---|---|---|---|---|
| 专家打分 | 90 | 90 | 90 | 85 | 90 | 80 |

根据前面所确定的隶属函数以及表 8-3 中的评分值,确定每一个评价指标相对于三个评价等级好、中和差的隶属度,得到模糊关系矩阵为

$$\boldsymbol{R}=\begin{bmatrix} 0 & 0.2 & 0.105 \\ 0.825 & 0.1 & 0.07 \\ 0 & 0.2 & 0.105 \\ 0 & 0.2 & 0.105 \\ 0.825 & 0.1 & 0.07 \\ 0 & 0.2 & 0.105 \end{bmatrix}$$

评价指标权重集为

$$A=\{0.431, 0.252, 0.107, 0.089, 0.076, 0.045\}$$

计算模糊综合评判指标 $B$ 为

$$B=A\cdot\boldsymbol{R}=\{0.251,\ 0.2,\ 0.103\}$$

按照最大原则取 0.251 对应的安全状况隶属区间为“好”,因此判断此工程的风险等级为低,属于安全状态,发生事故的可能性小。

通过对隶属度矩阵的研究,可以了解各评价指标的等级,从而对拟建工程项目影响安全的各个指标因素进行预防与控制。安全管理指标的评价结果是{0, 0.2, 0.105},依据隶属度最大原则可以看出,0.2 为其中的最大值,而 0.2 对应的评价集元素为中,因此上述安全管理指标为“中”。同理,可以得出施工工艺指标为“好”,工人操作指标为“中”,工程设计指标为“中”,设备质量指标为“好”,地质勘察指标为“中”,因此应该在安全管理、工人操作、工程设计、地质勘察等方面进行提高与改善,以预防事故发生。

#### 8.2.3.3　结论

运用模糊综合评价方法对施工安全事故进行分析研究,并结合实例进行计算及验证,可以得到:

(1) 安全管理、施工工艺、工人操作、工程设计、设备质量、工程地质勘察等指标是衡量建筑工程施工事故风险值高低的主要指标。

(2) 通过模糊综合评价方法的计算及验证,证实该方法用于施工事故评价以及预防事故发生是切实可行的。

但是,由于数理统计样本容量的限制,以及时间因素的影响,前面确定的评价指标并不是完全适用的,应该根据工程实际以及社会发展的状况进行必要的调整和修正。

### 8.2.4　作业条件危险性评价方法在脚手架施工现场的应用

在建筑工程脚手架施工现场,工人大部分时间在高处攀登和进行悬空作业,不安全因素多、危险性大。如果施工人员在安全问题上产生麻痹思想,技术上不采取有效措施,会使有关脚手架的事故时有发生,从而造成人员伤亡、财产损失和对施工工期的影响。因此,脚手架施工现场人员应充分了解施工过程中的危险、有害因素,贯彻“安全第一,预防为主,综合治理”的方针,采取切实有效的措施,防止事故的发生。

#### 8.2.4.1　危险、有害因素存在部位

根据施工现场脚手架生产安全事故资料的统计分析及现场调查,施工现场脚手架危险、有害因素有坍塌、高处坠落、物体打击、机械伤害、车辆伤害、火灾、触电、雷击、人员拥挤踩踏、其他伤害等,其存在部位如表 8-4 所示。

**表 8-4 危险、有害因素存在部位**

| 序 号 | 危险、有害因素 | 存在部位(主要设备) |
|---|---|---|
| 1 | 坍塌 | 脚手架 |
| 2 | 高处坠落 | 脚手架 |
| 3 | 物体打击 | 脚手架、脚手架下施工区域 |
| 4 | 机械伤害 | 电圆锯 |
| 5 | 车辆伤害 | 施工区域 |
| 6 | 火灾 | 配电线、木料堆放处 |
| 7 | 触电 | 配电线、空气压缩机 |
| 8 | 雷击 | 脚手架、空气压缩机、木料堆放处 |
| 9 | 人员拥挤踩踏 | 逃生通道内 |
| 10 | 其他伤害 | 各个部位 |

#### 8.2.4.2 危险性等级确定

根据作业条件(岗位)危险性评价法,某项目工程坍塌、高处坠落、物体打击、机械伤害、车辆伤害、火灾、触电、雷击、人员拥挤踩踏、其他伤害等各类危险的危险性等级评价结果如表 8-5 所示。

**表 8-5 各类危险的危险性等级评价结果**

| 危险种类 | 发生条件 | $L$ | $E$ | $C$ | $D=L\times E\times C$ | 危险性等级 |
|---|---|---|---|---|---|---|
| 坍 塌 | 工程施工方案不合理,检查脚手架结构计算、脚手架构造、脚手架搭设、拆除方案不满足规范要求,欠缺检查和未及时维护保养。大风、暴雨等自然灾害或者人员紧急疏散时载荷过重可能引发构筑物倾斜 | 3 | 10 | 16 | 480 | 极度危险 |
| 高处坠落 | 没有按要求使用安全网、安全带、安全帽;高处作业时安全防护设施损坏;使用的安全保护装置不完善;工作责任心不强。主观判断失误:作业人员疏忽大意,疲劳作业,高处作业安全管理不到位,没有按要求穿防滑性能良好的软底鞋等 | 3 | 10 | 15 | 450 | 极度危险 |
| 物体打击 | 使用的工具、其他物品的摆放不符合安全要求,或安全防护措施不符合规范,或未正确使用安全网,或未按安全操作规程进行操作,引起物品坠落、倒下,工作人员未正确佩戴安全帽。有引发砸伤、撞伤的危险,易发生物体打击事故 | 3 | 8 | 10 | 240 | 高度危险 |
| 机械伤害 | 施工过程中需要使用电圆锯,操作时如果违反操作规程或注意力不集中,容易使操作人员受到伤害 | 0.5 | 6 | 8 | 30 | 比较危险 |
| 车辆伤害 | 脚手架、脚手板以及木料等均由车辆运输,车辆在进入施工区内时若发生机械故障、人员失误驾驶等。易造成车辆伤害。如果驾驶人员驾驶失误、车辆制动失灵也有可能撞击脚手架,造成脚手架坍塌导致重大事故发生 | 0.5 | 6 | 8 | 30 | 比较危险 |
| 火 灾 | 在施工现场需要用到大量的木材以及板材等可燃材料,在施工过程中。由于电气设备故障、线路及接头短路产生火花,施工人员在禁烟区吸烟,吸烟后烟蒂随处乱扔,违章使用明火将会引起火灾事故的发生。应急措施不力将会使火灾事故扩大,造成人员伤亡 | 0.5 | 6 | 9 | 27 | 比较危险 |

续表 8-5

| 危险种类 | 发生条件 | $L$ | $E$ | $C$ | $D=L\times E\times C$ | 危险性等级 |
|---|---|---|---|---|---|---|
| 触　电 | 在施工现场用电设备包括空气压缩机和电圆锯。在用电线路或正常不带电的金属部件异常情况下均有可能对人体造成电击和电伤。另外手持电动工具绝缘不良等缺陷也有可能造成触电事故 | 1 | 6 | 9 | 54 | 比较危险 |
| 雷　击 | 在施工现场中脚手架钢管立杆较高,可能遭到雷击。雷击会对电气设备及设施造成一定程度的损坏,还有可能发生触电事故 | 1 | 6 | 9 | 54 | 比较危险 |
| 人员拥挤踩踏 | 在活动过程中,由于火灾、坍塌、治安事件、刑事事件、恐怖事件等,都可能使人群产生惊吓或紧急躲避,从应急逃生通道撤离。如果疏散不力,可能引发人群拥挤踩踏,发生重大伤亡事故 | 0.5 | 9 | 20 | 90 | 显著危险 |
| 其他伤害 | 此外,如果管理制度不严、指挥失误和违章操作,会发生其他类型的伤害,如摔、扭、挫、擦等伤害 | 0.5 | 10 | 20 | 100 | 显著危险 |

从表 8-5 中可以看到,危险性程度最高的是坍塌和高处坠落,处于“极度危险”的等级;其次是物体打击,为“高度危险”的等级;人员拥挤踩踏、其他伤害为“显著危险”的等级;机械伤害、车辆伤害、火灾、触电、雷击的危险性等级为“比较危险”。

8.2.4.3　事故预防对策

预防和控制事故的总体思路是坚持“安全第一、预防为主”的方针和“以人为本”的原则,一方面加强监督管理,建立健全完善的安全保障体系,另一方面从技术方面入手,预防和控制事故。

(1) 做好施工方案。进行脚手架的搭设、使用与拆除等各项施工作业时,施工单位应编制专项施工安全技术方案。制定和审核施工方案时,必须结合工程实际,对其进行全面分析、综合考虑,力求方案技术可行、经济合理、工艺先进、措施得力、操作方便,同时要有针对性地进行安全技术交底。

(2) 加强人员管理。人员管理包括两类人群的管理,首先是工程项目的管理人员,自项目经理而下直至施工班组长,每位管理人员都要牢记安全责任,认真履行自己应尽的义务。安全技术交底一级级传达,安全技术措施一级级把关,把事故消灭在萌芽状态。

(3) 加强脚手架构配件材质的检查。施工企业必须从进货的关口把住产品质量关,保证进入施工现场的产品必须是安全有效的合格产品,同时在使用过程中,还要按规定进行检验检测,达不到安全防护要求的用具及构配件不得继续使用。

(4) 健全和完善建筑安全教育培训制度。施工单位把经常性的安全教育培训贯彻于生产活动的全部过程中,要根据脚手架工种的实际情况,结合每一个建设工程项目的特点,积极贯彻落实安全生产方针。

## 8.3　安全系统工程在危险化学品企业中的应用

### 8.3.1　危险化学品企业安全现状及主要事故类型

化学工业是基础工业,以其技术和产品服务于所有其他工业,也制约着其他工业的发展。化学工业和化学品的安全,是国民经济可持续发展的重要保证条件之一。20 世纪 80 年代以来,国际上相继发生了一系列危险化学品重大事故。就我国的情况而言,最近 20 多年以来,随着我国改革开放逐步深化,国内经济市场化和国际经济活动全球化的深刻变化,化学品生产、使用、流通的形势不断恶化,特别是近年来,国内相继发生了一系列重特大危险化学品事故。2000 年发生事故514起,死亡785人;2003年上升为621起,死亡960人;2006年,发生各类危险化学品伤亡事故154起,死亡266人,同比增加12起、37人,分别上升8.5%和16.2%;2007年全国共发生危险化学品伤亡事故97起,死亡161人,同比减少61起,116人,分别下降38.6%和41.9%,没有发生重大、特大危险化学品事故;2008年1至10月份,全国共发生危险化学品事故85起,死亡141人,同比分别下降1.2%和上升7.6%,其中较大危险化学品事故7起,死亡34人,同比分别下降50%和41.4%;重大危险化学品事故1起,死亡20人,同比分别增加1起和20人。

危险化学品事故指由一种或数种危险化学品或其能量意外释放造成的人身伤亡、财产损失或环境污染事故。危险化学品事故大体上可划分为八类:火灾、爆炸、泄漏、中毒、窒息、灼伤、辐射事故和其他危险化学品事故。

### 8.3.2 道化学火灾、爆炸指数评价法在氯乙烯储罐区安全评价中的应用

目前,国内外危险化学品储罐的火灾、爆炸事故时有发生,这类事故已成为危害生命和财产安全的一大危险源,因此,预防此类场所火灾爆炸事故的发生越来越受到重视。通过对危险化学品生产和使用企业进行安全评价,可以提高企业对危险化学品的安全管理和控制水平,从而达到降低火灾爆炸事故发生危险性,预防重大火灾爆炸事故的目的。

氯乙烯是一种重要的工业原料,在许多化工企业中大量使用。其在常温下为气态,在化工企业中通常采用加压液化储存,氯乙烯爆炸极限为3.6%~31%,是一种易燃易爆物质。如果在工业生产或储存中因为管理不当或设备故障造成氯乙烯泄漏,则很有可能导致火灾、爆炸事故,事故类型主要有喷射火灾、沸腾液体扩展蒸气爆炸和蒸气云爆炸三种。这三种事故的后果都相当严重,一旦发生,会造成巨大的人员伤亡和财产损失。

8.3.2.1 评价对象概述

宁夏某聚氯乙烯公司成立于2003年5月,总投资9.46亿元人民币,于2005年6月建成投产。厂区单体储存区有一个球形氯乙烯储罐(直径123 m,容积1000 $m^3$,最大储存量765 t)和一个氯乙烯单体气柜(工作压力3 kPa,容积850 $m^3$),在球罐四周设置了4个固定式消防喷淋装置,该工艺单元中氯乙烯总的最大储存量为769 t。

8.3.2.2 火灾爆炸危险指数的确定

A 物质系数($MF$)的确定

物质系数$MF$是表述由燃烧或化学反应引起的火灾、爆炸过程中潜在能量释放的尺度,其数值的大小是由美国消防协会规定的物质$NF$、$NR$(分别代表物质的燃烧性和化学活性)决定的,以上数值查询道化学公司的化学物质的物质系数表可得。

在氯乙烯储罐区和氯乙烯的输送过程中,取氯乙烯作为该企业氯乙烯储罐区的危险物质,其物性参数如表8-6所示。

**表8-6 氯乙烯物性参数表**

| 物质名称 | 物质系数 | 易燃性 | 化学活性 | 健康危险 | 闪点/℃ | 沸点/℃ |
|---|---|---|---|---|---|---|
| 氯乙烯 | 24 | 4 | 2 | 2 | -77.8 | -13.9 |

B 一般工艺危险系数($F_1$)的确定

一般工艺危险是确定事故损害大小的主要因素,包括放热反应、吸热反应、物料的处理和输送、封闭单元或室内单元、通道、排放和泄漏控制这6项内容,有关各项取值之和即为单元一般工艺危险系数$F_1$。以上6项并不是每项都须采用,而是根据实际情况选取,在该企业氯乙烯储罐

区中选取物料的处理和输送、排放和泄漏控制两项内容。

在本项目中,物料的处理和输送系数取1.0,排放和泄漏控制系数取0.4,故一般工艺危险系数为 $F_1=2.4$。

C　特殊工艺危险系数($F_2$)的确定

(1) 毒性物质。毒性物质能够扰乱人体的正常反应,从而降低人员在事故中制定对策和减轻伤害的能力。本项目在储存和运输的过程中氯乙烯为有毒性物质,其毒性系数为 $0.2N_H=0.2\times2=0.4$。

(2) 燃烧范围或其附近的操作:1) 某些操作导致空气引入并夹带进入系统,空气的进入会形成易燃混合物,进而导致危险。本项目中具有燃烧危险的是储存 $NF=4$ 易燃液体的储罐,在储罐泵出物料或者突然冷却时可能吸入空气,取系数为0.4。2)只有当仪表或装置失灵时,储罐泄漏出的物料才可能处于爆炸极限范围内或其附近,取系数为0.3。3)吹扫故障系数取0.5。

(3) 易燃物质和不稳定物质的数量。本项目储罐内的易燃物质为氯乙烯,从球罐和气柜中或相连的管道中可能泄漏出来的氯乙烯的最大量为769t,根据道化学公司提供的危险系数与储存中的总能量之间的曲线图可知,该项系数取1.7。

(4) 腐蚀。储罐材质为碳钢,故取该项系数为0.3。

(5) 泄漏—连接头和填料处。本项目所评价的氯乙烯储罐的泵和法兰连接处会产生正常的一般泄漏,该项系数取0.7。

综上可得以氯乙烯储罐为评价设备的特殊工艺危险系数为 $F_2=5.3$。

D　工艺单元危险系数($F_3$)的确定

工艺单元危险系数是一般工艺危险系数和特殊工艺危险系数的乘积,即 $F_3=F_1\times F_2$。工艺单元危险系数为 $F_3=12.72$,大于该项1~8的取值范围,故本项目工艺单元危险系数为 $F_3=8$。

8.3.2.3　火灾、爆炸危险指数的确定

火灾、爆炸危险指数($F\&EI$)是单元危险系数($F_3$)和物质系数($MF$)的乘积,即 $F\&EI=F_3\times MF$。本项目氯乙烯储罐区评价单元的火灾爆炸指数为 $F\&EI=8\times24=192$。

8.3.2.4　安全措施补偿的确定

根据经验提出的安全措施是有效的,不仅能预防严重事故的发生,也能降低事故的发生概率和危害。安全措施可分为工艺控制($C_1$)、物质隔离($C_2$)和防火措施($C_3$)三类。

A　工艺控制安全补偿系数的确定

工艺控制安全补偿系数各项取值如表8-7所示。

**表8-7　工艺控制安全补偿系数表**

| 项　目 | 应急电源 | 冷却装置 | 抑爆装置 | 紧急切断装置 | 计算机控制 | 操作规程 | 其他工艺危险分析 |
|---|---|---|---|---|---|---|---|
| 补偿系数范围 | 0.98 | 0.97~0.99 | 0.84~0.98 | 0.96~0.99 | 0.93~0.99 | 0.91~0.99 | 0.91~0.98 |
| 采用补偿系数 | 0.98 | 0.97 | 0.98 | 0.99 | 0.99 | 0.95 | 0.96 |
| 说　明 | 双回路不间断供电 | 冷却系统能力超过10 min | 储罐设置有呼吸阀 | 自动报警 | 控制室设置在线计算机 | 有完整的操作规程 | 定期故障假设分析 |

根据表8-7中的取值,可以求得工艺控制安全补偿系数 $C_1=0.833$。

B　物质隔离安全补偿系数的确定

物质隔离安全补偿系数各项取值如表8-8所示。

**表 8-8 物质隔离安全补偿系数表**

| 项 目 | 远距离控制阀 | 备用卸料装置 | 排放系统 | 联锁装置 |
|---|---|---|---|---|
| 补偿系数范围 | 0.96~0.98 | 0.96~0.98 | 0.91~0.97 | 0.98 |
| 采用补偿系数 | — | 0.97 | 0.96 | — |
| 说 明 | 无此设备 | 有备用储槽 | 排放装置能处理少量泄漏物料 | 无此设备 |

根据表 8-10 中的取值,可以求得物质隔离安全补偿系数 $C_2=0.9312$。

C 防火措施安全补偿系数的确定

防火措施安全补偿系数各项取值如表 8-9 所示。

**表 8-9 防火措施安全补偿系数表**

| 项 目 | 钢结构 | 消防供水 | 喷洒系统 | 水 幕 | 泡沫灭火装置 | 电缆保护 |
|---|---|---|---|---|---|---|
| 补偿系数范围 | 0.95~0.98 | 0.94~0.97 | 0.74~0.97 | 0.97~0.98 | 0.92~0.97 | 0.94~0.98 |
| 采用补偿系数 | 0.98 | 0.97 | 0.97 | 0.97 | 0.97 | 0.98 |
| 说 明 | 安装大容量水喷洒来冷却钢结构 | 消防供水压力为 620 kPa | 采用普通喷洒消防系统 | 水幕系统采用双排喷嘴 | 有保护浮顶罐密封圈的泡沫灭火系统 | 有金属防护罩 |

根据表 8-9 中的取值,可以求得防火措施安全补偿系数 $C_3=0.8502$。

D 安全措施补偿系数

安全措施补偿系数 $C$ 按 $C=C_1\times C_2\times C_3$ 计算,可得氯乙烯储罐区评价单元的安全措施补偿系数为 $C=0.6595$。

8.3.2.5 工艺单元危险分析汇总

A 火灾、爆炸指数等级

为了解评价单元的火灾、爆炸危险的严重程度,表 8-10 将火灾、爆炸指数按照数值大小划分为 5 个等级。

**表 8-10 *F&EI* 及危险等级**

| 危险等级 | 最 轻 | 较 轻 | 中 等 | 很 大 | 非常大 |
|---|---|---|---|---|---|
| *F&EI* | 1~60 | 61~96 | 97~127 | 128~158 | >159 |

由以上的评价结果可见,氯乙烯球罐、气柜和输送过程的火灾爆炸指数(*F&EI*)数值为 192,由表 8-10 可知其危险性非常大。经过安全措施补偿后,*F&EI* 的值为 192×0 . 6595 = 126. 62,属"中等"危险级别。

B 暴露半径和暴露区域

暴露半径表明了生产单元危险区域的平面分布,它是一个以工艺设备的关键部位为中心,以暴露半径为半径的圆。暴露半径的计算公式为

$$R=F\&EI\times 0.84\times 0.3048$$

式中,$R$ 为暴露半径,单位为 m。

根据暴露半径的计算公式,可得补偿前的暴露半径 $R=49.2\text{m}$,暴露面积 $\pi R^2=7600.81\ \text{m}^2$,暴露区域的高度 $h=R=49.2\ \text{m}^2$,暴露区域体积 $h\pi R^2=3.74\times 10^5\ \text{m}^3$。

以上计算表明：氯乙烯储罐区评价单元的危险区域在补偿前是一个以氯乙烯储罐为中心，半径为 49.2 m，高度为 49.2 m 的圆柱体，在平面上的暴露面积为 7600.81 $m^2$，暴露体积为 $3.74\times10^5\ m^3$。

经过安全措施补偿后，得到暴露半径为 $49.2\times0.6595=32.45$ m，暴露面积为 $3.14\times32.45^2=3306.43\ m^2$，暴露区域高度为 32.45 m，暴露区域体积为 $32.45\times3306.43=1.073\times10^5\ m^3$。工艺单元危险分析汇总如表 8-11 所示。

**表 8-11　工艺单元危险分析汇总表**

| 项　目 | *F&EI* | 危险等级 | 暴露区域半径/m | 暴露区域面积/$m^2$ | 暴露区域体积/$m^3$ |
|---|---|---|---|---|---|
| 补偿前 | 192 | 非常大 | 49.2 | 7600.81 | $3.74\times10^5$ |
| 补偿后 | 126.62 | 中　等 | 32.45 | 3306.43 | $1.073\times10^5$ |

综上所述，通过采用道化学公司的火灾、爆炸危险指数评价法对该企业存储量为 769 t 的氯乙烯储存单元的安全评价可知，该储存单元若发生火灾、爆炸事故，其波及半径为 49.2 m，暴露区域面积为 7600.81 $m^2$，暴露区域体积为 $3.74\times10^5\ m^3$。经过安全措施补偿以后，暴露半径减小到 16.75 m，危险等级降为“中等”。

经过评价，认为该企业氯乙烯储罐区仍需加强安全管理，应重视危险源的监控，采取相应的防护措施和管理制度。该评价单元的安全措施也还存在一些不足，如冷却喷淋系统的冷却能力有限、操作指南和规程有待完善、集液池的容量不足以容纳储罐的最大储存量和消防用水的总量等。如若这些不足得到完善，则该氯乙烯储罐区评价单元的危险等级还将更低，暴露区域也将更小。

### 8.3.3　事故树分析及风险预测在液氨泄漏事故中的应用

氨是重要的化工原料，常用于石油冶炼、化肥制造、合成纤维、制革、医药等制造业中。为了储存和运输的方便，通常采用常温高压或低温加压的方式将氨液化。在氨的生产、运输、储存中，如遇管道、阀门、储罐等损坏使液氨发生泄漏，极易发生爆炸和人员中毒事故，对环境造成严重危害。

据不完全统计，新中国成立以来，我国化工系统发生的 51 起重（特）大典型泄漏事故中，液氨泄漏发生次数居首位，为 8 次；死亡人数与受伤人数均居第 3 位，分别为 42 人和 259 人。无论从事故发生次数还是伤亡人数来看，均应该对液氨泄漏事故引起足够的重视。

泄漏事故的发生是难以预料的，但通过对事故发生的原因事件进行分析，并对泄漏后造成的后果进行模拟预测，采取相应的防范及应急措施，就可以降低泄漏事故的发生概率及产生的危害。下面用事故树分析法对储存过程中液氨泄漏事故进行分析，找出发生液氨泄漏的基本事件，进而有针对性地提出措施加以预防，达到降低事故发生概率的目的。同时，以甘肃某化肥厂液氨储罐为例，对其泄漏影响范围进行了预测，为风险管理提供了参考依据。

#### 8.3.3.1　液氨泄漏事故树分析

通过对大量资料的统计分析，发现储存过程中液氨泄漏事故发生的根源在于管理上的缺陷。当储存设备出现故障，而同时管理又出现问题，那么泄漏事故发生的概率就会很大。

A　事故树的绘制

以液氨泄漏作为顶上事件绘制事故树，如图 8-6 所示。

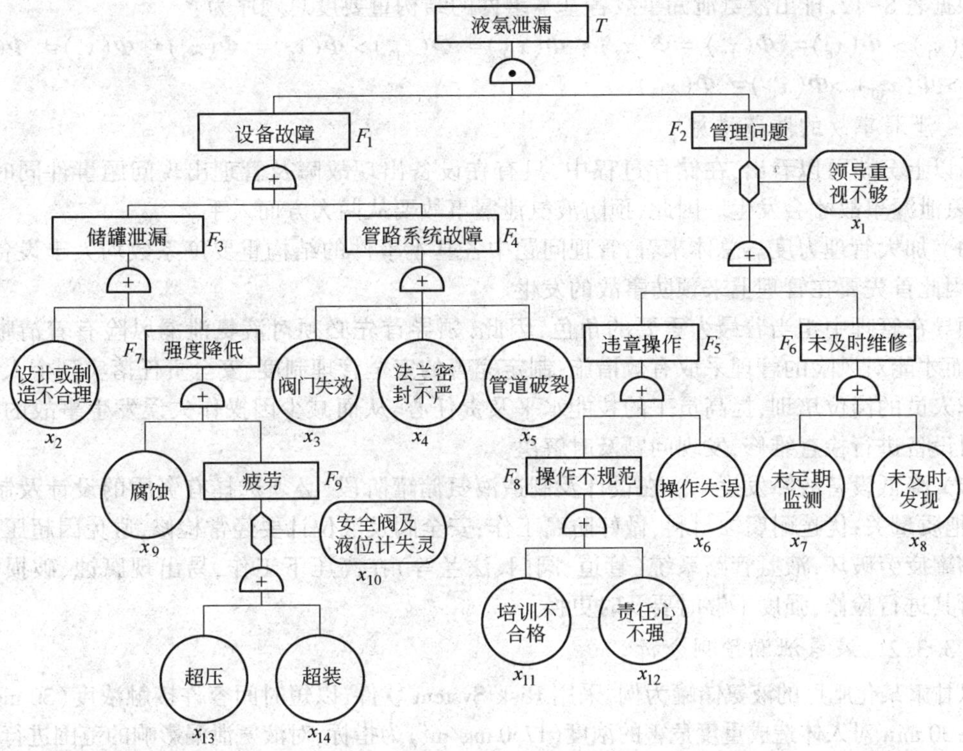


图 8-6 液氨泄漏事故树

B 基本事件结构重要度分析

(1) 求最小割集或径集。根据图 8-6 中各事件的逻辑关系,得出液氨泄漏事故树的结构函数如下:

$$T=[x_2+x_3+x_4+x_5+x_9+x_{10}(x_{13}+x_{14})]x_1(x_6+x_7+x_8+x_{11}+x_{12})$$

对事故树结构函数进行运算,得到 28 个最小割集和 4 个最小径集,4 个最小径集为:

$P_1=\{x_2,x_3,x_4,x_5,x_9,x_{10}\}$, $P_2=\{x_2,x_3,x_4,x_5,x_9,x_{13},x_{14}\}$, $P_3=\{x_1\}$, $P_4=\{x_6,x_7,x_8,x_{11},x_{12}\}$。

(2) 求基本事件结构重要度。由于最小径集的数目比最小割集少,故利用最小径集对液氨泄漏事故树的基本事件结构重要度进行分析。根据下式计算基本事件结构重要度系数:

$$\Phi(j)=\sum_{k=1}^{K}(2^{n_r-1})^{-1}$$

式中 $\Phi(j)$——基本事件 $j$ 的结构重要度系数;

$n_r$——第 $r$ 个包含基本事件 $j$ 的最小割集或最小径集的容量;

$K$——包含基本事件 $j$ 的最小割集或最小径集的个数。

经计算,液氨泄漏事故各基本事件结构重要度系数如表 8-12 所示。

**表 8-12 液氨泄漏各基本事件结构重要度系数**

| 基本事件 | $x_1$ | $x_2$ | $x_3$ | $x_4$ | $x_5$ | $x_6$ | $x_7$ | $x_8$ | $x_9$ | $x_{10}$ | $x_{11}$ | $x_{12}$ | $x_{13}$ | $x_{14}$ |
|---|---|---|---|---|---|---|---|---|---|---|---|---|---|---|
| $\Phi(j)$ | 1 | $3/2^6$ | $3/2^6$ | $3/2^6$ | $3/2^6$ | $1/2^6$ | $1/2^6$ | $1/2^6$ | $3/2^6$ | $1/2^6$ | $1/2^6$ | $1/2^6$ | $1/2^6$ | $1/2^6$ |

根据表 8-12,排出液氨泄漏事故各基本事件的结构重要度总顺序为:

$\Phi(x_1) > \Phi(x_6) = \Phi(x_7) = \Phi(x_8) = \Phi(x_{11}) = \Phi(x_{12}) > \Phi(x_2) = \Phi(x_3) = \Phi(x_4) = \Phi(x_5) = \Phi(x_9) > \Phi(x_{10}) > \Phi(x_{13}) = \Phi(x_{14})$

C　泄漏事故的防范措施

由以上分析可以看出,在储存过程中,只有在设备出现故障及管理出现问题事件同时发生时,液氨泄漏事故才会发生。因此,预防液氨泄漏事故要从两大方面入手。

(1) 加大管理力度。总体来看,管理问题中各基本事件的结构重要度系数均大于设备故障系数,因此首先要在管理上来预防事故的发生。

领导在管理中担当着最为重要的角色,因此,领导首先必须对液氨泄漏风险有着清晰的认识,进而才能对风险的管理采取有效措施;制定完善的安全管理制度,安全责任落实到个人;加强对操作人员的岗位培训,提高员工的技能水平及责任心,从而减少因操作失误发生事故的概率;定期对设备进行检查维修,发现问题及时解决。

(2) 降低设备故障发生率。在设计及制造液氨储罐阶段,必须选择有资质的设计及制造单位,严把质量关;优选耐腐蚀材料,做好防腐工作;安全阀及液位计要经常检修,避免因超压、超装引起储罐疲劳破坏;液氨管路系统(管道、阀门、法兰等)在高压下工作,易出现腐蚀、破损等,要经常对其进行检修,强度不够时要及时更换。

8.3.3.2　液氨泄漏预测分析

以甘肃某化肥厂的液氨储罐为例,采用 Risk System 软件,以短时间容许接触浓度(30 mg/m$^3$)及接触 30 min 对人体造成重度危害的浓度(1750 mg/m$^3$)为指标,对液氨泄漏影响的范围进行分析。

A　初始条件和基本假设

(1) 储罐的工艺条件。该厂液氨储罐的工艺参数如下:容积 106 m$^3$,温度 20℃,压力 2.3 MPa,储量 48000 kg,储罐类型为卧式。

(2) 泄漏条件假设。假定液氨储罐管道破裂,破裂口为直径 30 mm 的圆形孔,应急能力为 20 min 泄漏的液氨全部蒸发。

(3) 泄漏速率估算。根据《建设项目环境风险评价技术导则》(HJ/T169—2004)中推荐的液体泄漏模式及假定条件,计算得出液氨泄漏事故发生后的泄漏速率为 5.68kg/s。

B　危害范围预测

(1) 气象条件的选择。根据当地多年气象资料统计结果,该地区年静风率较大,全年以稳定状态为主。当风速较小、大气条件稳定时,产生的危害后果更为严重。故选取静风和小风,大气稳定度为 *F* 作为泄漏预测的天气条件。

(2) 预测分析。根据假定的事故状态和选定的气象条件,采用多烟团模式分析液氨泄漏 20 min,预测时段为 30 min 液氨危害浓度出现的最远距离,得到的结果见表 8-13。

**表 8-13　稳定度为 *F* 时,危害浓度的最远距离**

| 危害浓度/mg · m$^{-3}$ | 风速 0.3 m/s 时的距离/m | 风速 1.4 m/s 时的距离/m |
|---|---|---|
| 30 | 416.1 | 1106 |
| 1750 | 58.9 | 175.7 |

由表 8-13 及厂区状况可以得出,液氨泄漏后,在大气条件稳定时,重度危害浓度最远达到了近 200 m,主要出现在厂区内;车间短时间容许接触浓度最远达到了近 1.2 km。一旦泄漏事故发生,可将这两个值作为安全警戒及紧急疏散距离的参考值。

综上可知,引入事故树法对储存过程中的液氨泄漏风险进行源项分析,找出事故发生的基本事件,并对这些事件进行了结构重要度分析。结果发现,管理问题中基本事件的结构重要度均要大于设备故障。因此,在对事故树的各基本事件提出相应的防范措施时,对管理问题的基本事件提出了较高的要求。

通过对液氨泄漏事故树中设备管道破裂致泄漏事故发生的后果进行模拟预测,计算出了短时间接触容许浓度及对人体产生重度危害浓度出现的最大距离,为应急措施的制定提供了参考依据。

## 8.4 安全系统工程在冶金企业中的应用

### 8.4.1 冶金企业安全现状及主要事故类型

冶金企业属于对资源、能源依存度较高的重要基础产业,是国民经济的支柱产业,它与人们的生活有密切的关系,其产品已经渗透到国民经济的各个领域和人们生活的方方面面,为国民经济建设做出了重要贡献。冶金企业的突出特点是企业规模大,生产工艺和流程复杂,高温、高压、有毒有害及易燃易爆等危险因素多,生产人员多,因此在安全生产管理上稍有疏忽,就很容易造成设备事故或者人员伤害。

例如,2007 年 4 月 18 日,辽宁省铁岭市清河特殊钢有限责任公司生产车间,一个装有约 30 t 钢水的钢包在吊运至铸锭台车上方 2~3 m 高度时,突然发生滑落倾覆,钢包倒向车间交接班室,钢水涌入室内,致使正在交接班室内开班前会的 32 名职工当场死亡,另有 6 名炉前作业人员受伤,其中 2 人重伤。2007 年 8 月 19 日 20 时 10 分左右,位于山东省滨州市邹平县境内的山东魏桥创业集团下属的铝母线铸造分厂发生铝液外溢爆炸重大事故,造成 20 人死亡、55 人受伤,初步估算事故直接经济损失 665 万元。2008 年 12 月 24 日,河北省唐山市遵化市港陆钢铁有限公司 2 号高炉,重力除尘器顶部泄爆板爆裂造成煤气泄漏,当班工作人员有 40 多人,其中 17 人死亡。

冶金企业发生事故较多的类型依次是:机械伤害和其他伤害,约各占事故总数的 18%;物体打击,约占事故总数的 16%;高处坠落,约占事故总数的 14%;起重伤害,约占事故总数的 11%;灼烫,约占事故总数的 10%;提升、车辆伤害,约占事故总数的 6%;触电,约占事故总数的 2%;中毒和窒息,约占事故总数的 2%;淹溺、火灾、坍塌、放炮、爆炸,约占事故总数的 3%。

### 8.4.2 安全系统工程在煤气事故中的应用

煤气作为优良的气体燃料,具有输送方便、燃烧均匀、温度及用量易于调解的优点。在冶金企业,把焦炉炼焦、高炉炼铁、转炉炼钢的副产品煤气加以回收利用,对减少污染、保护环境、增加企业经济效益具有十分重要的作用。

邢钢的煤气回收及配送系统自 1985 年投运以来,为企业的发展做出了极大的贡献。随着公司生产规模的不断扩大,煤气作为冶金炉窑的主体加热燃料,已遍布主体厂的许多岗位。由于煤气的易燃、易爆、易中毒的“三害”物性,加之煤气管网与高温的钢铁物流纵横交错,以及设施年久失修、腐蚀严重等原因,致使煤气系统固有的危险性很大,在生产及检修中稍有疏忽,极易导致中毒、着火、爆炸事故的发生。如何控制煤气系统的安全运行,有效地减少和控制事故的发生,已成为冶金企业安全管理的当务之急。

#### 8.4.2.1 煤气系统安全分析

A 事故类别及要因分析

邢钢煤气系统自 1985 年投运以来,经过加强管理和维护,事故起数呈逐年下降的趋势,但自

1997 年底转炉煤气投运以来,其事故态势又趋向增加。通过对 1985~2004 年期间邢钢煤气系统 191 起事故类别分析看,煤气中毒、起重伤害、着火、爆炸、物体打击为事故主要类别,事故原因分类统计如表 8-14 所示。

**表 8-14　事故原因分类统计**

| 原　因 | 物 | 人 | 管　理 | 环　境 |
|---|---|---|---|---|
| | 设备工具及附件有缺陷,安全装置缺陷,个人防护用品缺乏或有缺陷 | 违章操作,冒险进入危险场所。操作技能不熟悉导致失误,思想不集中 | 设计缺陷,劳动组织不合理,缺乏安全教育培训,无规章制度,操作规程不健全 | 环境条件不良,无照明、噪声大 |
| 原因数 | 44 | 107 | 22 | 18 |
| 百分比/% | 23.03 | 56.2 | 11.52 | 9.42 |

根据表 8-14 可见,造成伤亡事故的原因是多方面的,其中人员违章占 56.02%,应把其作为安全管理的重中之重加以防范;其次转炉煤气 CO 中毒事故大多发生在煤气维修及运行岗位的一二类煤气危险区域,如煤气鼓风机围带、管道法兰、煤气蝶阀传动轴、三通切换阀平台及水封放散口等处。

B　事件树分析

煤气中毒是由于没有撤离煤气区、无防护用具、人进入煤气区和煤气区形成这些事件联锁造成的,事件树如图 8-7 所示。

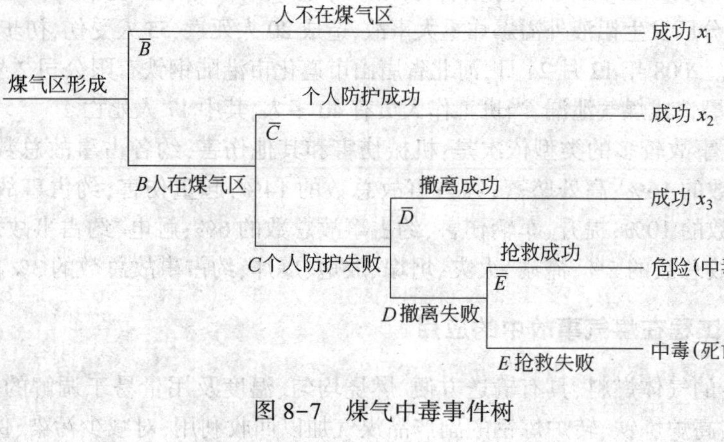


图 8-7　煤气中毒事件树

$P(B)=0.1, P(C)=0.2, P(D)=0.3, P(E)=0.4$。相应 $P(\overline{B})=0.9, P(\overline{C})=0.8, P(\overline{D})=0.7, P(\overline{E})=0.6$。

那么 $P(x_1)=P(\overline{B})=0.9, P(x_2)=P(B)\times P(C)=0.1\times 0.8=0.08$

$$P(x_3)=P(B)\times P(C)\times P(\overline{D})=0.1\times 0.2\times 0.7=0.014$$

$$P(x_4)=P(B)\times P(C)\times P(D)\times P(\overline{E})=0.1\times 0.2\times 0.3\times 0.6=3.6\times 10^{-3}$$

$$P(x_5)=P(B)\times P(C)\times P(D)\times P(E)=0.1\times 0.2\times 0.3\times 0.4=2.4\times 10^{-3}$$

求出各结果状态概率后,求出中毒概率为

$$P(Z)=P(x_4)+P(x_5)=3.6\times 10^{-3}+2.9\times 10^{-3}=6\times 10^{-3}$$

8.4.2.2 煤气系统的危险控制对策

根据对煤气系统危险源的辨识及其事故分析看来,造成煤气中毒最本质的原因是作业环境煤气泄漏严重,解决它的根本途径是如何预防煤气中毒,因此按照“四个结合”强化对煤气系统的安全管理,即:结合工艺管理,规范了危险源(点)的岗位操作;结合设备管理,及时查找和消除隐患;结合现场管理,不断改善煤气作业区的生产环境;结合基础管理,细化了煤气系统的管理制度及人的行为准则。

其次在宏观上依靠政策、制度、法规,实施强有力的管理及督查,微观上逐步采取安全措施,对转炉煤气系统的危险源分别遵循消除、降低、转移、隔离保护的原则,不断改善作业条件和环境,从根本上消除和减少致伤因素。

(1) 加强员工的安全教育培训,提高操作可靠度。煤气中毒事故分析表明,其发生频率较高,重复性和多发性事故多,事故伤亡重大及处理或抢救过程中容易造成事故扩大化的重要原因之一就是员工缺乏煤气安全知识,包括中毒现场抢救和急救知识,所以举办多期不同层次的煤气安全知识培训,使从事煤气生产、净化回收、储存输送和使用的各个环节的有关设计、管理、操作人员都能熟知煤气安全的管理方法和操作技能,其次还通过事故案例及安全法规知识教育,有效地提高了员工安全意识和责任感,基本消除了因操作人员脱岗、睡岗、超压运行等误操作导致的事故,同时在管理上对煤气作业人员与特种作业人员的教育培训考核同等对待,坚持持证上岗及年度复审制度。

(2) 开展“双标”建设,规范操作行为。人为操作失误造成的事故频率在以往煤气事故原因分析中所占比例高达50%左右,因此在煤气作业岗位重点开展了“双标”建设;标准化作业的实施可以有效地规范人的操作行为;安全标准化班组建设的实施,提高了职工自我管理及控制事故的能力,保证系统操作的可靠度。

(3) 加强煤气系统危险源的检查整改,不断消除事故隐患。为了全方位地落实对煤气系统危险的控管,应该不断完善对事故高发、潜在危险较大的源(点)进行分级管理的同时,还坚持开展经常性的安全督查与整改活动,采取对公司重点检查与单位自查、自纠相结合,日常与季节性、专业性检查相结合,岗位检查和部门检查相结合的安全检查网络,达到了责任分明、层层控制的目的。

### 8.4.3 事故树分析法在转炉喷溅事故中的应用

喷溅是转炉炼钢的一种常见现象,在正常情况下,炉渣及金属液的飞溅高度不超出炉口,对炉前作业人员不会形成危险,但是如果出现操作失误、设备存在隐患等情况,造成炉渣和金属液喷出炉口,后果是相当严重的。例如,1999年5月18日,新抚钢2号转炉氧枪标尺失效,在不开氧气的情况下,强行下降氧枪,造成氧枪进入钢水液面,枪头熔化发生钢水喷溅,将1名炉前工严重烫伤;2000年3月8日,新抚钢3号转炉兑铁水后,加一斗废钢,下氧枪吹炼半分钟,在天车再次加一斗废钢时,发生喷溅将天车工严重烫伤。转炉大喷事故不仅造成不必要的金属损失,而且对炉前设备、操作人员的身体构成极大的威胁,出现伤害事故后往往经济损失数额较大,因此,有必要对转炉冶炼系统进行客观分析,对喷溅事故加以控制和预防,减少不必要的经济损失并确保生产的顺利进行。

8.4.3.1 转炉炼钢系统的构成要素

A 转炉炼钢构成要素

转炉炼钢以转炉生产为中心,围绕这个生产中心,有七个与之配套的子系统,如图8-8

所示。

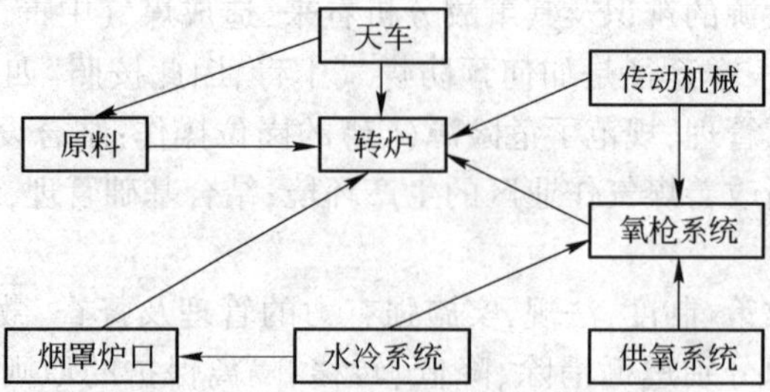


图 8-8　转炉炼钢构成要素

B　转炉冶炼系统安全定性分析

转炉附属设备较多，操作工艺比较复杂，但是主要造成转炉喷溅事故的因素有工艺操作失误、原材料问题和设备故障，事故树如图 8-9 所示。

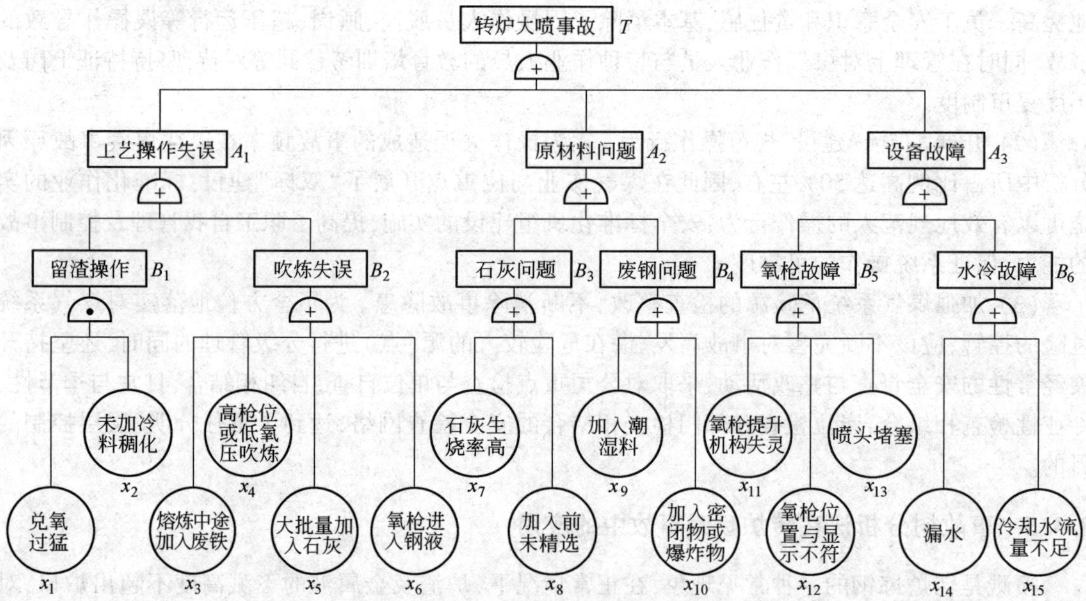


图 8-9　转炉喷溅事故树

8.4.3.2　转炉喷溅事故的预防

A　原材料的准备

（1）进行废钢源头治理。随着生产量的日益提高，对废物的需求量不断增大，根据新抚钢目前的生产节奏，日需要废钢 1200 t，除单位轧钢返回钢、生铁和其他自产废钢外，日需要外购废钢 600 t 左右。如此高的废钢进入量，单独依靠单位人员挑选、切割是无法保证密闭物和封闭物、爆炸物不进入炉内的。新抚钢要求废钢供应商在提供货源的同时，必须将密闭物和封闭物进行破碎或者切割，剔除爆炸物。经过一段时间的治理，密闭物和封闭物及爆炸物基本不会带入废钢流入废钢库。

（2）强化执行废钢入炉制度。新抚钢由技术处重新建立并细化了入炉废钢工艺制度。然后进行了职能划分,将废钢的管理由原来的物资管理转由生产方管理,这样使生产方能够根据本部门要求细化废钢检查和筛选。首先按废钢外购量调整入炉比例,采取多种措施挖潜内部废物利用率,尽可能地保证废钢的自给自足,降低外购废钢入炉比例;二是执行三级废钢筛选入炉制度,在废钢检查入库时进行一次筛选,将不符合入炉要求的筛选出,把好入库关;然后在废物库进行二级筛选,大料、封闭物、爆炸物进行切割或者剔除,把好装斗关;再次是调整入炉顺序,在雨、雪天气,改变工艺流程,采取先加废钢、后兑铁水入炉顺序,避免潮湿废钢引发喷溅事故。

(3) 保证石灰质量。由生产方和技术部门进行石灰抽检,择优选择供方,避免大块生烧石灰进入转炉,使熔池温度突降。

B 做好设备检查、维护

新抚钢建立了设备点检制度,充实点检人员,并将点检与检修分离,保证检修质量,同时设立事故应急措施。

(1) 冶炼前对氧枪系统进行试枪,出现枪位不准、提升机构故障、氧枪标尺失效,不得强行下氧枪吹炼。

(2) 发现转炉炉口、烟罩、氧枪等设备漏水,不得进行吹炼。

(3) 维护各种安全、工艺联锁,保证其齐全有效。

(4) 在总结经验教训的基础上,设立了氧枪事故托架,即使在氧枪坠落时也不会进入炉内。

(5) 进行设备检查维护,保证氧枪高压水泵运行可靠性和备用水泵的可靠性以及氧枪冷却水安全联锁的有效性,即使在氧枪冷却水量不足时氧枪也能够自动提出转炉。

C 严格执行吹炼操作

加强炉前人员培训,提高操作技能。

(1) 控制好熔池温度。吹炼前期温度不要过低,中后期温度不要过高,防止温度突降。

(2) 控制好渣中 FeO 总量,不得长时间高枪位吹炼。

(3) 避免吹炼中途加料过多,避免降温过快。

(4) 保证溅渣护炉质量,不得留渣操作。

D 进行能源平衡,保证氧气稳定充足

新抚钢在生产能力提高的同时,设立了两座 650 $m^3$ 氧气球罐,保证氧气压力稳定;在氧气总量不足时,由总调度室进行平衡,取消其他氧气用户,保持炼钢总管压力在 1.2 MPa 以上。

E 建立转炉喷溅事故预防措施,形成了事故预案

炉前人员经过学习不断提高了自我防范意识,在兑铁、加废钢、下氧枪吹炼等容易发生喷溅的操作中能够自觉避让在安全场所。同时采取了对炉前天车驾驶室用钢板屏蔽,炉前操作室改用钢化玻璃等防护措施。

经过上述几方面工作的强化,新抚钢近六年来没有发生转炉大的喷溅事故,炉前未发生因喷溅引发的人身伤害事故,证明上述措施是得力的、有效的。但是转炉喷溅的引发因素是多方面的,需要在以后的工作中继续探讨摸索,借鉴同行业的先进技术,从根源上消除转炉喷溅事故。

### 8.4.4 预先危险性分析在小型轧钢企业危险源安全预评价中的应用

冶金行业的安全状况很不平衡,国有大型企业总体安全生产情况良好,但众多中小企业特别是民营企业存在设备工艺落后、安全管理混乱、职工素质低等现象。下面结合小型轧钢企业的生产特点,对生产过程中的危险源和有害因素进行辨识和评价,为小型轧钢企业事故隐患排查、降低事故风险提供帮助。

8.4.4.1　小型轧钢生产过程中主要危险、有害因素的分析、评价

A　主要危险因素的分析、评价

根据《企业伤亡事故分类》(GB6441—86)并结合小型轧钢企业的生产特点,采用预先危险分析法(PHA)对企业的主要危险因素分析评价,如表 8-15 所示。

**表 8-15　小型轧钢生产过程中主要危险因素分析评价表**

| 危险类型 | 危险因素 | 所处位置 | 形成事故原因事件 | 事故情况 | 结　果 | 危险等级 |
|---|---|---|---|---|---|---|
| 机械伤害 | 机械能(直线、往复运动部件)夹击、碰撞、剪切、卷入、绞、碾、割、刺 | 轧钢作业区 | 来钢伤人、轧机夹、红钢飞出伤人 | 生产停止、人员伤亡 | 财产损失、人员伤亡、生产停止 | Ⅲ级 |
| | | 煤气站皮带输送机 | 接触设备运动部件 | | | |
| | | 电机、风机等机械的传动件 | 人员违章操作 | | | |
| 起重伤害 | 挤压、坠落(吊具、吊重)物体打击和触电 | 轧钢天车、电磁吊作业、煤气站电葫芦等 | 起重作业(检修、运行) | 吊具、吊锤坠落伤人,人员被挤压 | 人员伤亡 | Ⅲ级 |
| 灼　烫 | 高温物体烫伤 | 煤气炉、蒸汽锅炉及管道、加热炉 | 插钎时高温水蒸气泄漏、蒸汽锅炉及管道破裂、人员接触设备、管道超温的表面 | 人员烫伤 | 人员烫伤 | Ⅲ级 |
| 火　灾 | 点火源(明火、电火花、撞击火花、静电火花、物质缓慢氧化放热) | 煤堆场 | 煤粉缓慢氧化 | 煤粉燃烧、生产停止 | 财产损失、人员伤亡、生产停止 | Ⅲ级 |
| | | 煤气站、加热炉 | 煤气管道、阀门、水封、排送机等泄漏遇点火源 | 引起火灾 | | |
| | | 轧钢油液压系统 | 液压油泄漏遇点火源 | 引起火灾、设备损坏 | | |
| 高处坠落 | 高位能 | 室内外临空平台、煤气炉、加热炉等检修平台 | 防护措施不全或损坏、人员操作失误、室外天气影响 | 检修、巡检人员坠落 | 人员致残致伤 | Ⅲ级 |
| 化学性爆炸 | 煤热油液滴 | 煤焦油捕集装置 | 煤热油及氧含量达到爆炸极限 | 发生爆炸 | 财产损失、人员伤亡、生产停止 | Ⅱ级 |
| | 煤　气 | 煤气发生及输送管道 | 煤气中氧含量超标,并遇点火源 | | | |
| | 乙　炔 | 检修焊割作业 | 操作不当 | | | |
| 物理性爆炸 | 高温高压水蒸气 | 余热锅炉及管道 | 容器、管道缺陷,人员操作失误 | 设备爆裂、蒸汽泄漏 | 财产损失、人员伤亡、生产停止 | Ⅱ级 |
| 淹　溺 | 窒　息 | 焦油池 | 捞取焦油、焦砟时发生坠落 | 人员坠池 | 人员伤亡 | Ⅱ级 |
| 坍　塌 | 高位能 | 钢坯及成品钢码装 | 堆垛不规范 | 钢坯堆垛倒塌伤人 | 人员伤亡 | Ⅲ级 |
| 中　毒 | 化学能 | 煤气站、加热炉及煤气管道 | 煤气泄漏 | 人员接触中毒 | 人员伤亡 | Ⅱ级 |

B　主要有害因素分析、评价

(1) 粉尘。轧钢生产中的粉尘危害主要是燃料供应环节,即煤气站中的煤粉。在煤气站的

煤堆场、煤输送的皮带走廊、煤筛选、煤气炉及其废气处理环节都有粉尘产生,工人长期在这种环境下工作,身体将会受到不同程度的损害,严重的还会造成呼吸系统疾病。

(2) 噪声。噪声主要来源于轧钢生产线上轧制、剪切、打包吊装等设备。这些设备在运转过程中产生的噪声往往超标,并会造成工人的听力下降。噪声引起听觉功能敏感度下降甚至造成耳聋,或引起神经衰弱、心血管病及消化系统等疾病的高发。噪声干扰、影响信息交流,听不清谈话和信号,促使误操作发生率上升。

(3) 高温。在煤气炉、加热炉等处有大量辐射热产生,如不采取有效措施,会危害工人的身体健康。温度是工作环境的重要条件之一,在很多工作场所中,热的危害常被视为严重的问题。在温度过高的热环境下工作,常会因身体不适而助长心情暴躁、愤怒或其他情绪变故,诱使工人动作轻率、不谨慎而导致意外事故。如果在热环境下暴露过度,也会使工人的体力、精力耗尽,而直接产生身体上的病变。高温的危险性包括:人员烫伤、中暑、热衰竭、热痉挛、昏厥、汗疹、暂时性热疲劳。

主要有害因素评价如表 8-16 所示。

**表 8-16 主要有害因素的预先危险性分析**

| 危害因素 | 所处位置 | 形成伤害原因 | 伤害情况 | 结果 | 危险等级 |
|---|---|---|---|---|---|
| 噪声危害 | 皮带走廊、风机、轧机、剪切 | 噪声超标、人员停留时间过长 | 人员听力受损 | 听力受损、可能引发操作失误 | Ⅱ级 |
| 生产性粉尘(煤粉) | 煤堆场、煤筛选场所、皮带走廊 | 设备密闭不良、粉尘逸散 | 肺组织纤维化 | 导致人员尘肺病 | Ⅱ级 |
| 高温 | 煤气站、加热炉、轧机 | 保温措施不足,人员停留时间过长 | 人员身体不适 | 人员中暑、可能引发操作失误 | Ⅱ级 |

8.4.4.2 风险控制

根据小型轧钢的生产系统和生产工艺特点,辨识出系统的主要危险源的位置及其危险有害因素和事故故障类型。通过上述危险因素的具体分析,10 项主要危险源中危险性等级为Ⅲ级的 6 项,危险性等级为Ⅱ级的有 4 项。说明安全制度管理和职业卫生管理是小型轧钢安全工作的首要重点,硬件设备安全控制的重要性位居第二。目前,我国小型轧钢企业绝大部分是民营企业,有必要强化安全生产管理和职业卫生管理,建立符合各企业实际的安全文化体系。具体采取如下措施:

(1) 强化各工种操作人员岗前、岗中安全生产培训,考核合格后才允许持证上岗。

(2) 积极落实各岗位的安全权限和责任,将其细化至具有可操作性和有效性,促使每个岗位的操作人员能自发地加强本岗位的隐患排查及管理工作。安全检查是落实企业安全管理目标的重要形式。检查分为两个方面:一方面,企业员工要进行安全自查,以找出事故隐患和其他安全生产问题,提高隐患排查的效率,鼓励先进并给予奖励;另一方面,企业属地政府安全生产监督管理部门有关人员来企业生产场所进行不定期安全检查,及时发现问题,限时解决问题。

倡导一种宽松的企业安全文化氛围,积极引导企业安全文化体系建设。充分发挥企业员工的积极性,因为企业许多岗位的安全权限和责任的负责人就是普通员工,这种模式对进一步构建和谐的员工上下级关系,起到了很好的推动与促进作用。普通员工在参与本岗位安全事务时,就有可能会指挥他的上级,这样做有利于破除领导与被领导的隔阂,有利于调整、融洽上下级间的关系,对于倡导和创造健康、平等的企业文化都有着潜移默化的影响和作用。

(3) 加强作业岗位职业危害因素的监测和治理。

(4) 加强对各工种操作人员的不定期培训,发现问题及时解决问题,决不遗留问题过夜。

(5) 编制事故应急预案,建立突发事件应急救援体系。要强调落实到各工种,具有可操作性。完善救援预案,并组织职工进行学习、演练,提高作业人员对危险源方面的知识,增强作业人员紧急情况下的应急应变能力。

(6) 千方百计地升级轧钢设施硬件,积极淘汰落后的、对安全保护不重视或本身就没有安全保护设施的设备。

(7) 针对主要有害因素生产性粉尘(煤粉),建立特殊岗位的轮换轮休制度。当吸入性粉尘摄入量达到安全阈值前坚决调离原岗位,永不回原岗位。

(8) 针对主要有害因素高噪声和高温,健全个人职业卫生制度,强制性地执行岗位职业卫生保护。如戴耳麦既能保护听力,又能提高信息的顺畅传递,将信息衰减降至最低,避免由于信息不畅而导致的事故。

通过对小型轧钢企业存在的危险、有害因素进行了辨识分析,并采用了预先危险分析法(PHA)进行了危险有害因素的分级评价,可以直观判别小型轧钢企业在生产中不同位置存在的危险源,各种危险源引发事故的触发条件,预测各种危险出现可能对安全生产造成的影响,根据其影响的不同程度进行危险等级划分,针对不同危险源的危险等级,结合小型轧钢企业的各种资源情况提出科学可行有效的消除、预防或降低危险的安全对策措施。小型轧钢企业应加强安全生产管理制度建设、管理机构建设,全面落实小型轧钢企业安全生产技术措施和管理措施,最终实现小型轧钢企业全面安全生产。

## 8.5 安全系统工程在交通运输中的应用

### 8.5.1 交通运输安全现状及主要事故类型

自从交通行为出现以来,交通安全就是交通运输研究中的一个重要内容。随着城市化的发展和科学技术在交通运输领域中的应用,机动车已成为在全球范围内迅速普及,并成为人类社会经济生活不可缺少的工具。交通的进步与发展给人类带来了极大的生活便利、经济效益和社会繁荣,但因交通工具的使用而导致的交通事故已成为当今社会的一大公害。在许多国家,由交通事故引起的人员伤亡数比火灾、水灾和意外爆炸等事故造成的伤亡人数总和还要大得多。

中国是世界上交通事故发生最严重的国家之一,表 8-17 所示为 2000 年以后我国道路交通事故起数和死亡人数。

**表 8-17 我国道路交通事故情况**

| 年 份 | 2001 | 2002 | 2003 | 2004 | 2005 | 2006 | 2007 | 2008 | 2009 |
|---|---|---|---|---|---|---|---|---|---|
| 事故起数 | 760327 | 773137 | 667507 | 517889 | 450254 | 378781 | 327209 | 265204 | 238000 |
| 死亡人数 | 106367 | 109381 | 104372 | 107077 | 98738 | 89455 | 81649 | 73484 | 67759 |

常见的交通事故类型有:

(1) 城市交通事故类。直行事故,市区非主要路口及边远郊区,由于没有安装红绿灯,直行车辆发生事故的概率较大;追尾事故,多发生在遇红灯急停车时,由于前后车距过近而追尾,雨雾天气则追尾更为常见;超车事故,快速车在超慢速车时与对面车相撞,或与突然横穿的行人、骑车人相撞而导致,夜间超车时遇对向车炫目灯光,亦常造成事故;左转弯事故,交叉路口左转弯时,交织点多,车与车、车与人冲突可能性增大,常引发事故;右转弯事故,在巷道的进出口、单位大门的进出口和一些十字路口,是右转弯事故的多发之处。

(2) 山区公路交通事故类。窄道事故,由于公路等级低,加之塌方、损坏失修,造成路径狭窄。行驶车辆不减速,会车不礼让、抢先行,往往导致事故;弯道事故,弯道行驶,车速过快、超载或操作失误,易造成事故;坡道事故,坡道行驶,车辆前溜或后溜,往往是超载车辆或"病"车,一旦操作失误,则事故难免。

(3) 干线公路交通事故类。会车事故,一般车辆均居路中行驶,一旦车速快而会车不注意礼让,临近才躲避,则往往来不及而相撞;超车事故,居路中行驶,有一方超车,若采取措施不及时或操作失误则难免相撞;停车事故,干线路窄而又随意停车,尤其在夜间,一旦停车不开尾灯,或车周边未安置警醒物,过往车辆则易与停车相碰撞而导致事故。

## 8.5.2 安全系统工程在翻车事故和碰撞事故中的应用

交通安全系统是由相互联系、相互作用的人、车、路等因素组成,能够实现人和物的位移并达到一定安全水平的有机整体。它是社会大系统的一个子系统,其内部结构复杂,涉及因素众多,包括道路使用者、车辆、道路条件、交通管理条件等,这些因素相互依赖、相互作用,影响着道路交通安全系统的安全水平。系统中任何一个因素的行为或性质对道路交通整体都将产生影响,而这种影响又都依赖于其他因素的行为和性质。

交通安全系统工程是运用系统工程的原理和方法,对道路交通系统中的安全问题进行定量和定性的分析、评价和预测,并采取综合安全措施予以控制,使道路交通系统产生交通事故的可能性降低到最低限度,从而达到系统最佳安全状态的技术和方法。

交通安全系统工程的主要任务包括:

(1) 发现交通事故隐患,预测、分析由于交通事故隐患和人的失误可能引起的危险。

(2) 制定和选择交通安全措施、方案,进行交通安全决策。

(3) 组织并实施交通安全措施、方案。

(4) 对交通安全措施的实施效果进行评价。

(5) 改进交通安全措施,以求得最佳的效果。

道路交通事故的形态中,最常见的为碰撞和翻车事故。根据统计,在我国发生的各类交通事故中,碰撞事故所占的比例可达50%以上,碰撞事故造成人员伤亡占70%~90%。包括正面碰撞、追尾碰撞、侧面碰撞在内的车对车碰撞交通事故已成为现代道路交通事故的主要形态。所以减少碰撞事故的发生,对减少道路交通事故具有重要意义。另外,翻车事故也是常见的交通事故之一,翻车是指部分或全部车轮悬空、车身着地的现象,通常指车辆没有发生其他事态而造成的翻车。汽车翻车后不但造成经济损失,而且造成人员伤亡。

### 8.5.2.1 因果分析图法在翻车事故中的应用

应用因果分析图法对翻车事故进行系统安全分析,所画翻车事故因果分析图如图8-10所示。从图中可以看出造成翻车事故的原因主要从四个方面考虑,即驾驶员、车辆、道路、环境,任何一个方面出现故障就有可能造成翻车事故的发生。

### 8.5.2.2 预先危险性分析在碰撞事故中的应用

为分析道路交通事故中碰撞事故的主要潜在危险,识别碰撞事故与驾驶员、车辆、道路和环境因素的关系,在对碰撞事故进行事故树分析的基础上,通过对碰撞事故的各因素分析,识别危险因素及其转变事故状态的触发条件,形成事故的原因事件和导致事故的后果。预先危险性分析法的分析结果如表8-18所示。

通过表8-18可以知道可能导致事故的危险因素以及发生事故的后果,把分析工作做在行动之前,将危险消灭在萌芽阶段。

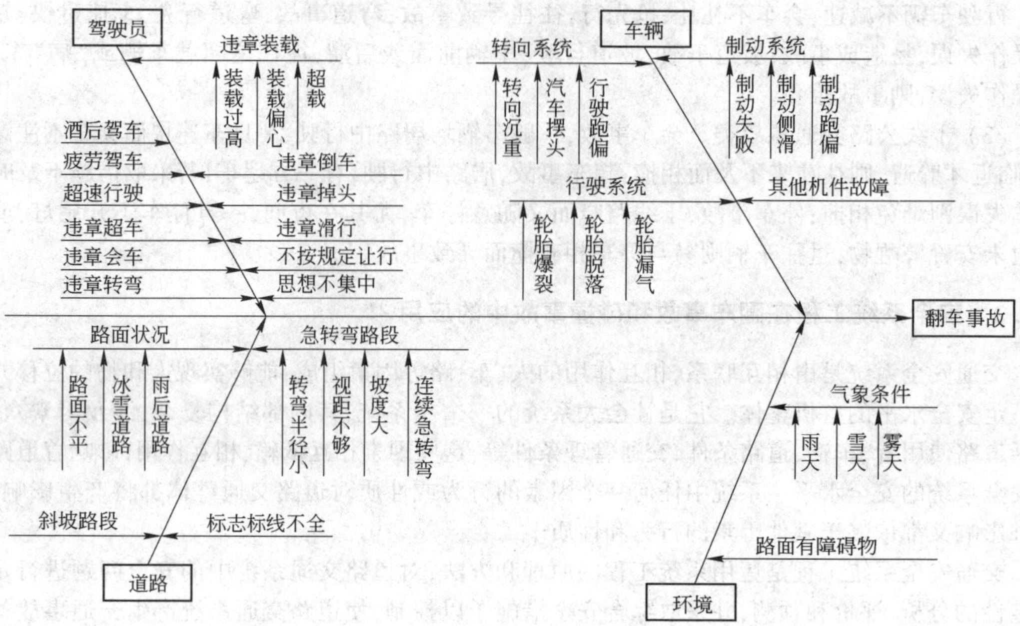


图 8-10　翻车事故因果分析图

**表 8-18　碰撞事故预先危险性分析**

| | |
|---|---|
| 危险因素 | 车辆性能不佳,道路环境状况不良 |
| 触发事件 | 未谨慎驾驶 |
| 事故原因 | (1) 驾驶员<br>1) 观察不周:驾驶员对驶来的车辆、行人、自行车等未观察清楚或判断失误,措施不力、抢道行驶而导致;<br>2) 超速驾驶;<br>3) 违章操作:违章转弯,占道行驶,违章会车,违章超车,违章停车,酒后开车等;<br>4) 疏忽大意:驾驶员思想不集中或专注于与驾驶任务无关的思想活动,没有认真观察和判断外界事物,与车内人员闲谈说笑;<br>5) 措施不当:制动使用不及时或使用不当,制动抱死,车辆滑移转向失效;<br>6) 其他:药物损伤,疲劳驾驶,驾驶员缺乏经验,反应迟缓,判断错误等<br>(2) 车辆<br>1) 车辆设计、制造中的缺陷以及汽车零配件的质量缺陷;<br>2) 车辆技术维护保养制度未落实,带病上路<br>(3) 道路环境<br>1) 道路增加的速度不及车辆增加速度快,致使道路上车流密度越来越大,车间距缩短,当前车突然减速,后车容易措手不及而与前车发生相撞事故;<br>2) 路面状态不良,路面强度、稳定性、平整度不够;<br>3) 视距不良;<br>4) 雨季和冬季,道路摩擦系数低,车辆制动效果差,易发生追尾事故 |
| 事故后果 | 车辆损坏,人员伤亡,道路设施破坏,造成重大经济损失 |
| 防范措施 | (1) 驾驶员<br>1) 车辆在转弯、超车及变更车道时驾驶员要遵守交通规则,遵章驾驶;<br>2) 驾驶员和车内人员要使用安全带;<br>3) 有效取缔违章停车,特别是在道路交叉口、人行横道、公共汽车站点等性质恶劣、危险性大且迷惑性高的地方的违章停车;<br>4) 对驾驶员进行交通安全教育和指导<br>(2) 车辆<br>1) 在汽车抗撞性能中,考虑车辆结构的完整,驾驶员保护系统和汽车抗撞能量的吸收装置,改进反光镜, |

续表 8-18

| | |
|---|---|
| 防范措施 | 车辆照明、信号和显示设计,提供可靠的车辆控制器,改进制动转向系统等;<br>2) 强化对制动系统和轮胎的检查;<br>3) 强化车辆的周期性检查<br>(3) 道路<br>1) 在道路设施上加大改善力度,增设中央分隔带,避免车辆对向行驶时发生正面相撞;<br>2) 对城市部分道路设置公交专用道,以缓解交通流量;<br>3) 路侧增设缓冲设施;<br>4) 改善道路线性、坡度;<br>5) 在雨、雪天气,必须及时提高驾驶员的警惕性和安全意识,在路旁设置预警标志和限速标志,及时清理路面,保障行车畅通有序 |

#### 8.5.2.3 道路交通运输企业安全管理

道路交通运输企业安全管理的任务是:认真执行道路运输法律法规、规范和标准;坚持“安全第一、预防为主”的方针,按照“企业负责、行业管理、国家监察、群众监督”的原则,建立“管生产必须管安全,谁主管谁负责”的安全生产管理责任制;采取科学有效的手段,制定切实可行的措施,把交通事故消灭在萌芽阶段;确保旅客和货物的人身和财产安全,最大限度地为社会提供安全、及时、经济、方便、舒适的运输服务。

道路交通运输企业安全管理的内容包括以下几个方面:

(1) 建立健全企业各级的安全管理机构,充实思想和业务素质高的安全管理人员,全面落实安全生产责任;积极开展交通安全生产宣传教育工作,经常性地开展安全检查,纠正违章行为,组织安全知识竞赛,交流安全生产经验,推广先进的安全检测和安全管理设备和技术,奖励安全标兵;遵循国家和省、市交通部门制定的法律法规,制定适合企业自身安全管理的各项规章制度,制定企业的安全技术标准和操作规程,服从交通监督管理部门的监督。

(2) 做好驾驶员的技术培训工作,做好驾驶员有关证件的申领和年度审验,安排好“安全月”和“安全日”活动,会同技术部门申领车辆牌号和证件,负责车辆的年度检验并办理有关手续,组织车辆安全检查,办理保险手续。

(3) 协助交通管理部门和相关部门处理好本企业有关的交通事故,分析事故原因,执行司法或行业管理部门做出的整改或处罚决定,落实安全防范措施,并负责本企业交通事故的统计和上报工作,建立健全安全管理档案。

(4) 开展交通安全科学研究,提高企业的安全管理技术水平。

### 8.5.3 马尔柯夫预测模型在铁路交通事故预测方面的应用

铁路交通事故几乎每年都发生。2008 年 4 月 28 日凌晨 4 时 41 分,北京开往青岛的 T195 次列车运行到胶济铁路周村至王村之间时脱线,与上行的烟台至徐州的 5034 次列车相撞,造成 71 人死亡,416 人受伤。2008 年 1 月 23 日晚上 8 时 48 分,北京开往青岛四方的动车组 D59 次列车运行至胶济线安丘至昌邑间时,发生重大路外交通事故,造成 18 人死亡,9 人受伤。2007 年 2 月 28 日 2 时 05 分,由乌鲁木齐开往新疆南部城市阿克苏的 5807 次列车运行至南疆铁路珍珠泉至红山渠站间 42 km+300 m 处时,因瞬间大风造成该次列车机车后 9 至 19 节车厢脱轨,造成 3 名旅客死亡,2 名旅客重伤,32 名旅客轻伤,南疆铁路被迫中断行车。因此,对铁路事故发生及等级进行预测,可为相关部门采取预防和应急救援措施提供参考。

#### 8.5.3.1 铁路事故的预测

根据现有的铁路事故发生资料,应用马尔柯夫预测模型对未来将要发生的铁路事故进行预测。铁路事故的发生可以看作是随机变量,其状态具有“无后效性”及“平稳性”的性质,可以应用马尔柯夫预测模型进行预测。

（1）确定铁路事故等级。根据《铁路交通事故应急救援和调查处理条例》(国务院 501 号令,自 2007 年 9 月 1 日起施行),将铁路交通事故分为 4 个等级。根据历史资料,某铁路局 1990 年以后发生的事故等级如表 8-19 所示。

**表 8-19　某铁路局历年铁路交通事故等级**

| 年　度 | 1990 | 1991 | 1992 | 1993 | 1994 | 1995 | 1996 | 1997 | 1998 | 1999 |
|---|---|---|---|---|---|---|---|---|---|---|
| 事故等级 | 2 | 4 | 1 | 2 | 1 | 2 | 2 | 2 | 1 | 3 |
| 年　度 | 2000 | 2001 | 2002 | 2003 | 2004 | 2005 | 2006 | 2007 | 2008 | 2009 |
| 事故等级 | 1 | 2 | 1 | 2 | 2 | 2 | 1 | 3 | 4 | 2 |

（2）确定转移概率矩阵。根据事故等级,按照转移步数构造状态转移概率矩阵。

$$P^{(1)}=\begin{bmatrix}\frac{0}{6}&\frac{4}{6}&\frac{2}{6}&\frac{0}{6}\\\frac{4}{9}&\frac{4}{9}&\frac{0}{9}&\frac{1}{9}\\\frac{1}{2}&\frac{0}{2}&\frac{0}{2}&\frac{1}{2}\\\frac{1}{2}&\frac{1}{2}&\frac{0}{2}&\frac{0}{2}\end{bmatrix}\qquad P^{(2)}=\begin{bmatrix}\frac{3}{6}&\frac{2}{6}&\frac{0}{6}&\frac{1}{6}\\\frac{3}{9}&\frac{4}{9}&\frac{2}{9}&\frac{0}{9}\\\frac{0}{2}&\frac{2}{2}&\frac{0}{2}&\frac{0}{2}\\\frac{0}{1}&\frac{1}{1}&\frac{0}{1}&\frac{0}{1}\end{bmatrix}$$

$$P^{(3)}=\begin{bmatrix}\frac{0}{6}&\frac{6}{6}&\frac{0}{6}&\frac{0}{6}\\\frac{3}{9}&\frac{3}{9}&\frac{2}{9}&\frac{1}{9}\\\frac{1}{1}&\frac{0}{1}&\frac{0}{1}&\frac{0}{1}\\\frac{1}{1}&\frac{0}{1}&\frac{0}{1}&\frac{0}{1}\end{bmatrix}\qquad P^{(4)}=\begin{bmatrix}\frac{3}{4}&\frac{1}{4}&\frac{0}{4}&\frac{0}{4}\\\frac{2}{9}&\frac{4}{9}&\frac{2}{9}&\frac{1}{9}\\\frac{0}{1}&\frac{1}{1}&\frac{0}{1}&\frac{0}{1}\\\frac{0}{1}&\frac{1}{1}&\frac{0}{1}&\frac{0}{1}\end{bmatrix}$$

（3）利用状态转移矩阵预测 2010 年铁路事故等级。依据 2006,2007,2008,2009 年的铁路事故等级及其相应的状态转移概率矩阵对 2010 年的铁路事故等级进行预测。在转移步数所对应的转移矩阵中,取起始状态所对应的行向量,从而组成新的概率矩阵。结果如表 8-20 所示。

**表 8-20　事故概率结果**

| 起始年 | 起始状态 | 起始步骤 | 1 | 2 | 3 | 4 |
|---|---|---|---|---|---|---|
| 2009 | 2 | 1 | 0.444 | 0.444 | 0 | 0.111 |
| 2008 | 4 | 2 | 0 | 1 | 0 | 0 |
| 2007 | 3 | 3 | 1 | 0 | 0 | 0 |
| 2006 | 1 | 4 | 0.75 | 0.25 | 0 | 0 |
| 状 态 合 计 | | | 2.194 | 1.694 | 0 | 0.111 |

从表 8-20 可以看出:在状态合计栏中,以状态“1”的概率最大,故预测 2010 年铁路有可能发生等级为 1 的事故。

#### 8.5.3.2 结语

(1) 交通事故具有随机的特点,可以把马尔柯夫链预测应用到铁路交通事故的预测中。

(2) 预测结果对于事故的预防可做到心中有数,为铁路部门采取措施防止事故发生提供参考。

(3) 运用马尔柯夫链预测是建立在对过去事故统计的基础之上的,操作简单可行,但只能预测事故的等级,不能更加精确。

# 参考文献


[1] 韦冠俊 . 安全原理与事故预测[M]. 北京:冶金工业出版社,1995.

[2] 沈斐敏 . 安全系统工程理论与应用[M]. 北京:煤炭工业出版社,2001.

[3] 陈国华 . 安全管理信息系统[M]. 北京:国防工业出版社,2007.

[4] 邵辉 . 系统安全工程[M]. 北京:石油工业出版社,2008.

[5] 沈斐敏 . 道路交通安全[M]. 北京:机械工业出版社,2007.

[6] 张景林,崔国璋 . 安全系统工程[M]. 北京:煤炭工业出版社,2002.

[7] 林伯泉,周延,刘贞堂 . 安全系统工程[M]. 徐州:中国矿业大学出版社,2005.

[8] 林伯泉,张景林 . 安全系统工程[M]. 北京:中国劳动和社会保障出版社,2007.

[9] 李广涛,黄德镛,丁军明 . FTA 在斜井跑车事故分析中的应用[J]. 矿业工程,2006, 4(6):61~63.

[10] 陈庆,谢振华,金龙哲 . 基于模糊数学理论的尾矿库环境质量综合评价[J]. 工业安全与环保,2006, 32(1):39~41.

[11] 姚有利,等 . 安全检查表分析法在矿井评价中的应用[J]. 煤矿安全,2004, 35(12):52~54.

[12] 李济吾 . 高空吊架坠落伤亡事故故障树分析[J]. 工业安全与防尘,1999, (8):39~41.

[13] 胡建兰,王庆鹏,史庆忠 . 建筑工程施工安全事故的模糊综合评价法[J]. 建筑安全,2007,(4): 24~26.

[14] 范宝良,轩棕珂,于英宇 . 作业条件危险性评价法在脚手架施工现场的应用[J]. 现代职业安全, 2009, 9(5):96~97.

[15] 于铁,时晓云,陈全 . 道化学火灾爆炸指数评价法在氯乙烯储罐区安全评价中的作用[J]. 天津理工大学学报,2008, 24(4):62~66.

[16] 杜喜臣,蔡敏琦 . 液氨泄漏事故树分析及风险预测[J]. 环境工程学报,2008, 2(10):1430~1432.

[17] 刘英华,王振虹,韦文杰 . 应用安全系统工程原理降低煤气事故频率[C]//中国金属学会 . 2005 年中国钢铁年会论文集 . 北京:冶金工业出版社,2005:801~806.

[18] 李宏利 . 转炉喷溅事故解析[J]. 安全,2007, (5):14~16.

[19] 董丽娟,谭丽君 . 预先危险性分析在小型轧钢企业危险源安全评价中的应用[J]. 科技纵横,2009: 154~155.

[20] 沈斐敏 . 道路交通安全[M]. 北京:机械工业出版社,2007.

[21] 李洪,赵望达,徐志胜 . 马尔柯夫预测模型在铁路事故预测方面的应用[J]. 中国公共安全学(学术版),2009, (14):149~151.